中文版

Photoshop 2024 入门教程

李金明 李金蓉 编著

人 民 邮 电 出 版 社
北 京

图书在版编目（CIP）数据

中文版Photoshop 2024入门教程 / 李金明，李金蓉编著. -- 北京 : 人民邮电出版社，2024.7
ISBN 978-7-115-64294-3

Ⅰ. ①中… Ⅱ. ①李… ②李… Ⅲ. ①图像处理软件—教材 Ⅳ. ①TP391.413

中国国家版本馆CIP数据核字(2024)第085737号

内容提要

本书是讲解 Photoshop 操作技巧和实战技能的教程，是一本能够帮助读者轻松、高效地掌握 Photoshop 在平面设计、电商设计、UI 设计、照片编辑等领域应用的实用参考书。

本书从 Photoshop 基本操作入手，结合丰富的实例和课后习题，全面地讲解图层、选区与抠图、绘画工具与蒙版、图像修饰、图像调色、滤镜、路径与矢量工具、文字、通道等内容。配套资源丰富，包含课堂案例、综合实例和课后案例题的素材文件、效果文件、在线教学视频，以及专供教学使用的 PPT 课件，此外还附赠《外挂滤镜使用手册》《UI 设计配色方案》《网店装修设计配色方案》等电子资料。

本书语言通俗易懂，特别适合 Photoshop 初学者及有一定经验、准备从事设计工作的人士学习与参考，也适合作为相关院校和培训机构的教材。

◆ 编　　著　李金明　李金蓉
责任编辑　张　璐
责任印制　陈　犇
◆ 人民邮电出版社出版发行　　北京市丰台区成寿寺路 11 号
邮编　100164　　电子邮件　315@ptpress.com.cn
网址　https://www.ptpress.com.cn
涿州市般润文化传播有限公司印刷
◆ 开本：700×1000　1/16
印张：14.25　　2024 年 7 月第 1 版
字数：329 千字　　2024 年 9 月河北第 3 次印刷

定价：59.80 元

读者服务热线：(010)81055410　印装质量热线：(010)81055316
反盗版热线：(010)81055315
广告经营许可证：京东市监广登字 20170147 号

前言

如今的 Photoshop 已经不再只是一款图像编辑软件，更是融合了人工智能技术的强大工具。随着深度学习、神经网络技术及智能算法的应用，Photoshop 已经可以自动检测并去除照片中的瑕疵，让图像更加清晰、完美。人工智能还赋予了 Photoshop 分析图像色彩并进行智能调整的能力，让色彩更加真实、生动。在处理细节方面，人工智能算法可以捕捉图像中的微妙变化，甚至能根据用户的提示词创造出全新的图像。

这一系列的变革不仅令图像处理变得更加简便高效，也让用户不再受限于技术，轻松完成过去复杂的图像编辑工作。本书将帮助您学习全新的 Photoshop 技术，助您尽情地挥洒创意和想象。

内容特色

轻松入门：本书从介绍 Photoshop 工作界面开始，由浅入深地展开讲解，文字浅显易懂，图文并茂，零基础读者也能轻松入门。

循序渐进：本书由 Photoshop 基础功能的使用和简单的操作任务，逐渐过渡到整合多种功能制作复杂效果，难度层层递进，符合初学者的学习规律，能让读者少走弯路。

学用结合：书中提供了大量有针对性的实例供读者练习，这些实例展现了 Photoshop 的使用技巧，及其在不同设计工作中的应用。学用结合让 Photoshop 的功能更易理解，帮助读者学以致用。

学习项目

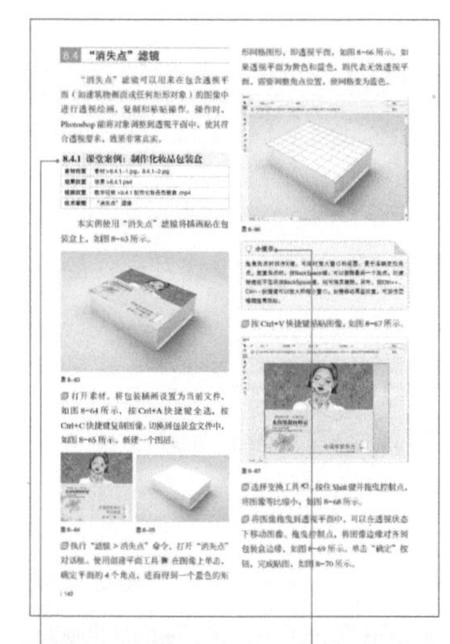
8.4 "消失点"滤镜

8.4.1 课堂案例：制作化妆品包装盒

课堂案例

与所讲内容相关的实例，通过动手操作学习各种功能。

小提示

各种 Photoshop 操作技巧及使用时的注意事项。

课后习题

包含"问答题"和可增强独立操作能力的"案例题"。

综合实例

突出了多功能协作的特点，技术性更强，技巧更丰富。

素材、效果、视频

素材和效果文件，以及相关视频的位置和名称。

资源与支持

本书由“数艺设”出品，“数艺设”社区平台（www.shuyishe.com）为您提供后续服务。

配套资源

素材：课堂案例、综合实例和课后案例题所需的素材。

效果：课堂案例、综合实例和课后案例题的最终效果。

教学视频：课堂案例、综合实例和课后案例题操作过程的演示视频。

PPT 课件：各章内容的配套教学课件。

资源获取请扫码

提示：

微信扫描二维码关注公众号后，输入 51 页左下角的 5 位数字，得到资源获取帮助。

附赠资源

《CMYK色卡》《常用颜色色谱表》《UI设计配色方案》《设计基础课——创意法则》《设计基础课——图形设计》《设计基础课——色彩设计》《网店装修设计配色方案》《外挂滤镜使用手册》电子资料。

“数艺设”社区平台，为艺术设计从业者提供专业的教育产品。

与我们联系

我们的联系邮箱是 szys@ptpress.com.cn。如果您对本书有任何疑问或建议，请您发邮件给我们，并请在邮件标题中注明本书书名及 ISBN，以便我们更高效地做出反馈。

如果您有兴趣出版图书、录制教学课程，或者参与技术审校等工作，可以发邮件给我们。如果学校、培训机构或企业想批量购买本书或“数艺设”出版的其他图书，也可以发邮件联系我们。

关于“数艺设”

人民邮电出版社有限公司旗下品牌“数艺设”，专注于专业艺术设计类图书出版，为艺术设计从业者提供专业的图书、视频电子书、课程等教育产品。出版领域涉及平面、三维、影视、摄影与后期等数字艺术门类，字体设计、品牌设计、色彩设计等设计理论与应用门类，UI设计、电商设计、新媒体设计、游戏设计、交互设计、原型设计等互联网设计门类，环艺设计手绘、插画设计手绘、工业设计手绘等设计手绘门类。更多服务请访问“数艺设”社区平台www.shuyishe.com。我们将提供及时、准确、专业的学习服务。

目录

第 3 章 图层的应用 37

第 4 章 选区与抠图 63

第 11 章 通道 183

第 12 章 综合实例 193

课后习题参考答案 227

第1章

入门前的必修课

本章导读

本章介绍 Photoshop 的入门知识，包括工作界面、工具、面板和命令的使用方法，文件的创建和保存方法，以及怎样撤销操作、查看图像。通过本章的介绍及实例操作，读者可以初步了解 Photoshop 是怎样工作的。

本章学习要点

- “工具”面板。
- 撤销与恢复操作。
- 保存文件的方法。
- 缩放视图与定位画面中心的方法。

Photoshop

1.1 Photoshop 工作界面

Photoshop 的工作界面非常友好，初学者很快就能上手操作，而且 Adobe 软件大都采用相似的界面，因此学会 Photoshop 后，再学其他 Adobe 软件能节省很多时间。

1.1.1 课堂案例：Photoshop 概览

视频位置	教学视频 >1.1.1 Photoshop 概览 .mp4
技术掌握	了解 Photoshop 工作界面，学会使用帮助功能

“发现”面板为读者初步了解 Photoshop 提供了很大的帮助。通过它可以搜索 Photoshop 中的功能，观看各功能使用方法的文字介绍和演示视频，了解快速完成图像编辑任务的方法。

01 双击桌面上的 Ps 图标，运行 Photoshop，首先显示主页。主页默认为黑色，连续按 Alt+Shift+F2 快捷键可将颜色调浅，如图 1–1 所示，按 Alt+Shift+F1 快捷键则可由浅变深。在主页中可以创建文件、打开最近使用过的文件、观看在线视频等。按 Esc 键关闭主页，即可进入 Photoshop 工作界面，如图 1–2 所示。

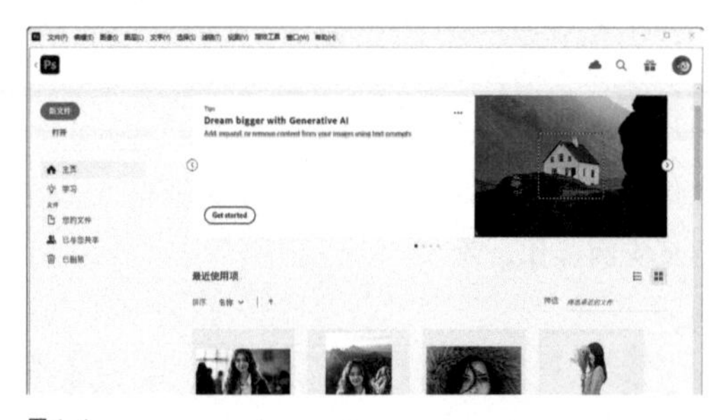

图 1–1

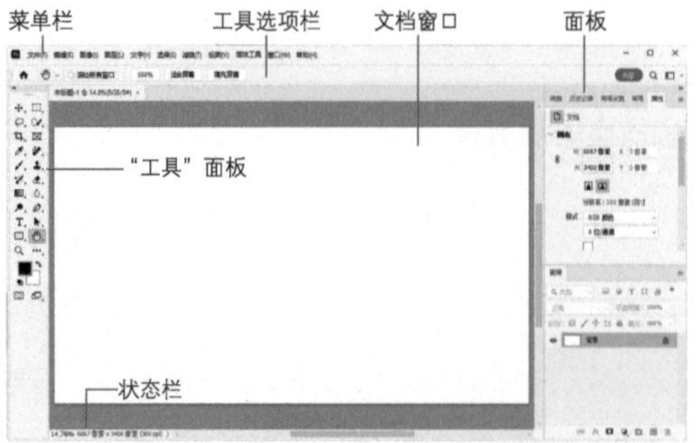

图 1–2

02 在菜单栏中执行“帮助 >Photoshop 帮助”命令，如图 1–3 所示，打开“发现”面板，如图 1–4 所示。

图 1–3　　图 1–4

03 单击“新增功能”条目，可以查看 Photoshop 2024 增加了哪些功能，如图 1–5 和图 1–6 所示。如果有兴趣，还可单击“实操教程”条目，选择其中的教程打开相应的素材，依照提示进行练习，如图 1–7 和图 1–8 所示。

图 1–5　　图 1–6　　图 1–7

图 1–8

1.1.2 文档窗口及状态栏

文档窗口用来观察和编辑图像，其使用方法与 IE 浏览器窗口的操作方法相同。操作时，既可以将文档窗口以选项卡形式停放，也可将其拖曳出来，使之成为浮动窗口，如图 1–9 和图 1–10 所示。浮动窗口的位置和大小都可以调整。

图 1–9

图 1–10

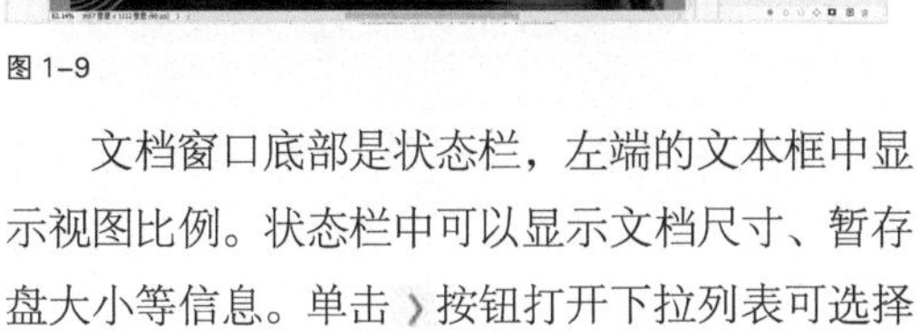

文档窗口底部是状态栏，左端的文本框中显示视图比例。状态栏中可以显示文档尺寸、暂存盘大小等信息。单击 › 按钮打开下拉列表可选择要查看的内容。

> **小提示**
>
> 打开多个文件后，按Ctrl+Tab快捷键可按照前后顺序切换各个文档窗口，按Ctrl+Shift+Tab快捷键则可按照相反的顺序切换。

1.1.3 “工具”面板

图 1–11 所示为“工具”面板，这些工具按用途分为 7 类，如图 1–12 所示。

需要使用某个工具时，单击它即可。右下角有三角形图标的是工具组，在其上按住鼠标左键，可以显示其中隐藏的工具，如图 1–13 所示；将鼠标指针移动到一个隐藏的工具上，之后释放鼠标左键，即可选择该工具，如图 1–14 所示。将鼠标指针停放在工具上片刻，则会显示工具的名称、

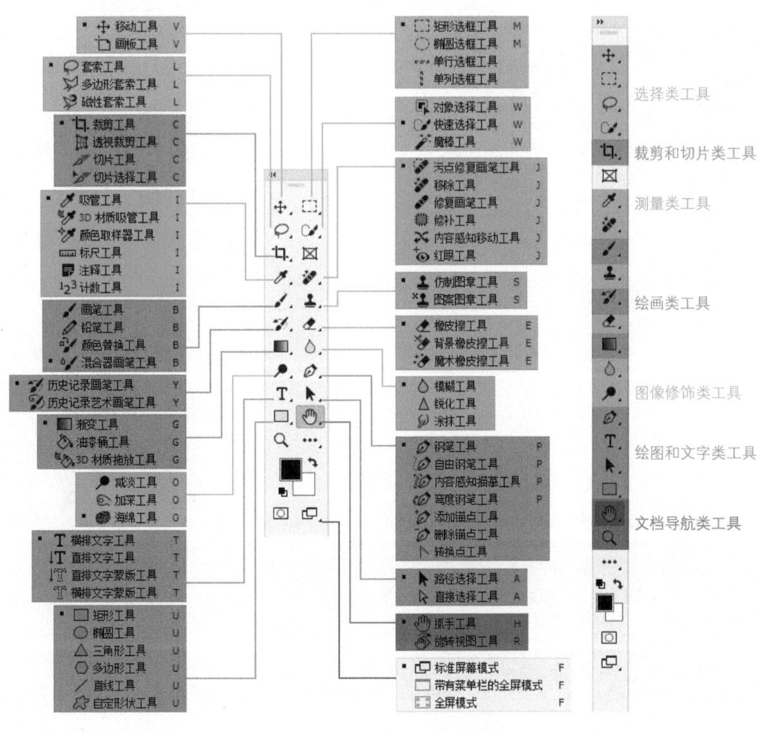

图 1–11　　图 1–12

快捷键和使用方法演示视频。

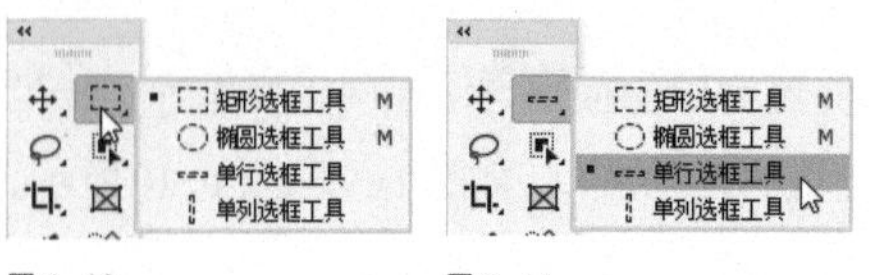

图 1–13 图 1–14

单击“工具”面板顶部的 « （或 » ）按钮，可将其切换为单排（或双排）显示。拖曳其顶部，则可移动“工具”面板。

1.1.4 菜单栏

Photoshop 中有 12 个主菜单，如图 1–15 所示。菜单中不同用途的命令用分隔线隔开。单击有黑色三角形标记的命令，可以打开其子菜单，如图 1–16 所示。单击其中的命令，即可执行。如果命令是灰色的，则表示命令在当前状态下不能使用。

文件(F) 编辑(E) 图像(I) 图层(L) 文字(Y) 选择(S) 滤镜(T) 3D(D) 视图(V) 增效工具 窗口(W) 帮助(H)

图 1–15

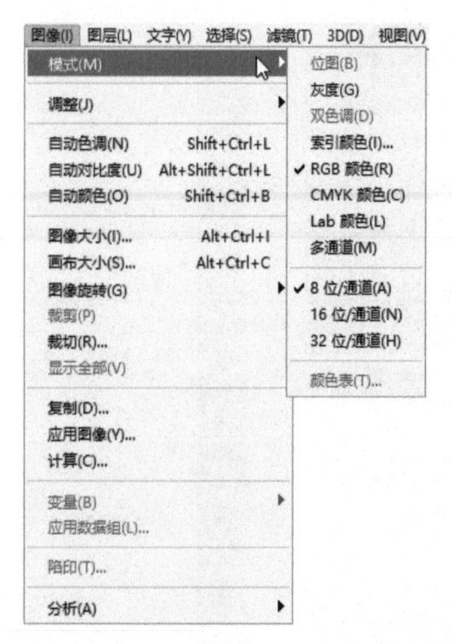

图 1–16

小提示

可以使用快捷键执行命令、选取工具和打开面板。例如，按住Ctrl键不放，之后按一下A键，可以执行“选择>全部”命令。按住Shift键和Ctrl键不放，之后按一下 I 键，可执行“选择>反选”命令。

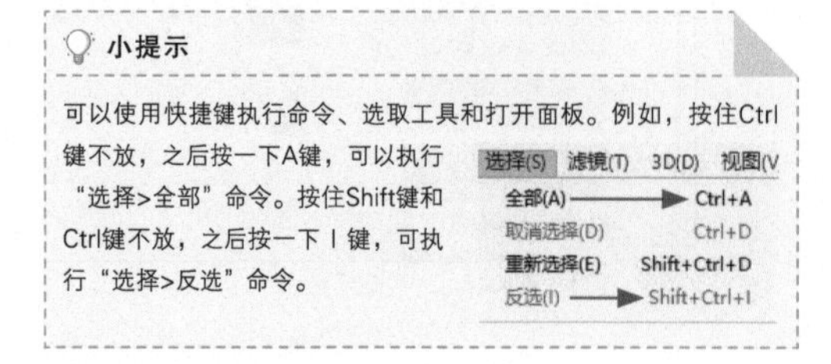

小提示

在文档窗口空白处、图像上、面板上单击鼠标右键，可以打开快捷菜单，其中显示的是与当前操作有关的命令，以方便使用。

1.1.5 工具选项栏

选择一个工具后，可在工具选项栏中设置其参数和选项，使工具符合使用需要。图 1–17 所示为渐变工具 ■ 的选项栏。

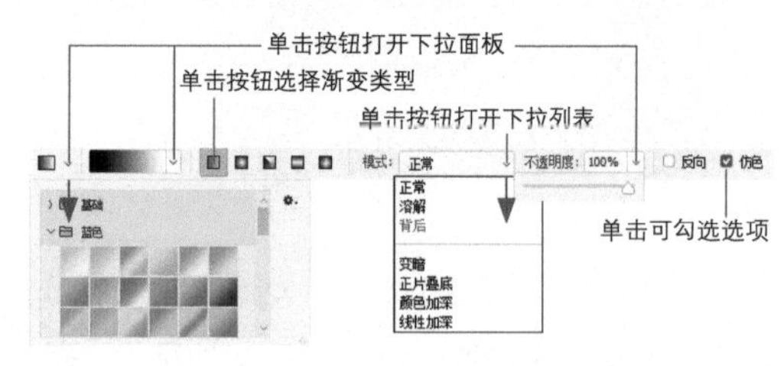

图 1–17

1.1.6 面板

面板中包含了用于创建和编辑图像、图稿、页面元素等的工具。需要使用某个面板时，可以在“窗口”菜单中将其打开。

1. 面板组

默认状态下，面板以组的形式停靠在文档窗口右侧。每个组只显示一个面板，在其他面板的名称上单击可显示相应面板，如图 1–18 所示。

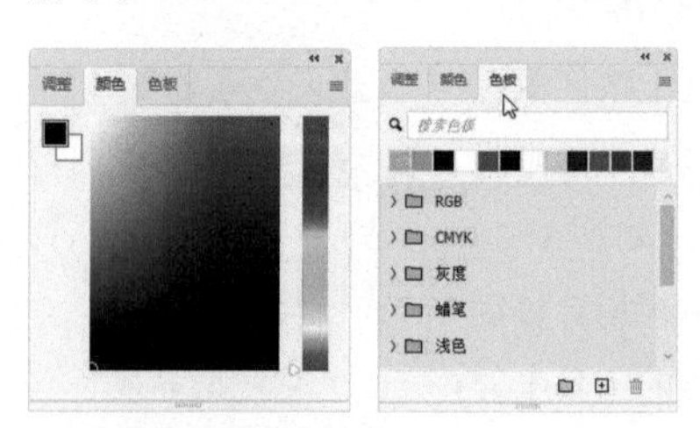

图 1–18

2. 折叠 / 展开面板组

单击面板组右上角的 » 按钮，可以将所有面板折叠，只显示图标，如图 1–19 所示。此时可通过单击图标展开 / 折叠面板。拖曳面板的左边界，调整面板组的宽度，可以让面板的名称显示出来，如图 1–20 所示。

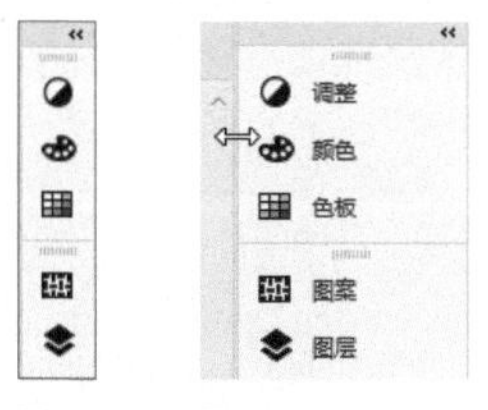

图 1–19　　图 1–20

3. 组合 / 拆分面板组

将鼠标指针放在一个面板的名称上，拖曳至另一面板组的名称上，可重新配置面板组，如图 1–21 和图 1–22 所示。拖曳到面板组外，可将其从组中分离出来，成为浮动面板。

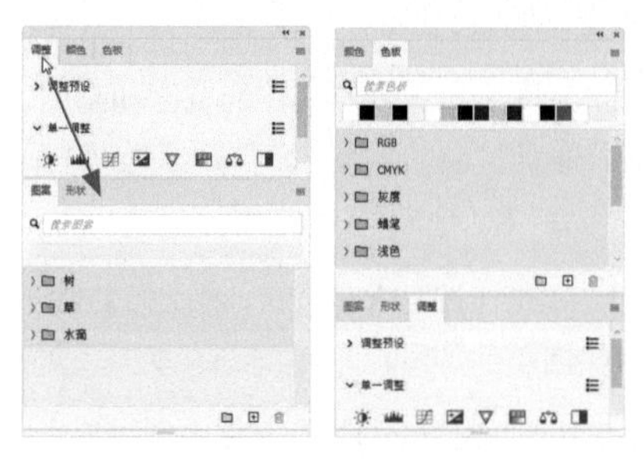

图 1–21　　图 1–22

4. 面板菜单

单击面板右上角的 ≡ 按钮，可以打开面板菜单，如图 1–23 所示。

5. 关闭面板

在面板的选项卡上单击鼠标右键，显示快捷菜单，如图 1–24 所示，执行“关闭”命令，可关闭当前面板；执行“关闭选项卡组”命令，可关闭当前面板组。如果要关闭浮动面板，单击其右上角的 × 按钮即可。

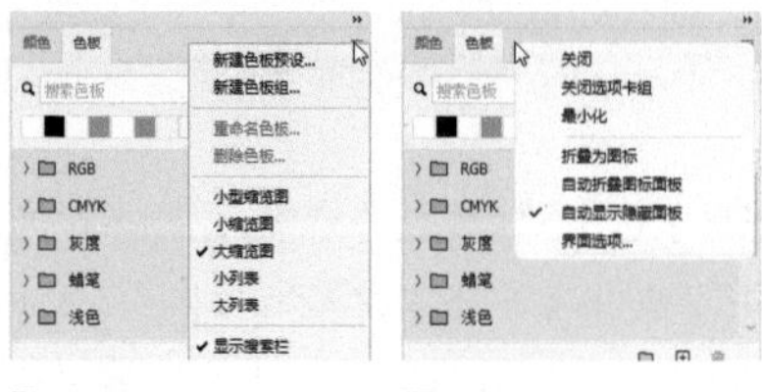

图 1–23　　图 1–24

1.1.7 定义专属工作区

Photoshop 工作界面中只有菜单是固定的，文档窗口、面板、工具选项栏等都可移动及关闭。用户按自己的习惯对工作区做出调整后（打开常用的面板，并放到方便使用的位置上），执行“窗口 > 工作区 > 新建工作区”命令，可将其保存。这样以后不管是自己还是其他人修改了工作区，都可以在“窗口 > 工作区”菜单中找到该工作区，从而将其应用到当前工作界面中。

1.2 文件基本操作

在 Photoshop 中，用户可以创建一个全新的空白文件，也可打开计算机中的文件进行编辑。Photoshop 支持绝大多数图形和图像格式，并可以将文件保存为不同的格式，以便在其他软件中使用。

1.2.1 课堂案例：制作两套设计方案

素材位置	素材 >1.2.1–1.jpg、1.2.1–2.psd、1.2.1–3.psd
效果位置	效果 >1.2.1.psd
视频位置	教学视频 >1.2.1 制作两套设计方案 .mp4
技术掌握	打开、置入和存储文件

很多时候，使用 Photoshop 作图并不需要复杂的操作，如本例，只需两步就能更换主图，如图 1–25 所示。

图 1–25

01 执行“文件 > 打开”命令，弹出“打开”对话框，单击文件，如图 1-26 所示，按 Enter 键，在 Photoshop 中将其打开，如图 1-27 所示。

图 1-26

图 1-27

02 执行“文件 > 置入嵌入对象”命令，在弹出的对话框中选择素材，将其置入当前文件中，如图 1-28 所示。按 Enter 键确认。

03 由于置入的图像是智能对象，可以执行“图层 > 智能对象 > 替换内容”命令，用另一个素材替换它，效果如图 1-29 所示。

图 1-28　　图 1-29

04 执行“文件 > 存储为”命令，将文件保存为 PSD 格式，然后关闭文件。

1.2.2 创建空白文件

如果想在 Photoshop 中创建一个空白文件，可以执行“文件 > 新建”命令（快捷键为 Ctrl+N），打开“新建文档”对话框进行设置，如图 1-30 所示。

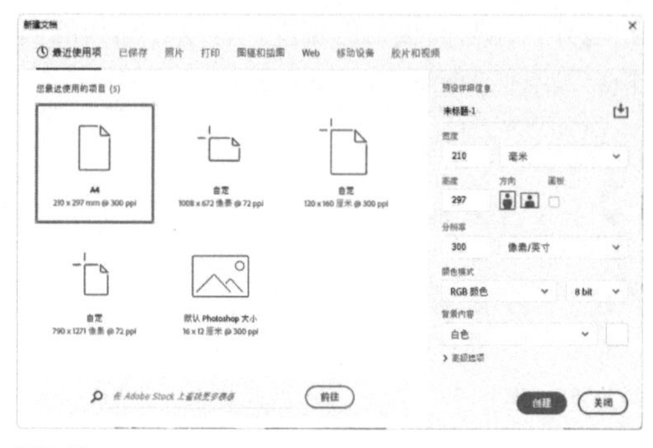

图 1-30

“新建文档”对话框介绍

● **预设**：不同行业及不同设计任务，对文件的尺寸、分辨率、颜色模式的要求各不相同。“新建文档”对话框最上方的选项卡中包含符合各个行业规范的文件预设，可直接使用。

● **宽度/高度**：可以设置文件的宽度和高度，其单位包括“像素”“英寸”“厘米”“毫米”“点”“派卡”，其中“像素”和“毫米”较为常用。

● **方向**：单击按钮或按钮，可以将文档设置为纵向或横向。

● **画板**：勾选该选项，可以在文件中创建画板。此外，进行网页设计、UI 设计和移动设备界面设计时，如果需要为不同的显示器和移动设备提供不同尺寸的设计图稿，还可使用画板工具创建多个画板，以承载不同的图稿，如图 1-31 所示。

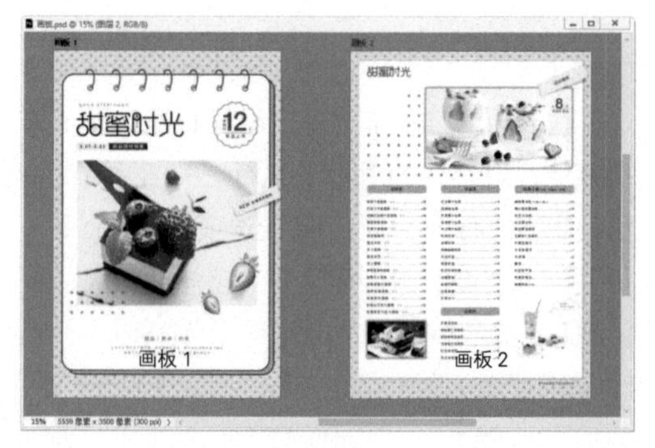

图 1-31

● **分辨率**：可设置文件的分辨率，常用单位为“像素 / 英寸”，也可选择“像素 / 厘米”。网页、App 界面的分辨率一般为 72 像素 / 英寸，照片、海报及需要打印的文件则应设置为300像素/英寸。

- **颜色模式**：在"颜色模式"选项中可以为所创建的文件选择颜色模式，在其右侧的选项中可以选取位深。颜色模式决定了文件中的颜色数量、通道数量和文件大小。RGB颜色模式最为常用。创建文件后也可以使用"图像>模式"子菜单中的命令应用其他颜色模式。位深也称像素深度或色深度。其特点是，位深为1的图像只有黑、白两色，位深每增加一位，颜色数就增加一倍。8位/通道的RGB图像用途最广，数码照片、网上的图片等大都属于此类。使用数码相机拍摄的RAW格式的照片为16位/通道的图像。32位/通道的图像为高动态范围图像（High Dynamic Range Imaging, HDRI），只在影片、3D作品及某些相对专业的领域使用。

- **背景内容**：可以为"背景"图层选择颜色；也可以选择"透明"选项，以创建透明背景。

1.2.3 打开文件

Photoshop 不仅可以处理图像，还能编辑矢量图形、PDF 文件、GIF 动画和视频。需要打开以上文件时，可通过下面的方法进行操作。

1. 打开不同类型的文件

如果要编辑一个文件，可以执行"文件 > 打开"命令（快捷键为 Ctrl+O），弹出"打开"对话框，如图 1–32 所示。单击文件（按住 Ctrl 键单击可选取多个文件）后，单击"打开"按钮或按 Enter 键，即可在 Photoshop 中将其打开。

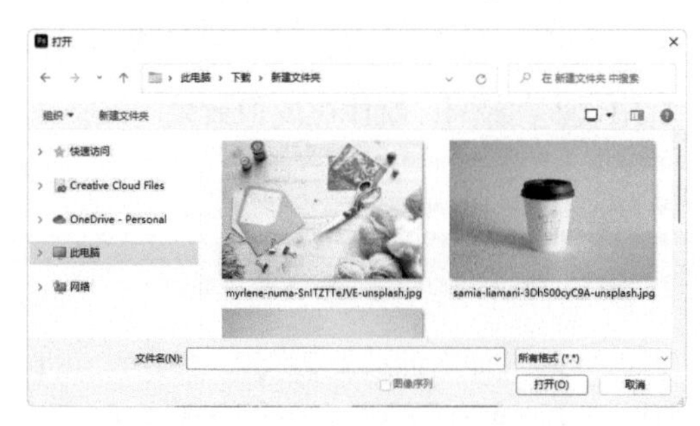

图 1–32

2. 用快捷方法打开文件

未运行 Photoshop 时，将文件拖曳到桌面的 Photoshop 应用程序图标 Ps 上，可运行 Photoshop 并打开文件。运行 Photoshop 后，将 Windows 资源管理器中的文件拖曳到 Photoshop 窗口中，可将其打开。

除此之外，还可以在 Photoshop 主页及"文件 > 最近打开文件"子菜单中打开最近使用过的文件，如图 1–33 所示。

图 1–33

> **小提示**
>
> 在计算机的文件夹中，PSD、AI和EPS等格式的文件无法直接预览，这会给查找和管理素材带来不便。执行"文件>在Bridge中浏览"命令，运行Bridge，可用其预览和打开Photoshop支持的所有格式的文件。

1.2.4 保存文件

在 Photoshop 中对文件进行编辑时，操作初期就应以 PSD 格式保存文件，而且在编辑过程中，每次完成重要操作后，都应按 Ctrl+S 快捷键保存当前效果。经常保存文件可以避免因断电、计算机故障或 Photoshop 意外崩溃而丢失操作结果。

1. 直接保存文件

执行“文件 > 存储”命令（快捷键为Ctrl+S），可以保存文件。

2. 另存文件

如果想在其他位置另存一份文件，可以执行“文件 > 存储为”命令，在弹出的对话框中输入文件名称，选择格式和保存位置，如图1-34所示。

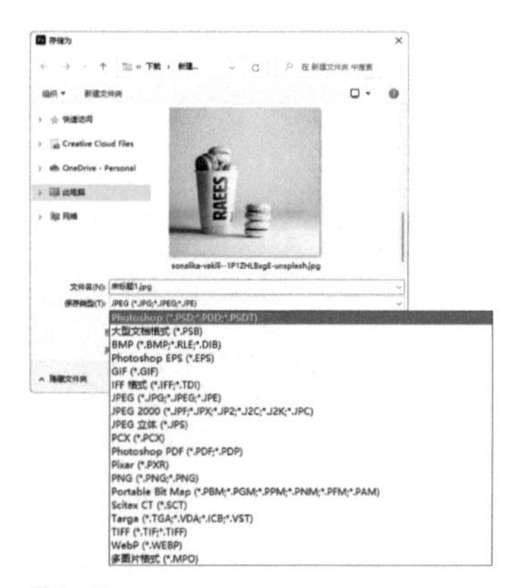

图1-34

3. 常用文件格式

文件格式决定了图像数据的存储方式（作为像素还是矢量）、支持哪些Photoshop功能、是否压缩，以及能否被其他软件使用。

- **PSD格式**：能存储文件中的所有内容（如图层、蒙版、通道、路径、可编辑的文字、图层样式、智能对象等）。存储为该格式后，不论何时打开文件，都可以对其中的内容进行修改。不仅如此，其他Adobe软件，如Illustrator、After Effects等也支持PSD文件。

- **JPEG格式**：绝大多数图形和图像软件都支持JPEG格式，而且电视、手机、平板电脑等也多使用该格式的文件。JPEG文件采用有损压缩的方法（即丢弃一些不重要的原始数据）来减小文件占用的空间，因此，多次存储后画质会变差。

- **PDF格式**：能将文字、字形、格式、颜色、图形和图像等封装在文件中，还能包含超链接、声音和动态影像等电子信息。PDF主要用于电子书、产品说明、网络资料、电子邮件等。可以从网上下载Adobe Reader来浏览PDF文件。

- **GIF格式**：GIF是为方便在网络上传输图像而创建的文件格式，支持透明背景和动画。

- **PNG格式**：采用无损压缩算法，用于在Web上显示图像。与GIF不同，PNG格式支持24位图像并能产生无锯齿状边缘的透明背景。

- **TIFF格式**：几乎所有的绘画、图像编辑和排版软件都支持该格式。它支持具有Alpha通道的CMYK、RGB、Lab、索引颜色和灰度图像，以及没有Alpha通道的位图。Photoshop可以在TIFF文件中存储图层，但是，如果在另一个软件中打开该文件，则只有拼合图像是可见的。

1.2.5 关闭文件

完成图像的编辑并进行保存后，单击文档窗口右上角的 **✕** 按钮，可关闭当前文件。如果同时打开了多个文件，执行“文件 > 关闭其他”命令可保留当前文件，关闭其他文件；执行“文件 > 关闭全部”命令可关闭所有文件。

1.3 撤销操作与查看图像

在Photoshop中编辑图像时，一些较为基础的操作也是需要掌握的，如操作失误时该怎样处理、如何缩放视图及画面中心如何定位等。

1.3.1 课堂案例：制作热成像效果

素材位置	素材 >1.3.1.psd
效果位置	效果 >1.3.1.psd
视频位置	教学视频 >1.3.1 制作热成像效果 .mp4
技术掌握	使用“历史记录”面板撤销操作、恢复图像

“历史记录”面板能保存用户最近的50步操作。下面通过制作热成像效果（见图1-35）学习怎样使用该面板撤销操作、恢复图像。

图 1-35

01 按 Ctrl+O 快捷键打开素材。打开“渐变”面板菜单，执行“旧版渐变”命令加载该渐变库，如图 1-36 所示。

图 1-36

02 单击“调整”面板中的 按钮，创建“渐变映射”调整图层。单击“属性”面板中的渐变颜色条，如图 1-37 所示，弹出“渐变编辑器”对话框，单击图 1-38 所示的渐变，创建热成像效果，如图 1-39 所示。

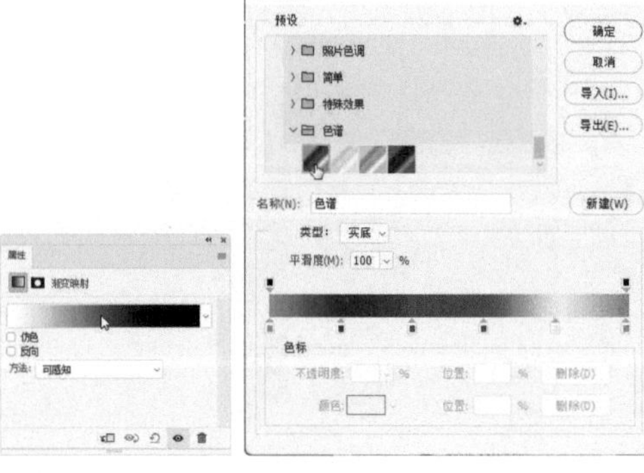

图 1-37　　图 1-38

图 1-39

03 按住 Alt 键的同时在图 1-40 所示的位置单击，创建剪贴蒙版，这样“渐变映射”调整图层就不会影响背景，如图 1-41 所示。

图 1-40　　图 1-41

04 单击“历史记录”面板中的“新建渐变映射图层”，可将图像恢复到该步骤所创建的效果，如图 1-42 和图 1-43 所示。

图 1-42　　图 1-43

05 快照区保存了初始图像，单击它可撤销所有操作，如图 1-44 所示。即使中途保存过文件，也能将其恢复到最初的打开状态。

图 1-44

06 如果要恢复所有被撤销的操作，可以单击最后一步操作，如图 1-45 所示。

图 1-45

小提示

编辑图像时，每次完成重要操作后，单击“历史记录”面板中的 按钮，可将当前状态保存为快照，这样以后不管进行了多少步操作，都可通过单击快照恢复到其记录的状态。

1.3.2 撤销与恢复操作

执行“编辑 > 还原”命令，可以撤销一步操作。该命令的快捷键为 Ctrl+Z，可通过连续按该快捷键依次向前撤销操作。

撤销操作后，如果需要将效果恢复过来，可以执行“编辑 > 重做”命令（快捷键为 Shift+Ctrl+Z，可连续按）。如果想直接恢复到最后一次保存时的状态，可以执行“文件 > 恢复”命令。

1.3.3 缩放视图，定位画面中心

在 Photoshop 中打开的文件会完整显示，如图 1-46 所示。如果要处理图像细节，可以使用下面的工具、面板或命令调整视图比例和画面位置。

图 1-46

1. 缩放工具

选择缩放工具 ，在工具选项栏中勾选“细微缩放”选项，在需要放大的区域向右拖曳鼠标，可快速放大视图，如图 1-47 所示。向左拖曳则缩小视图。

图 1-47

2. 抓手工具

放大视图后，使用抓手工具 可以移动画面，如图 1-48 所示。使用该工具时，按住 Ctrl 键向右 / 左拖曳鼠标，可以像缩放工具 一样快速放大 / 缩小视图。

图 1-48

3. “导航器”面板

当视图的放大比例值特别大时，用抓手工具 移动画面需要操作多次，才能到达目标位置，非常麻烦。在这种情况下，可单击“导航器”面板中的缩览图快速定位显示区域，如图 1-49 所示。

图 1-49

4. “视图”菜单命令

“视图”菜单中有专门用于调整视图比例的命令，且提供了快捷键，如图 1-50 所示。例如，当需要放大视图时，可先按住 Ctrl 键，之后连续按 + 键，将视图逐级放大；当窗口中不能显示全部图像时，按住空格键并拖曳鼠标即可移动画面。

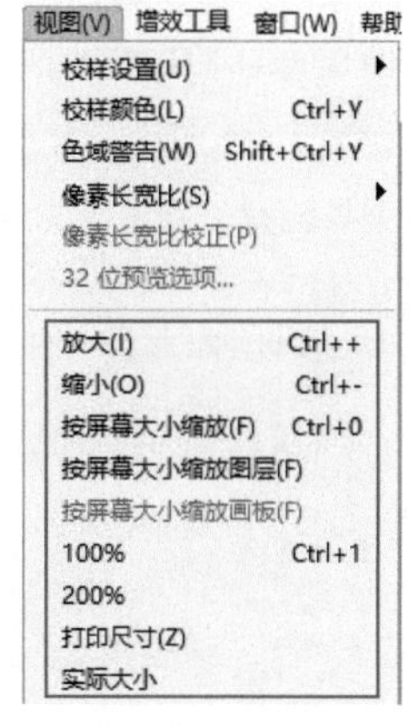

图 1-50

1.4 课后习题

Photoshop 是一个功能强大的图像编辑软件。通过本章的介绍，相信读者对它有了初步的认识，也积累了一些操作经验。通过课后习题检验学习效果，更好地设置 Photoshop，使用起来更加得心应手。

1.4.1 问答题

1. 哪种颜色模式用于在手机、电视机和计算机中显示图像？哪种模式用于印刷？

2. Photoshop 默认的文件格式为哪种？

1.4.2 案例题：修改 Photoshop 首选项

视频位置	教学视频 >1.4.2 修改 Photoshop 首选项 .mp4
技术掌握	修改首选项，让 Photoshop 更加高效地运行

常用软件都允许用户修改某些设置，如界面的背景、文字的大小等。Photoshop 也支持类似操作，用户可通过修改其首选项，让 Photoshop 以最佳状态运行，即使遇到特殊情况，如 Photoshop 崩溃，也不会造成文件丢失或损坏。

01 执行“编辑 > 首选项 > 性能”命令，打开“首选项”对话框。拖曳滑块，增加 Photoshop 可用内存，达到理想范围的上限，如图 1-51 所示。注意不要超过计算机内存的 85%，否则分配给系统应用程序的内存过小，会对计算机性能造成影响。如果内存较大，可增加历史记录的保存数量。默认只有 50 步，而 Photoshop 能存储多达 1000 条历史记录。

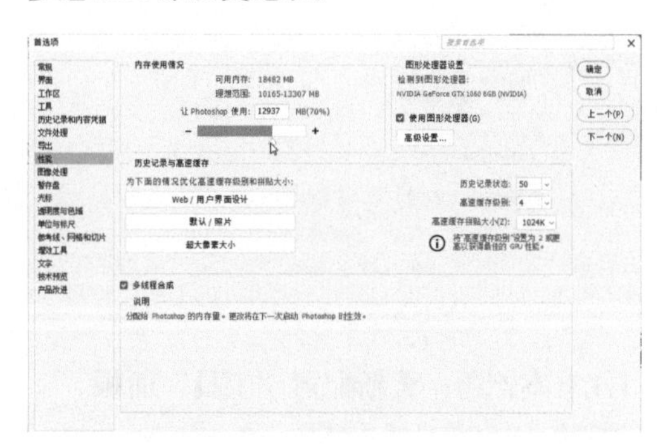

图 1-51

02 注意“使用图形处理器”选项，正常情况下应该被勾选。如果该选项为灰色，则表示计算机的显卡较旧，很多功能，如“选择并遮住”命令、“Camera Raw”滤镜、“Neural Filters”滤镜、“透视变形”命令等都无法使用。

03 切换到“暂存盘”选项卡，将其他驱动器指定为暂存盘并上移至第1行，如图1–52所示，这样Photoshop在内存不足时也能顺利地完成任务。

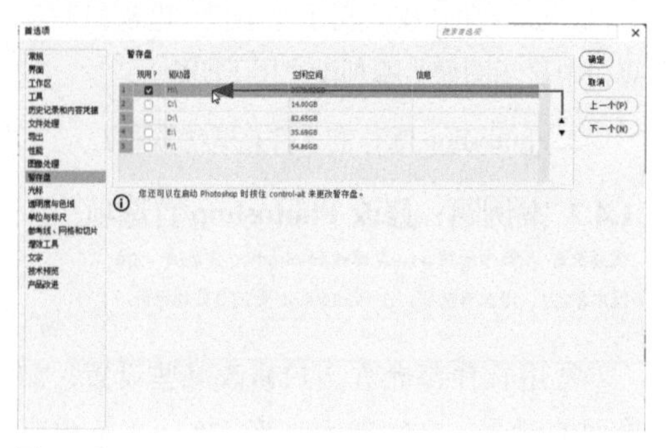

图 1–52

04 切换到“文件处理”选项卡。“自动存储恢复信息的间隔”是比较重要的选项，如图1–53所示。将其设置为10分钟表示每隔10分钟会将文件自动存储一次，如果遇到崩溃等情况，重启Photoshop可以恢复文件。如果觉得间隔时间有点长，可将其调短。首选项修改好以后，需要重新启动Photoshop才能生效。

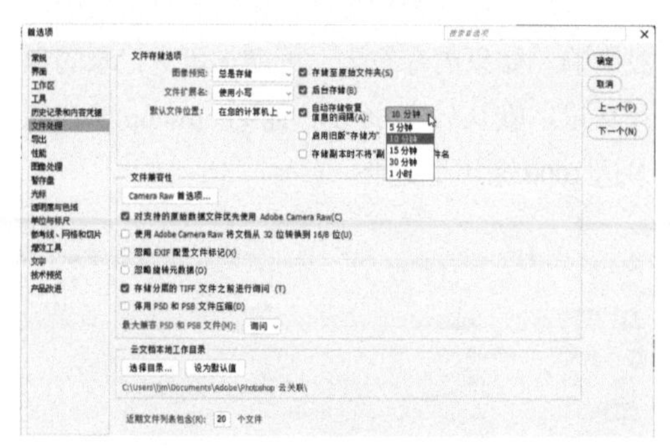

图 1–53

1.4.3 案例题：重新配置“工具”面板

视频位置	教学视频 >1.4.3 重新配置“工具”面板 .mp4
技术掌握	自定义“工具”面板

本例练习修改“工具”面板，将不常用的工具隐藏。

01 单击“工具”面板中的•••按钮，在打开的下拉列表中选择“编辑工具栏”选项，打开“自定义工具栏”对话框，如图1–54所示。

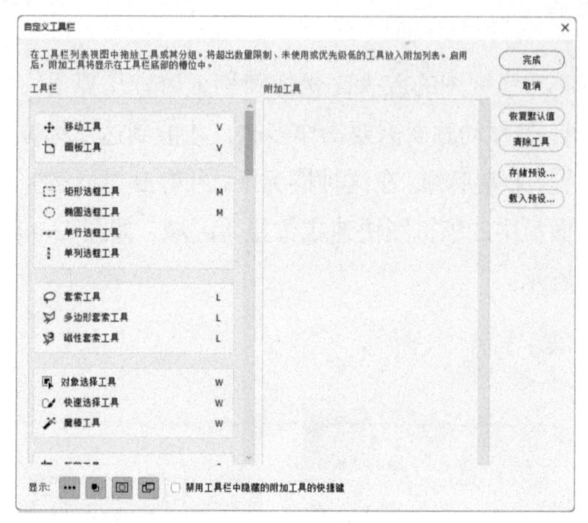

图 1–54

02 左侧列表是“工具”面板中显示的工具，将不常用的工具拖曳到右侧，如图1–55所示，可将其隐藏。左侧列表中的窗格代表工具组，通过拖曳的方法可以重组工具，如图1–56和图1–57所示。

03 需要使用被隐藏的工具时，可单击•••按钮，如图1–58所示。如想恢复为Photoshop默认的工具配置，则单击“恢复默认值”按钮。

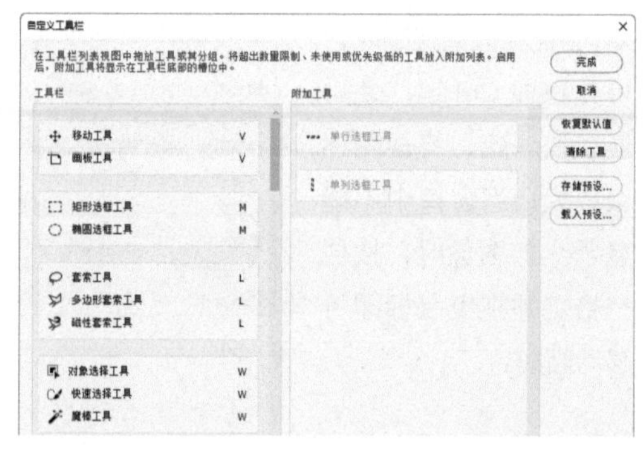

图 1–55

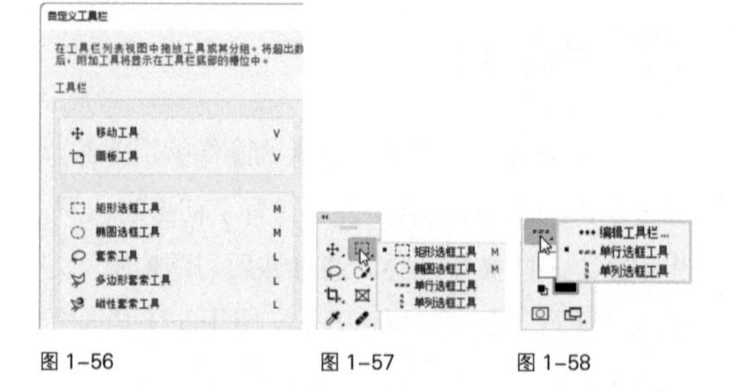

图 1–56　　图 1–57　　图 1–58

Photoshop 基本操作

本章导读

本章先讲解图像的组成元素，即像素、分辨率及二者的关系，再介绍怎样使用变换和变形功能编辑图像、制作效果。通过对本章的学习，读者可以掌握图像编辑的基本技能。

本章学习要点

- 像素与分辨率。
- 调整图像大小。
- 变换与变形功能。
- 制作可更换图片的广告牌。
- 创建智能对象。

Photoshop

2.1 调整图像的尺寸和分辨率

UI 设计、证件照制作等对图片的尺寸和分辨率有各自的规范和要求。本节介绍怎样调整图像，使其符合使用要求。

2.1.1 课堂案例：调整图像以符合网店要求

素材位置	素材 >2.1.1.jpg
效果位置	效果 >2.1.1.jpg
视频位置	教学视频 >2.1.1 调整图像以符合网店要求 .mp4
技术掌握	降低图像的分辨率

天猫主图要求尺寸为 800 像素 ×800 像素，分辨率为 72 像素 / 英寸，JPEG 格式，且图片大小不超过 3MB。常用的图像素材一般都需要调整后才能使用。

01 打开图像，如图 2–1 所示。执行“图像 > 图像大小”命令，打开“图像大小”对话框，如图 2–2 所示。可以看到，图像的宽度为 46.85 厘米，高度为 26.36 厘米，大小为 49.3MB，分辨率为 300 像素 / 英寸。

图 2–1

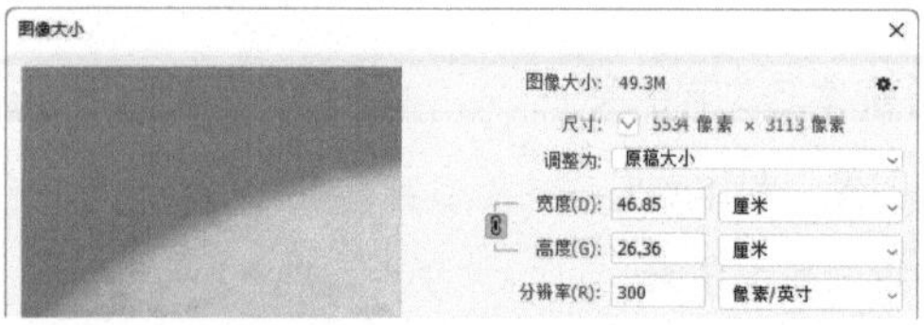

图 2–2

02 将宽度和高度的单位改为像素（px），分辨率调整为 72 像素 / 英寸，如图 2–3 所示。

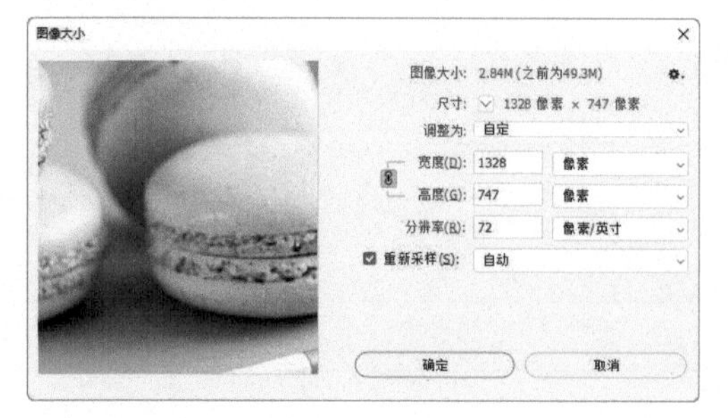

图 2–3

03 分辨率调低后，文件大小由 49.3MB 降为 2.84MB（“图像大小”右侧数值），单击“确定”按钮关闭对话框。执行“文件 > 存储为”命令，将调整后的图片另存一份，文件格式选择 JPEG 格式。这种格式会对图像进行压缩，所以实际的文件更小，为 484KB。将原始照片关闭即可，无须保存。

2.1.2 像素与分辨率

计算机、电视机、手机、平板电脑等电子设备上的数字图像也称“位图”或“栅格图像”，像素（Pixel）是构成图像的最小元素，如图 2–4 所示。

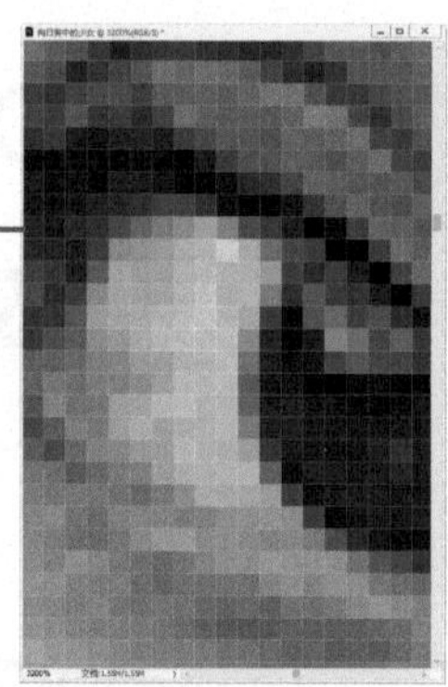

视图比例为 100% 的照片（左图），视图比例放大为 3200% 后（右图）可看清单个像素（画面中每个方块为 1 个像素）

图 2–4

一个图像中能包含多少个像素，取决于分辨率的设定。分辨率用像素 / 英寸（ppi）来表示，即 1 英寸（1 英寸 ≈ 2.54 厘米）的长度里有多少个像素，如图 2–5 所示。

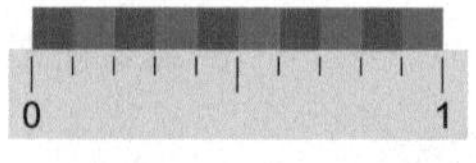

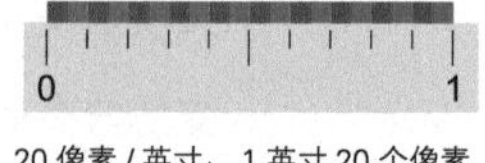

10 像素 / 英寸：1 英寸 10 个像素　　20 像素 / 英寸：1 英寸 20 个像素

图 2–5

由于像素记录了图像的所有信息，因此，其数量越多，图像的细节越丰富，画质越细腻，如图 2–6 所示。

分辨率为 10 像素 / 英寸
（图像模糊）

分辨率为 300 像素 / 英寸
（图像清晰）

图 2-6

小提示

分辨率并不是越高越好。例如，用于印刷的图像的最佳打印分辨率为300像素/英寸，超过该值也无多大作用，因为人眼最多只能识别每英寸300个像素。因此，符合使用要求的分辨率才是最佳分辨率。一般情况下，用于屏幕显示的分辨率设置为72像素/英寸即可，用于喷墨打印则可设置为250～300像素/英寸。

小提示

在Photoshop中，像素还作为计量单位使用。例如，绘画和图像修饰类工具的笔尖大小、选区的羽化范围等都以像素为单位。

2.1.3 调整图像大小

需要调整图像大小和分辨率时，可以执行“图像 > 图像大小”命令，打开“图像大小”对话框进行设置，如图 2-7 所示。

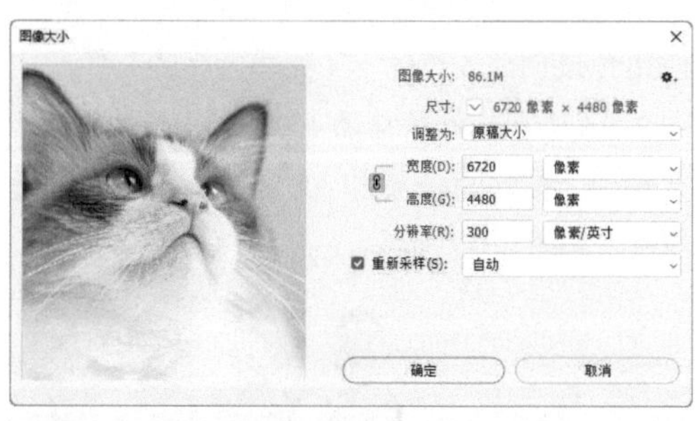

图 2-7

在调整前，图像中都是原始像素。如果勾选“重新采样”选项，则修改分辨率或图像尺寸时，Photoshop 会从原始像素中采样并进行分析，之后通过插值的方法生成新的像素或者删除多余的原始像素。

增大图像尺寸及提高分辨率时，新像素是由 Photoshop 生成的，这会导致图像在画幅变大的同时画质变差；而减小图像尺寸及降低分辨率时，只是画幅变小，对画质并无明显影响。

2.1.4 修改画布大小

画布是文档窗口中的图像区域，如图 2-8 所示。如果只是修改图像的尺寸，不改变其分辨率，则执行“图像 > 画布大小”命令，打开“画布大小”对话框进行设置会更方便，如图 2-9 所示。

图 2-8

图 2-9

“画布大小”对话框介绍

- **“当前大小”选项组**：显示了图像的原始尺寸和文件大小。

- **“新建大小”选项组**：在该选项组中输入数值可改变画布尺寸。输入的数值大于原始尺寸时，扩大画布；反之则缩小画布（即裁剪图像）。如果勾选“相对”选项，则“宽度”和“高度”中的数值将代表实际增加或减少的区域的大小，而不再代表整个文件的大小，此时输入正值会扩大画布，输入负值则缩小画布。

- **定位**：用于定义从图像的哪一边扩大或缩小画布。操作时在一个方格上单击，可沿其对角线方向扩大或缩小画布。例如，单击左侧方格，会改变右侧的画布，如图2-10所示。

图 2-10

- **画布扩展颜色**：可在下拉列表中选择新画布的填充颜色。

2.2 裁剪图像

裁剪图像可以删除多余的内容，改善画面的构图。

2.2.1 课堂案例：制作证件照

素材位置	素材 >2.2.1.jpg
效果位置	效果 >2.2.1.psd
视频位置	教学视频 >2.2.1 制作证件照 .mp4
技术掌握	用裁剪工具裁剪照片，将背景调为白色

制作证件照最好选用白色背景的照片，但有点颜色也不要紧，可通过调色的方法去除。

01 选择裁剪工具 及“宽 × 高 × 分辨率”选项，然后输入 1 英寸证件照的尺寸，即 2.5 厘米 ×3.5 厘米，分辨率为 300 像素 / 英寸，如图 2-11 所示。

宽 x 高 x 分... 2.5 厘米 3.5 厘米 300 像素/英寸

图 2-11

02 在画面中单击，然后在裁剪框外拖曳鼠标，将人像角度调正，如图 2-12 所示；再调整裁剪框大小及位置，如图 2-13 所示，按 Enter 键裁剪。

图 2-12

图 2-13

03 按 Ctrl+L 快捷键打开“色阶”对话框，选择白场吸管工具，如图 2-14 所示。在背景上单击，将背景调为白色，同时图像颜色偏绿的情况也会被修正，如图 2-15 所示。

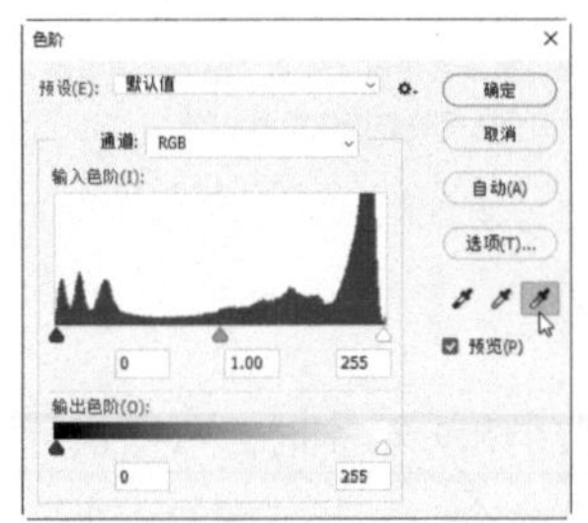

图 2-14

图 2-15

04 按 Ctrl+N 快捷键打开“新建文档”对话框，使用预设创建 6 英寸 ×4 英寸大小的文件，如图 2-16 所示。使用移动工具 将照片拖入该文件中。按住 Shift 键和 Alt 键并拖曳鼠标进行复制，如图 2-17 所示。

图 2-16　　图 2-17

2.2.2 裁剪工具

裁剪工具 可以用来裁剪图像。该工具包含内容识别填充功能，因此，旋转图像或扩大画布时，如出现空白区域，Photoshop 能自动填满图像。图 2–18 所示为裁剪工具 的选项栏。

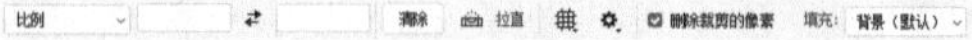

比例 ⇄ 清除 拉直 删除裁剪的像素 填充：背景（默认）

图 2–18

> **小提示**
>
> 默认状态下，裁掉的图像会保留在暂存区，使用移动工具 进行拖曳，可以让隐藏的图像显示出来。如果先勾选“删除裁剪的像素”选项，再进行裁剪，则会彻底删除被裁掉的内容。

1. 裁剪预设

单击 按钮打开下拉列表，可以使用 Photoshop 提供的常用图像比例和尺寸预设进行裁剪，如图 2–19 所示。

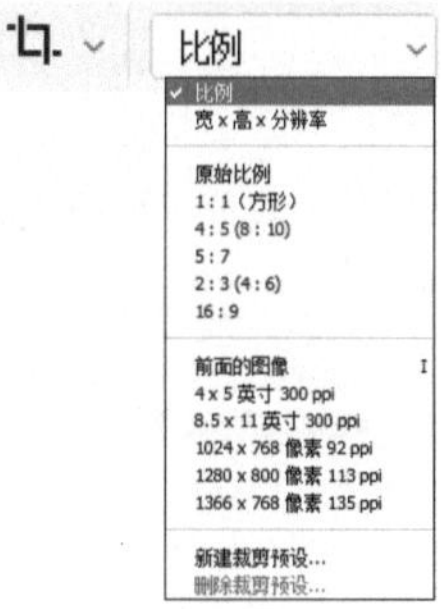

比例
宽 × 高 × 分辨率
原始比例
1:1（方形）
4:5（8:10）
5:7
2:3（4:6）
16:9
前面的图像
4 x 5 英寸 300 ppi
8.5 x 11 英寸 300 ppi
1024 x 768 像素 92 ppi
1280 x 800 像素 113 ppi
1366 x 768 像素 135 ppi
新建裁剪预设...
删除裁剪预设...

图 2–19

预设选项介绍

- **比例**：选择该选项后，会出现两个文本框，在文本框中可以输入裁剪框的长宽比。如果要交换两个文本框中的数值，可单击 ⇄ 按钮。如果要清除文本框中的数值，可单击“清除”按钮。
- **宽 × 高 × 分辨率**：选择该选项后，可在出现的文本框中输入裁剪框的宽度、高度和分辨率，并且可以选择分辨率的单位。裁剪时，Photoshop 会按照设定的尺寸定义裁剪框的大小。例如，输入宽度 95 厘米、高度 110 厘米、分辨率 50 像素 / 英寸后，裁剪时会始终锁定长宽比，并且裁剪后图像的尺寸和分辨率会与设定的数值一致。
- **原始比例**：适合裁剪照片，无论怎样拖曳裁剪框，都始终保持图像原始的长宽比。
- **预设的长宽比 / 预设的裁剪尺寸**：“1:1（方形）”“5:7”等选项是预设的长宽比，“4×5 英寸 300ppi”“1024×768 像素 92ppi”等选项是预设的裁剪尺寸。如果要自定义长宽比和裁剪尺寸，可在选项右侧的文本框中输入数值。
- **前面的图像**：可基于一幅图像的尺寸和分辨率裁剪另一幅图像。操作时打开两幅图像，使参考图像处于当前编辑状态，选择裁剪工具 ，在选项栏中选择“前面的图像”选项，然后使需要裁剪的图像处于当前编辑状态即可（可以按 Ctrl+Tab 快捷键切换文件）。
- **新建裁剪预设 / 删除裁剪预设**：拖曳出裁剪框后，选择“新建裁剪预设”选项，可以将当前创建的长宽比保存为一个预设文件。如果要删除自定义的预设文件，可将其选中，再选择“删除裁剪预设”选项。

2. 参考线

单击 按钮打开下拉菜单，选择参考线，将其叠加在图像上，如图 2–20 所示，之后便可依据其划定的重点区域对画面进行取舍。其中的“黄金比例”“金色螺线”等来源于传统经典构图形式，如图 2–21 所示。

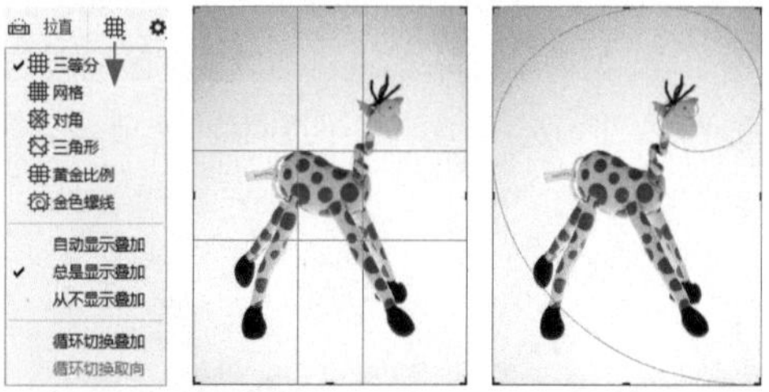

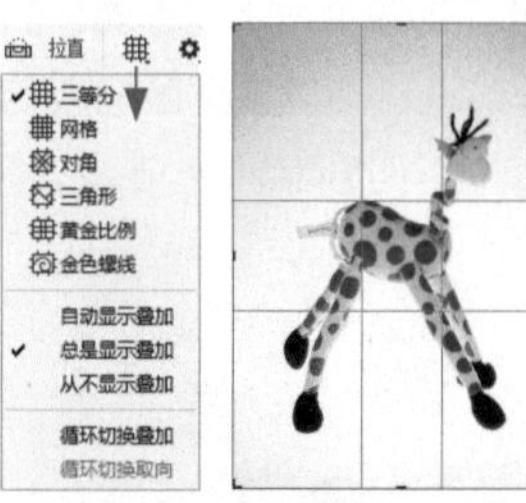

参考线种类　黄金比例　金色螺线

图 2–20

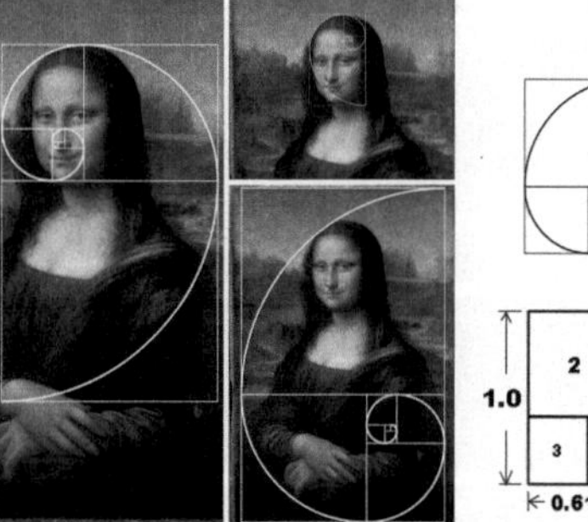

金色螺旋（左图）即斐波那契螺旋线（右图）

图 2–21

3. 裁剪选项

单击⚙按钮，可在打开的下拉面板中设置裁剪框内外的图像如何显示，如图2-22所示。

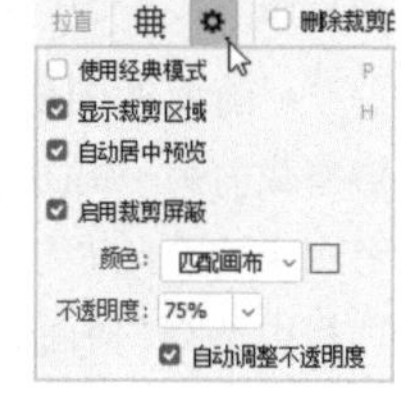

图 2-22

- **使用经典模式**：使用Photoshop CS6及以前版本的裁剪工具来操作。例如，将鼠标指针放在裁剪框外，拖曳鼠标进行旋转可以旋转裁剪框，而未勾选该选项时旋转的是图像。
- **显示裁剪区域**：勾选该选项，可以显示裁剪的区域；取消勾选，则仅显示裁剪后的图像。
- **自动居中预览**：勾选该选项，可以让裁剪框内的图像自动位于画面中心。
- **启用裁剪屏蔽**：勾选该选项后，裁剪框外的区域会被"颜色"选项中设置的颜色屏蔽（默认为白色，不透明度为75%），如图2-23所示。如果要修改屏蔽颜色，可以在"颜色"下拉列表中选择"自定义"选项，打开"拾色器"对话框进行调整，效果如图2-24所示；"不透明度"选项可用于调整颜色的不透明度。如果让Photoshop自动调整屏蔽颜色的不透明度，可勾选"自动调整不透明度"选项。

图 2-23

图 2-24

4. 内容识别填充

旋转或扩展裁剪框时，画面中会出现空白区域，如图2-25所示，在"填充"下拉列表中选择"内容识别填充"选项，能智能地填充空白区域，并与原图像无缝衔接，如图2-26所示。

图 2-25

图 2-26

2.2.3 裁剪并调整透视

拍摄高大的建筑时，由于视角较低，竖直的线条会向消失点集中，产生透视畸变，如图2-27所示。使用透视裁剪工具⌗创建裁剪框后，拖曳控制点使裁剪框的边缘和对象的矩形边缘对齐，如图2-28所示，按Enter键裁剪图像并校正透视畸变，如图2-29所示。

图 2-27

图 2-28

图 2-29

2.3 变换与变形

对图像、文字、路径等进行变换和变形处理，是改变对象外观的常用方法。

2.3.1 课堂案例：制作商品倒影

素材位置	素材 >2.3.1.psd
效果位置	效果 >2.3.1.psd
视频位置	教学视频 >2.3.1 制作商品倒影 .mp4
技术掌握	垂直翻转图像，用蒙版控制显示范围，调整不透明度

给玻璃或硬性可反光材质的商品加倒影，可以表现空间感，增强对象的质感，也是提升商品档次的好办法，如图 2-30 所示。

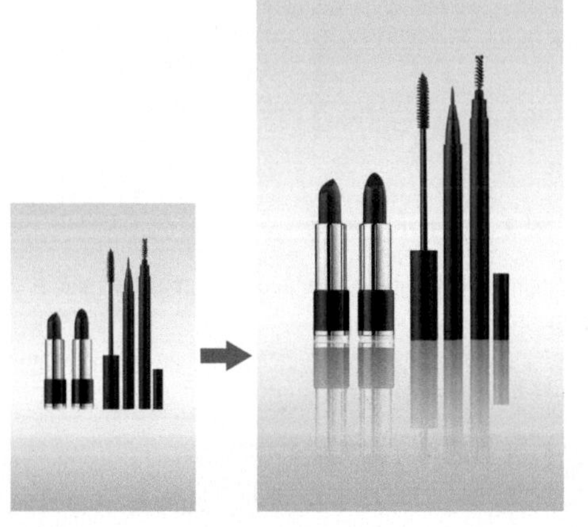

图 2-30

01 单击“图层 1”，如图 2-31 所示，按 Ctrl+J 快捷键复制，如图 2-32 所示。

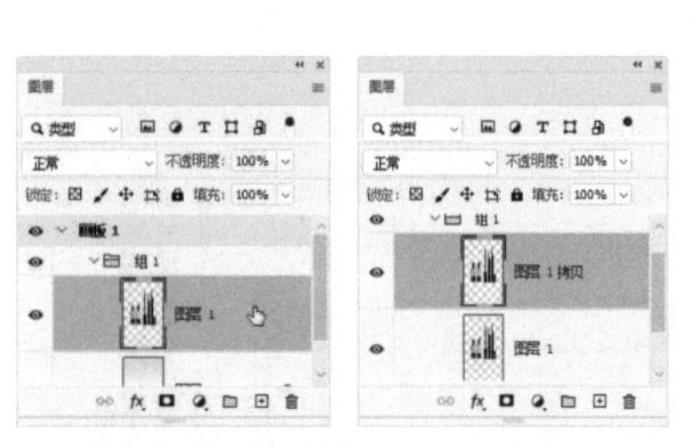

图 2-31　图 2-32

02 按 Ctrl+T 快捷键显示定界框，单击鼠标右键打开快捷菜单，执行“垂直翻转”命令，翻转图像，如图 2-33 所示。将鼠标指针放在定界框内，按住 Shift 键向下拖曳图像，如图 2-34 所示，按 Enter 键确认。

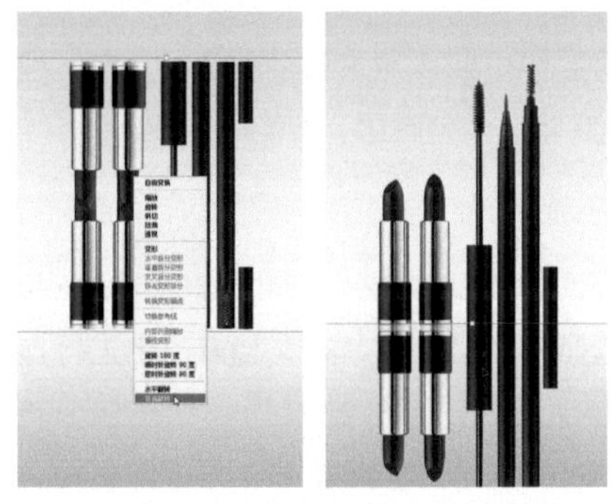

图 2-33　图 2-34

03 单击“图层”面板中的 按钮，添加图层蒙版。选择渐变工具 ，在工具选项栏中单击 按钮，选择黑白渐变，如图 2-35 所示，按住 Shift 键由下至上拖曳鼠标填充渐变，将底部图像隐藏，如图 2-36 所示。

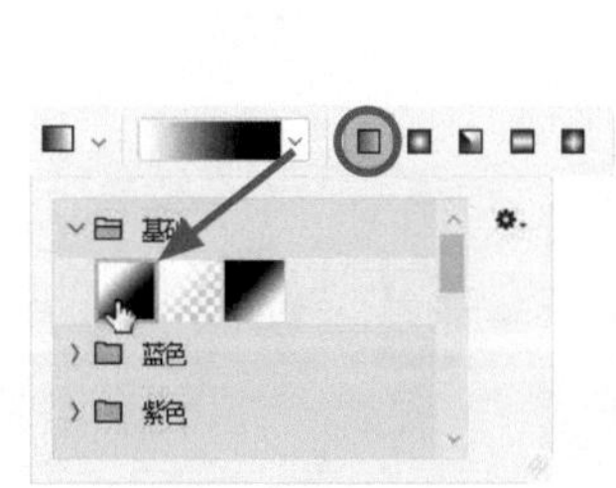

图 2-35　图 2-36

04 将图层的“不透明度”设置为 55%，使倒影变淡，如图 2-37 和图 2-38 所示。

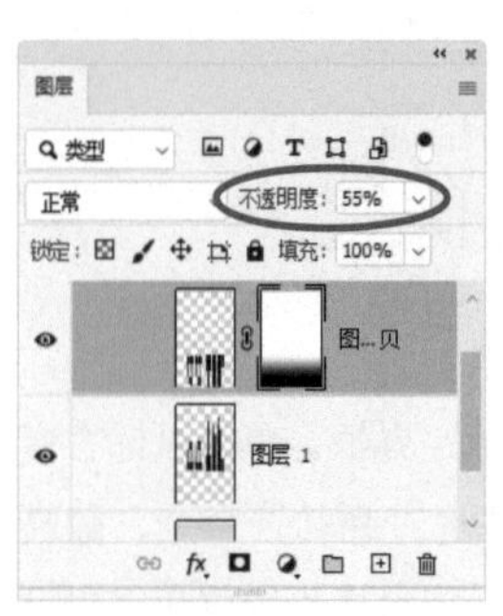

图 2-37

图 2-38

2.3.2 移动对象

移动工具 ✥ 可以用来移动图像、文字、视频、形状图层、调整图层、智能对象等。

1. 移动与复制

单击对象所在的图层，如图 2-39 和图 2-40 所示，选择移动工具 ✥，在文档窗口中进行拖曳即可移动对象，如图 2-41 所示。按住 Shift 键操作，可沿水平、垂直或 45° 角方向移动。按住 Alt 键操作，可复制对象，如图 2-42 所示。

图 2-39

图 2-40

图 2-41

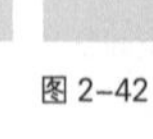

图 2-42

2. 在多个文件间移动对象

打开多幅图像时，使用移动工具 ✥ 在画面中拖曳图像至另一文件的标题栏，如图 2-43 所示；停留片刻可切换到该文件，将鼠标指针移动到画面中，如图 2-44 所示，释放鼠标左键，可将图像拖入该文件，如图 2-45 所示。

图 2-43

图 2-44

图 2-45

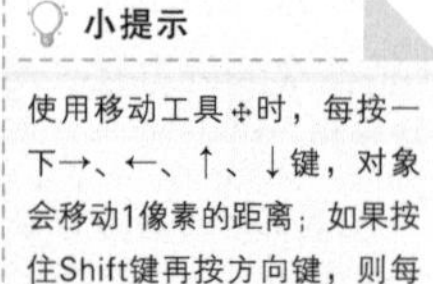

小提示

使用移动工具 ✥ 时，每按一下→、←、↑、↓键，对象会移动1像素的距离；如果按住Shift键再按方向键，则每次可移动10像素的距离。

图 2-46 所示为移动工具 ✥ 的选项栏。

☐ 自动选择： 图层 ☐ 显示变换控件

图 2-46

移动工具选项介绍

- **自动选择**：如果文件中包含多个图层或组，可以勾选该选项并在下拉列表中选择要移动的内容。选择"图层"选项，使用移动工具 ✥ 在画面中单击，可以自动选择鼠标指针下方包含像素的顶层的图层；选择"组"选项，则可选择鼠标指针下方包含像素的顶层的图层所在的图层组。

● **显示变换控件**：勾选该选项后，单击一个图层时，图层内容的周围会显示定界框，此时拖曳控制点可以对图像进行变换操作。该选项适用于图层较多，并经常进行变换操作的情况。

● **对齐图层 / 分布图层** ：选择多个图层后，单击相应按钮，可以对齐所选图层，或使其按一定的规则均匀分布。

2.3.3 旋转、缩放与拉伸

进行变换及变形操作时，先单击对象所在的图层，然后执行“编辑 > 自由变换”命令（快捷键为 Ctrl+T），对象周围会显示定界框及控制点，如图 2-47 所示。在定界框外拖曳鼠标，可进行旋转，如图 2-48 所示。图 2-49 所示是将图像旋转后贴在手机屏幕上的效果。

图 2-47

图 2-48

图 2-49

拖曳控制点，可等比缩放图像，如图 2-50 所示。按住 Shift 键操作，则可拉伸图像。

图 2-50

> **小提示**
>
> 变换、变形操作完成后，按Enter键可确认操作，按Esc键则取消操作。

2.3.4 斜切、扭曲与透视扭曲

在水平定界框外按住 Shift 键和 Ctrl 键并进行拖曳，可沿水平方向斜切，如图 2-51 和图 2-52 所示。在垂直定界框外操作，可沿垂直方向斜切，如图 2-53 所示。

将鼠标指针放在定界框 4 个角的某个控制点上，按住 Ctrl 键并拖曳，可扭曲对象，如图 2-54 所示。按住 Ctrl 键和 Alt 键操作，可进行对称扭曲，如图 2-55 所示。按住 Shift 键、Ctrl 键和 Alt 键操作，可进行透视扭曲，如图 2-56 所示。

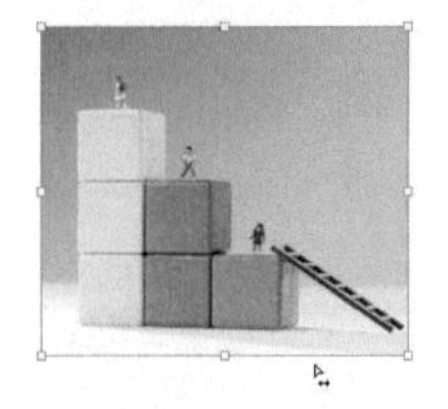

图 2-51

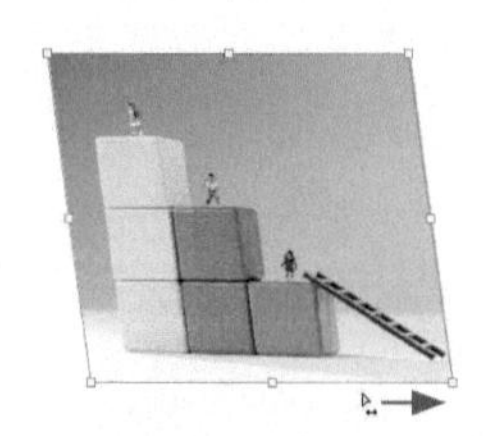

图 2-52

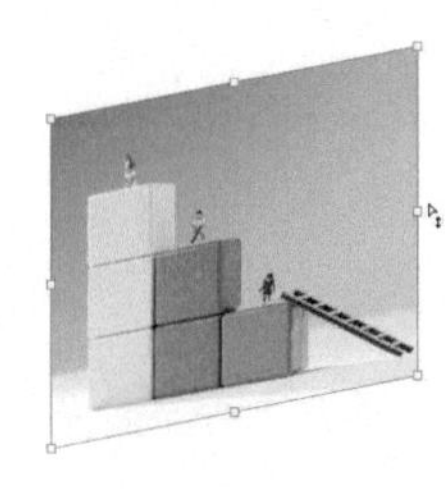

图 2-53

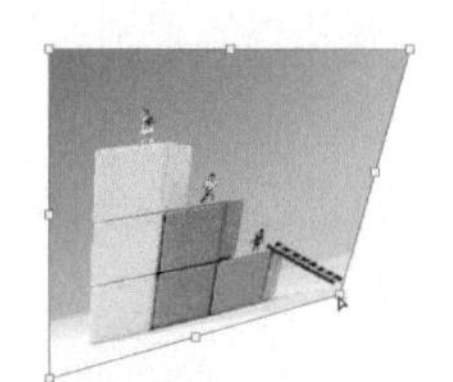

图 2-54

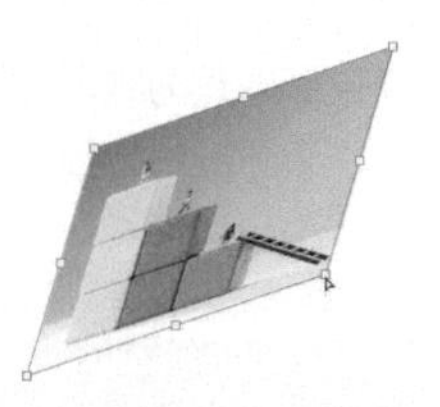

图 2-55

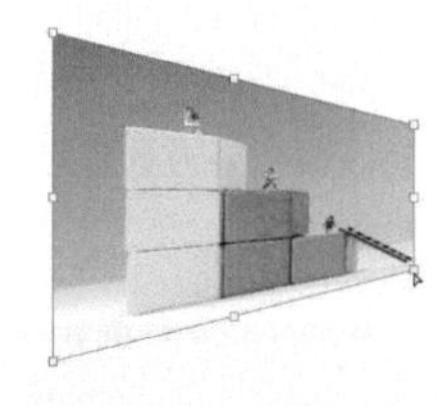

图 2-56

2.3.5 内容识别缩放

打开图像，如图 2-57 所示。执行“编辑 >

内容识别缩放”命令，显示定界框，按住 Shift 键拖曳控制点拉伸画面。由于该功能可自动识别图像，因此，缩放人像、动物、建筑时，能保护重要内容，只缩放次要内容，如图 2–58 所示。图 2–59 所示为普通缩放所生成的变形效果。

图 2–57

图 2–58

图 2–59

使用内容识别缩放功能时，工具选项栏中会显示图 2–60 所示的选项。

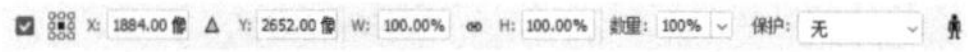

X: 1884.00 像 Y: 2652.00 像 W: 100.00% H: 100.00% 数量: 100% 保护: 无

图 2–60

内容识别缩放选项介绍

- **切换参考点 / 参考点定位符** ：在方框内勾选后会显示参考点，对象以参考点为基准来进行变换。单击参考点定位符上的方块，可指定缩放图像时要围绕的参考点。

- **使用参考点相关定位** ：单击该按钮，可以指定相对于当前参考点位置的新参考点位置。

- **参考点位置** ：可输入 *x* 轴和 *y* 轴的像素，从而将参考点放置于特定位置。

- **缩放比例** ：输入宽度（*W*）和高度（*H*）的百分比，可以指定图像按原始大小的百分之多少进行缩放。如果要等比缩放，可单击按钮。

- **数量** ：可在文本框中输入数值或单击箭头和移动滑块来指定内容识别缩放的百分比。

- **保护** ：使用选区将重要内容选取后保存到 Alpha 通道中，缩放时，在“保护”下拉列表中选择该通道，则通道中的白色所对应的图像不会变形，如图 2–61 所示。

图 2–61

- **保护肤色** ：单击该按钮，可以保护包含肤色的图像，以免其变形。

2.3.6 操控变形

执行“编辑 > 操控变形”命令，画面中会显示变形网格，如图 2–62 所示。操作时先在关键点，即需要扭曲的位置添加图钉；然后在其周围会受到影响的区域也添加图钉，用以固定图像，减小扭曲范围；最后拖曳图钉进行扭曲，如图 2–63 所示。

图 2–62

图 2–63

操控变形可以轻松地让人的手臂弯曲，让身体摆出不同的姿势，也可用于小范围的修饰，如让长发弯曲，让嘴角向上扬起等。

2.4 智能对象

智能对象是一种可包含位图和矢量图形的特殊图层。在进行变换和变形处理时，它能减小给对象造成的损害，而且还可替换和更新对象，以及将对象恢复为原样。

2.4.1 课堂案例：制作可更换图片的广告牌

素材位置	素材 >2.4.1-1.jpg~2.4.1-3.jpg
效果位置	效果 >2.4.1.psd
视频位置	教学视频 >2.4.1 制作可更换图片的广告牌 .mp4
技术掌握	图像变形，创建智能对象，替换智能对象的内容

本例制作一个可更换图片的广告牌，如图 2-64 所示。

图 2-64

01 打开素材，如图 2-65 所示。选择矩形工具 及“形状”选项，拖曳鼠标创建矩形，如图 2-66 所示。执行“图层 > 智能对象 > 转换为智能对象”命令，将图层转换为智能对象。

图 2-65

图 2-66

02 按 Ctrl+T 快捷键显示定界框，按住 Ctrl 键并拖曳 4 个角的控制点扭曲图形，将其对齐到广告牌边缘，如图 2-67 所示。按 Enter 键确认。

图 2-67

03 在智能对象的缩览图上双击，如图 2-68 所示，打开其原始文件。执行“文件 > 置入嵌入对象”命令，置入图像，如图 2-69 所示。将文件关闭，图像会自动贴到广告牌上，如图 2-70 所示。

图 2-68

图 2-69

图 2-70

04 如果想要更换广告牌内容，双击智能对象的缩览图，重新置入图像即可，如图 2-71 所示。

图 2-71

> **小提示**
>
> 将JPEG、TIFF、GIF、EPS、PDF、AI等格式的文件置入为智能对象并进行编辑后，可以执行“图层>智能对象>导出内容”命令，按照其原始的置入格式将对象导出。

2.4.2 创建智能对象

智能对象可通过以下方法来创建。

1. 将文件打开为智能对象

执行“文件 > 打开为智能对象”命令，可以将文件打开并自动转换为智能对象。

2. 将图层转换为智能对象

单击一个图层，执行“图层 > 智能对象 > 转换为智能对象”命令，即可将图层转换为智能对象。

3. 创建可自动更新的智能对象

执行“文件 > 置入链接的智能对象”命令，可将对象置入 Photoshop 中并转换为智能对象，如图 2–72 所示。此后如果源文件被修改，智能对象会同步做出改变，如图 2–73 所示。

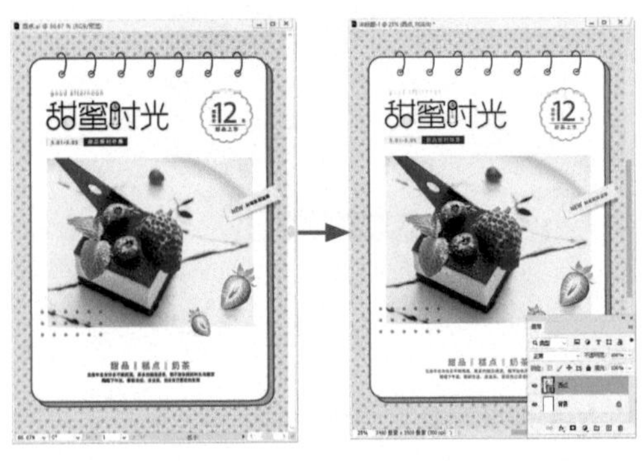

在 Illustrator 中创建的图稿　　置入 Photoshop 中

图 2–72

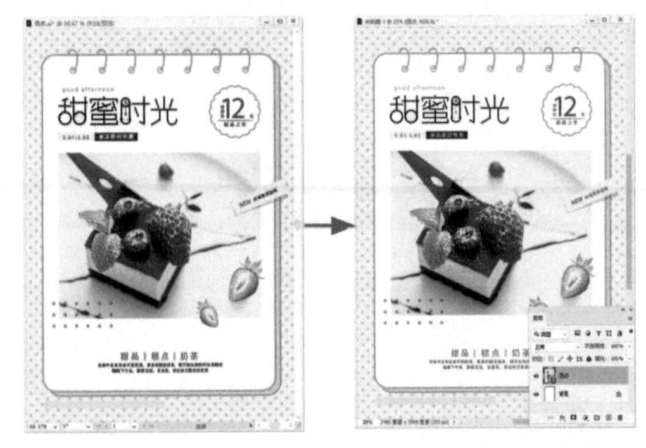

在 Illustrator 中修改图稿　　Photoshop 自动更新智能对象

图 2–73

4. 将 Illustrator 图形粘贴为智能对象

在矢量软件 Illustrator 中复制图形后，在 Photoshop 中按 Ctrl+V 快捷键粘贴，弹出“粘贴”对话框，选中“智能对象”选项，如图 2–74 所示，可以将图形粘贴为智能对象。

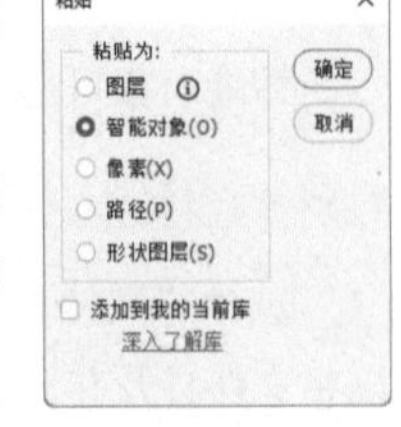

图 2–74

2.4.3 复制智能对象

智能对象可以复制出链接型和非链接型两种副本。

1. 复制出链接型智能对象

使用以下 3 种方法复制出的智能对象具有链接属性，如图 2–75 所示，即编辑其中的一个，其他智能对象可自动更新到与之相同的状态，如图 2–76 所示。

- **方法 1**：单击智能对象所在的图层，按 Ctrl+J 快捷键。
- **方法 2**：将智能对象所在的图层拖曳到“图层”面板中的 ⊞ 按钮上。
- **方法 3**：选择移动工具 ✥，按住 Alt 键并拖曳智能对象进行复制。

图 2–75

图 2–76

2. 复制出非链接型智能对象

执行“图层 > 智能对象 > 通过拷贝新建智能对象”命令，可复制出非链接型智能对象。

2.4.4 撤销变换

单击智能对象所在的图层，执行“图层 > 智能对象 > 复位变换”命令，即可撤销应用于智能对象的变换，将其恢复为原状。

2.4.5 打包智能对象

如果不希望因源文件被修改名称、改变存储位置或者被删除等影响 Photoshop 文件中的智能对象，可以执行“文件 > 打包”命令，将智能对象中的文件保存到计算机的文件夹中。

2.4.6 栅格化智能对象

画笔工具、仿制图章工具等用于修改像素的工具无法编辑智能对象。执行“图层 > 智能对象 > 栅格化”命令，将其转换成普通图像后，才可用上述工具处理。

2.5 课后习题

本章介绍了图像的组成要素和 Photoshop 中各种常用的图像编辑方法。下面通过课后习题帮助读者巩固所学知识。

2.5.1 问答题

1. 什么是分辨率，其常用单位有哪些？
2. 怎样计算图像中包含的像素数量？
3. 哪些对象可以进行变换和变形操作？

2.5.2 案例题：用人工智能技术放大图像

素材位置	素材 >2.5.2.jpg
效果位置	效果 >2.5.2.jpg
视频位置	教学视频 >2.5.2 用人工智能技术放大图像 .mp4
技术掌握	修改首选项，用“保留细节 2.0”插值方法放大图像

使用图像素材时，将大图改小一般不会有问题，但是将小图改大，画质往往会变差。这是因为放大图像时，多出的空间需要像素来填充，新像素是由 Photoshop 生成的——它会采用一种插值方法从原有的像素中取样，再生成新像素。生成的像素越接近原始像素，图像效果越好。“保留细节 2.0”运用了人工智能技术，可确保图像的清晰度高，细节完整，最适合放大图像时使用。

01 执行“编辑 > 首选项 > 技术预览”命令，打开“首选项”对话框，勾选“启用保留细节 2.0 放大”选项，开启相应功能，如图 2-77 所示。关闭并重启 Photoshop。

图 2-77

02 按 Ctrl+O 快捷键打开素材，如图 2-78 所示。执行“图像 > 图像大小”命令，打开“图像大小”对话框。

图 2-78

03 原图的大小是 50.8 厘米 ×33.87 厘米，下面以接近 10 倍的倍率放大图像。将“宽度”设置为 500 厘米，“高度”会自动调整。在“重新采样”下拉列表中选择“保留细节 2.0”选项，如图 2-79 所示。

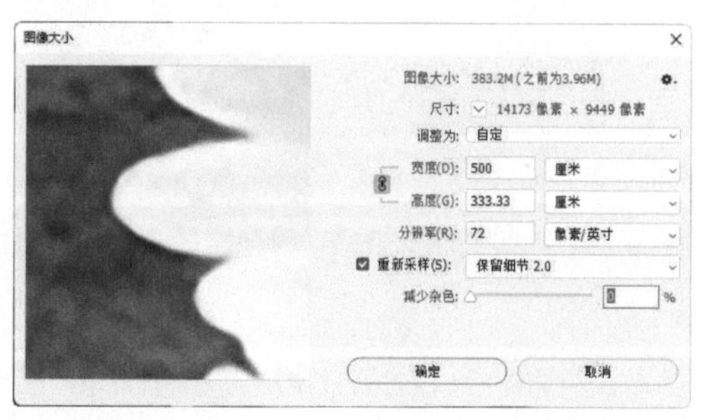

图 2-79

> **小提示**
>
> 观察对话框中的图像缩览图，如果杂色变得明显，可以调整“减少杂色”参数。该参数不宜过大，否则会使图像出现明显的模糊。

04 单击“确定”按钮，完成放大操作。使用其他插值方法放大的效果与使用“保留细节 2.0”的差别非常明显，如图 2-80 所示。

左图为“保留细节 2.0”放大局部效果，右图为“自动”放大局部效果，可以看到右图中图像细节模糊程度较大，花朵边缘的晕影也非常明显

图 2-80

2.5.3 案例题：给风扇加阴影

素材位置	素材 >2.5.3.psd
效果位置	效果 >2.5.3.psd
视频位置	教学视频 >2.5.3 给风扇加阴影 .mp4
技术掌握	用图像制作阴影，用“高斯模糊”滤镜模糊阴影

广告中的商品一般是将抠出的图片合成到新背景中生成的，因而需要加阴影，才能与所处环境更好地融合，如图 2-81 所示。

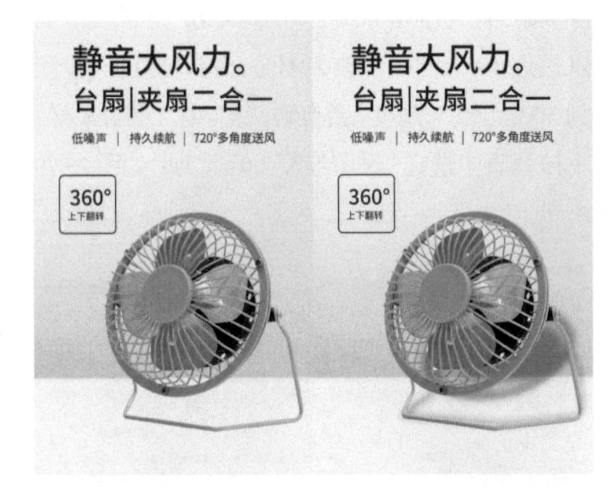

图 2-81

01 单击“图层 1”，按 Ctrl+J 快捷键复制，单击“图层”面板中的 ▩ 按钮，锁定图层的透明区域，如图 2-82 所示。按 Alt+Delete 快捷键填充黑色，如图 2-83 所示。

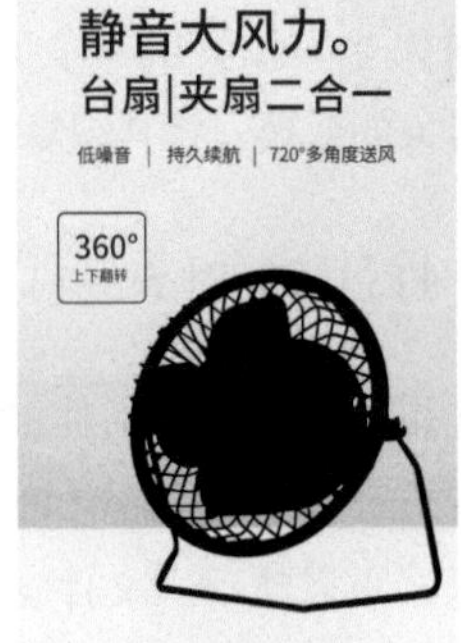

图 2-82　　图 2-83

02 再次单击 ▩ 按钮，解除锁定。按 Ctrl+[快捷键将当前图层移动到“图层 1”下方，如图 2-84 所示。执行“滤镜 > 模糊 > 高斯模糊”命令，模糊图像，参数设置如图 2-85 所示。

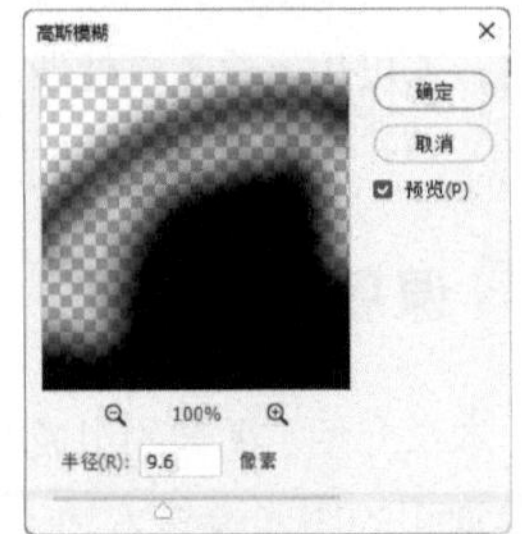

图 2-84　　图 2-85

03 将图层的“不透明度”设置为 35%，如图 2-86 所示。执行“编辑 > 变换 > 扭曲”命令，显示定界框，拖曳控制点扭曲阴影，如图 2-87 所示。

图 2-86　　图 2-87

图层的应用

本章导读

本章介绍图层的相关知识。图层类似于透明玻璃，玻璃（图层）上承载着对象，如图像、文字等。将不同的对象放在不同的图层上，编辑时就不会影响其他图层中的对象，这是图层的最大优点。此外，图层还能用于调色和制作特效。

本章学习要点

- “图层”面板。
- 混合模式。
- 不透明度。
- 用图层组管理图层。
- 图文压印效果。

Photoshop

3.1 了解图层

图层是 Photoshop 的核心功能，它既用于承载不同类型的对象，也用于制作特效。

3.1.1 课堂案例：制作极简风格餐饮界面

素材位置	素材 >3.1.1-1.jpg~3.1.1-4.jpg
效果位置	效果 >3.1.1.psd
视频位置	教学视频 >3.1.1 制作极简风格餐饮界面 .mp4
技术掌握	图框工具，对齐图层，在图框中置入图像

本例介绍怎样在餐饮界面中加入食品图片，如图 3-1 所示。这是一个极简风格的版面，给人典雅、高级的视觉感受。为确保与界面的色彩和谐统一，所选素材的颜色不宜过多，饱和度也不能太高。

图 3-1

01 打开素材。选择图框工具，在工具选项栏中单击图 3-2 所示的按钮。

图 3-2

02 按住 Shift 键拖曳鼠标，创建圆形图框，如图 3-3 所示。按住 Alt 键向右拖曳圆形，进行复制，如图 3-4 所示。

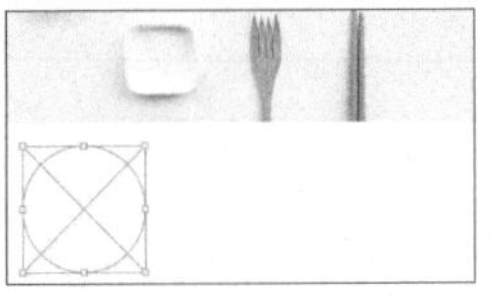

图 3-3

图 3-4

03 按住 Ctrl 键单击图框图层以全部选取，如图 3-5 所示，执行“图层 > 分布 > 水平居中”命令，让图层按照相同的间距分布，如图 3-6 所示。

图 3-5

图 3-6

04 单击一个图框缩览图，如图 3-7 所示，执行“文件 > 置入嵌入对象”命令，在图框中置入图像，如图 3-8 所示。

图 3-7

图 3-8

05 采用同样的方法在其他图框中置入素材，如图 3-9 和图 3-10 所示。

图 3-9

图 3-10

3.1.2 “图层”面板

“图层”面板用于创建、编辑和管理图层，如图 3–11 所示。由于 Photoshop 可以用于编辑图像、文字、视频等不同对象，因此图层的种类也较多，如图 3–12 所示。

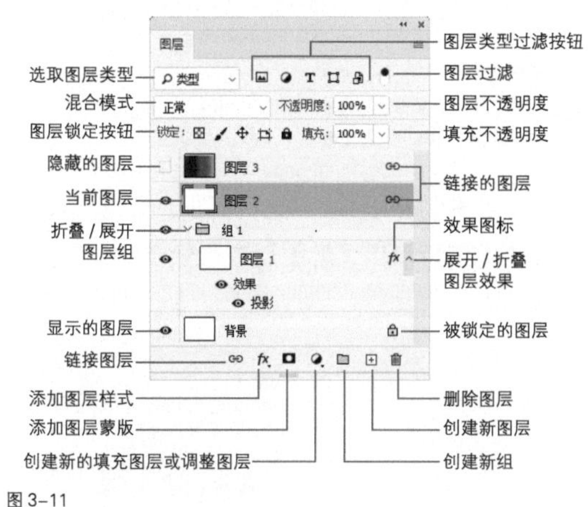

图 3–11

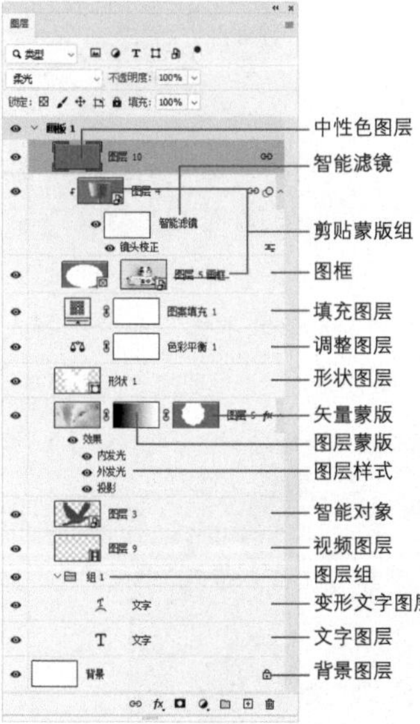

中性色图层
智能滤镜
剪贴蒙版组
图框
填充图层
调整图层
形状图层
矢量蒙版
图层蒙版
图层样式
智能对象
视频图层
图层组
变形文字图层
文字图层
背景图层

图 3–12

“图层”面板介绍

● **选取图层类型**：图层数量较多时，可在该下拉列表中选择一种图层类型（包括名称、效果、模式、属性和颜色等），让“图层”面板中只显示此类图层，隐藏其他类型的图层。

● **图层类型过滤按钮** ：单击按钮，可过滤图层，如单击 T 按钮，面板中就只显示文字类图层，如图 3–13 所示。 按钮用于只显示普通图层， 按钮用于只显示填充图层和调整图层， 按钮用于只显示形状图层， 按钮用于只显示智能对象。

● **图层过滤** ：当图层数量较多时，如果想快速找到某种图层，可在选取图层类型下拉列表中选择图层类型。例如，选择“效果”选项并指定一种图层样式，“图层”面板中就只显示添加了该效果的图层，如图 3–14 所示。此后 按钮会变为 状，单击 按钮，可重新显示所有图层。

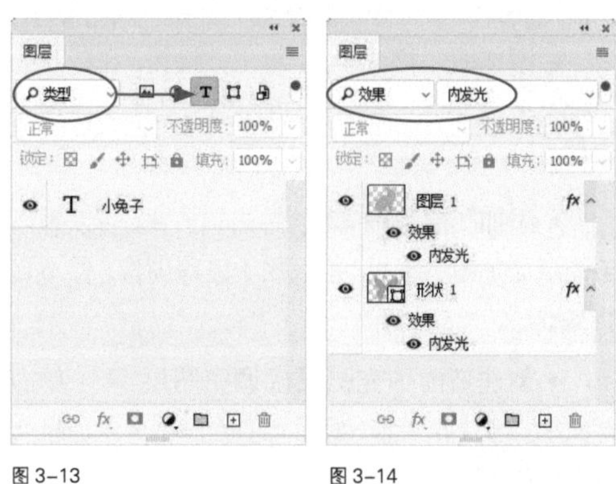

图 3–13　　图 3–14

● **混合模式 / 图层不透明度**：用来设置当前图层的混合模式和不透明度。

● **填充不透明度**：与图层不透明度类似，但不会影响图层样式。

● **图层锁定按钮** ：单击锁定透明像素按钮 ，可保护图层中的透明区域，使其不被编辑操作影响；单击锁定图像像素按钮 后，不能在图层上进行绘画、擦除或应用滤镜操作；单击锁定位置按钮 后，图层不能移动；单击锁定画板按钮 ，可防止在画板内外自动嵌套；单击锁定全部按钮 ，可锁定以上全部属性。

● **当前图层**：表示当前选中和正在编辑的图层，所有操作只对当前图层有效。

● **显示的图层** ：有该图标的图层为可见图层，单击它可以隐藏图层。隐藏的图层不能编辑。

• **链接的图层** ：显示该图标的多个图层为彼此链接的图层，可一同移动或进行变换操作。

• **折叠/展开图层组**：单击这两个图标可以折叠和展开图层组。

• **展开/折叠图层效果**：单击该图标可以展开图层效果列表，显示当前图层添加的所有效果的名称；再次单击可折叠列表。

• **被锁定的图层** ：显示该图标时，表示图层处于锁定状态。

• **链接图层** ：选择多个图层后，单击该按钮可将它们链接起来。处于链接状态的图层可以同时进行变换操作或者添加效果。

• **添加图层样式** ：单击该按钮，在打开的下拉菜单中选择一个效果，可以为当前图层添加图层样式。

• **添加图层蒙版** ：单击该按钮，可以为当前图层添加图层蒙版。蒙版用于遮盖图像，但不会将其破坏。

• **创建新的填充图层或调整图层** ：单击该按钮打开下拉菜单，使用其中的命令可以创建填充图层和调整图层。

• **创建新组** /**创建新图层** ：单击相应按钮，可以创建图层组或图层。

• **删除图层** ：选择图层或图层组，单击该按钮可将其删除。

小提示

"图层"面板的缩览图中显示了图层所承载的内容。棋盘格则代表图层中的透明区域。在图层缩览图上单击鼠标右键，打开快捷菜单，使用其中的命令可调整缩览图的大小。

3.2 编辑图层

下面介绍图层的编辑方法，包括创建图层、选择图层、调整图层的堆叠顺序，以及隐藏、链接、对齐、合并和删除图层等。

3.2.1 课堂案例：眼镜广告

素材位置	素材 >3.2.1-1.jpg、3.2.1-2.jpg
效果位置	效果 >3.2.1.psd
视频位置	教学视频 >3.2.1 眼镜广告 .mp4
技术掌握	抠图，合成图像

本例制作眼镜广告，如图 3-15 所示，通过该实例可初步了解图层在影像合成中发挥的作用。

图 3-15

01 打开素材，执行"选择 > 主体"命令，将人物选中，如图 3-16 所示。

图 3-16

02 执行"选择 > 选择并遮住"命令，切换到这一工作区，使用调整边缘画笔工具在图 3-17 所示的空隙等处涂抹，细化选区。

图 3-17

03 在“输出到”下拉列表中选择“图层蒙版”选项，当前图层会自动添加一个图层蒙版，并且选区会转换到蒙版中，将背景遮盖住，单击“确定”按钮，抠出图像，如图 3-18 和图 3-19 所示。

图 3-18　图 3-19

04 打开背景素材，使用移动工具 ✥ 将人物拖入该背景中，如图 3-20 和图 3-21 所示。

图 3-20　图 3-21

3.2.2 创建图层

单击“图层”面板中的 ⊞ 按钮，可以在当前图层上方创建一个图层，新建的图层会自动成为当前图层，如图 3-22 所示。按住 Ctrl 键单击 ⊞ 按钮，则可在当前图层下方新建图层，如图 3-23 所示。注意“背景”图层下方不能创建图层。

图 3-22　图 3-23

3.2.3 选择图层

使用 Photoshop 编辑对象时，先要选择其所在的图层，其后的操作只对所选图层有效，不会影响其他图层。

1. 选择单个图层

单击一个图层，即可将其选中，同时它会成为当前图层，如图 3-24 所示。

图 3-24

2. 选择多个图层

需要选择多个图层时，如果它们上下相邻，可单击第一个图层，如图 3-25 所示，再按住 Shift 键并单击最后一个图层，如图 3-26 所示。如果图层不相邻，可按住 Ctrl 键并分别单击它们，如图 3-27 所示。

图 3-25　图 3-26

图 3–27

3. 使用移动工具选择图层

选择移动工具 ✥，在图像上按住 Ctrl 键并单击，可以选择鼠标指针所指的图层。当鼠标指针所指处有多个图层时，按住 Ctrl 键并单击图像，将选择位于最上方的图层。如果要选择位于下方的图层，可在图像上单击鼠标右键，打开快捷菜单，从中进行选择，如图 3–28 所示。

图 3–28

3.2.4 调整图层的堆叠顺序

图层是按照创建的先后顺序堆叠排列的，就像搭积木一样，一层一层地向上搭建，其顺序可根据需要调整。

1. 用拖曳的方法调整

在图层列表中，上、下拖曳图层可以调整其堆叠顺序，如图 3–29 和图 3–30 所示。上下遮挡关系改变后，图像的整体效果也会发生变化（文字被调整到冰激凌后方）。

图 3–29

图 3–30

2. 用命令调整

单击图层将其选中，打开“图层 > 排列”子菜单，使用其中的命令也可调整图层的堆叠顺序，如图 3–31 所示。当图层数量较多时，这种方法可以更快速地将图层调整到特定位置。

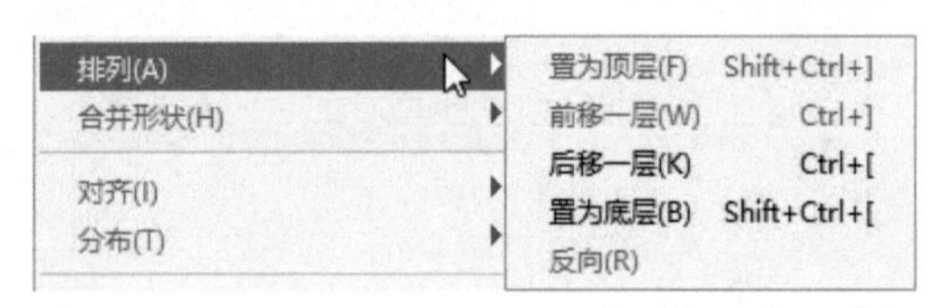

图 3–31

3.2.5 复制图层

执行“图层 > 新建 > 通过拷贝的图层”命令（快捷键为 Ctrl+J），可以复制当前图层。如果要复制其他图层，可将需要复制的图层拖曳到“图层”面板中的 ⊞ 按钮上，如图 3–32 和图 3–33 所示。

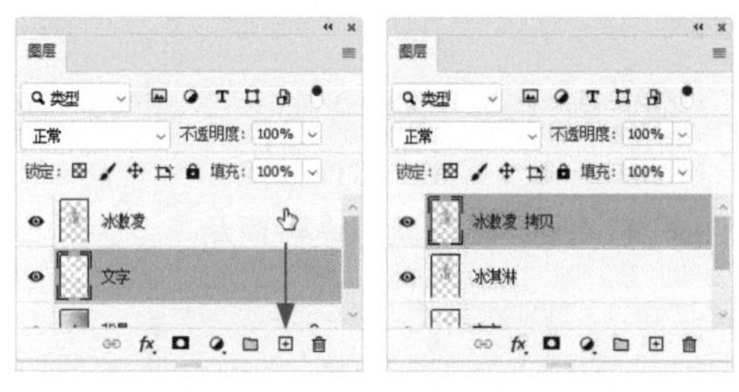

图 3-32　　图 3-33

3.2.6 隐藏和显示图层

单击一个图层左侧的眼睛图标 ，可隐藏该图层，如图 3-34 所示。被隐藏的图层不能编辑，但可以合并和删除。如果要重新显示图层，在原眼睛图标处单击即可，如图 3-35 所示。

图 3-34

图 3-35

小提示

按住Alt键并单击一个图层的眼睛图标 ，可隐藏其他图层。按住鼠标左键并在眼睛图标 列上、下移动，可将鼠标指针经过的图层全部隐藏。再次按住鼠标左键并上、下移动，可以重新显示图层。

3.2.7 将操作应用于多个图层

当需要对多个图层进行移动、旋转、缩放、倾斜、对齐和分布时，可以先将它们一同选取，如图 3-36 所示，再单击"图层"面板中的 按钮进行链接，如图 3-37 所示，之后只要选择其中的一个图层，上述操作就会应用到所有与之链接的图层上，这样就不必单独处理各个图层。再次单击 按钮，可取消链接。

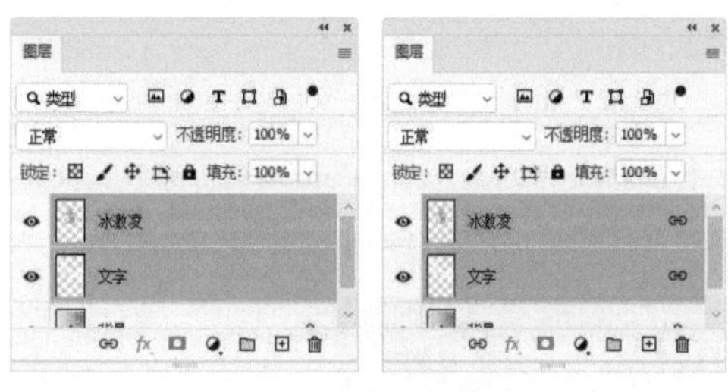

图 3-36　　图 3-37

3.2.8 修改图层的名称和颜色

对于重要的图层，可通过修改名称和颜色来提高辨识度，使其更容易被找到。

1. 修改图层的名称

在图层的名称上双击，显示文本框后输入新名称，如图 3-38 所示，之后按 Enter 键确认。

2. 为图层标记颜色

如果想让某个图层更加醒目，可在其缩览图上单击鼠标右键，打开快捷菜单，选择一种颜色，如图 3-39 所示。其作用类似于用记号笔在书中划出重点。

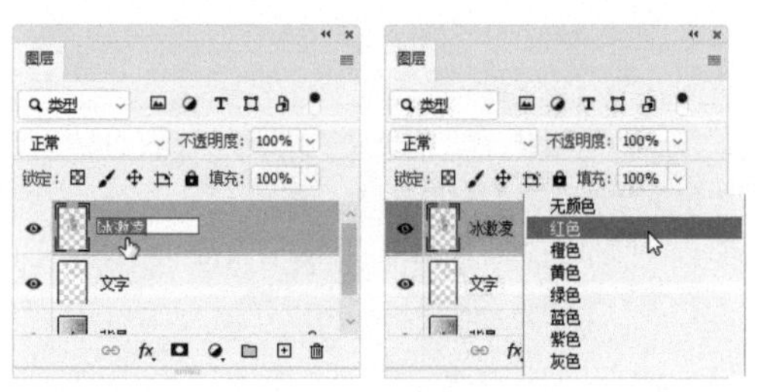

图 3-38　　图 3-39

如果想在创建图层时就能设置图层的名称、颜色和混合模式等属性，可以执行“图层>新建>图层”命令，或按住Alt键单击 ⊞ 按钮，打开“新建图层”对话框进行设置。

3.2.9 用图层组管理图层

图像效果越丰富，用到的图层就越多。具有复杂效果的图像甚至包含上千个图层，即使达不到这么多，想在几十、上百个图层中找到需要的图层，也是非常麻烦的事，如图 3-40 所示。因此，只有做好管理，操作才能顺利地进行下去。图层组类似于 Windows 系统中的文件夹，可以高效地管理图层，如图 3-41 所示。

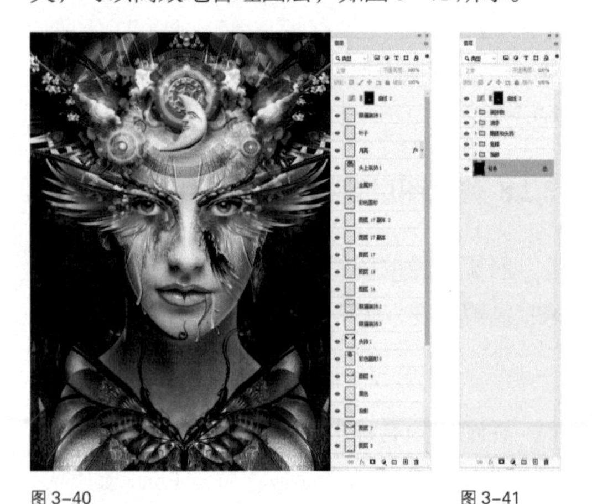

图 3-40　　图 3-41

1. 创建图层组

单击“图层”面板中的 ▭ 按钮，可以创建一个空的图层组，如图 3-42 所示。之后单击 ⊞ 按钮，可在组中创建图层，如图 3-43 所示。

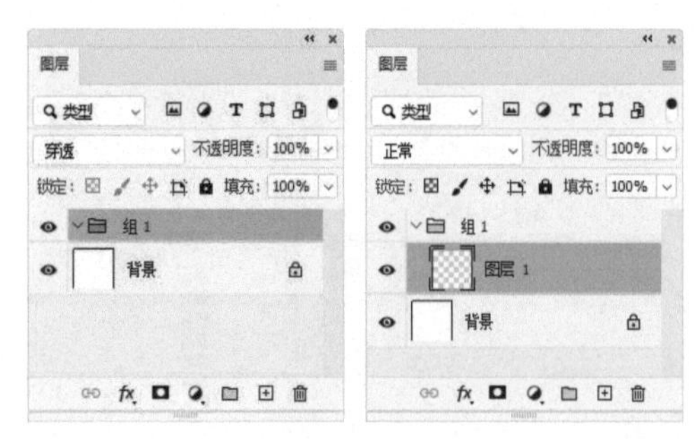

图 3-42　　图 3-43

2. 将所选图层编入图层组

选择多个图层，如图 3-44 所示，执行“图层 > 图层编组”命令（快捷键为 Ctrl+G），可将它们编入图层组，如图 3-45 所示。

图 3-44　　图 3-45

3. 将图层拖入 / 拖出图层组

通过拖曳的方法可以将其他图层拖入图层组，如图 3-46 和图 3-47 所示，也可将图层从组中移出。

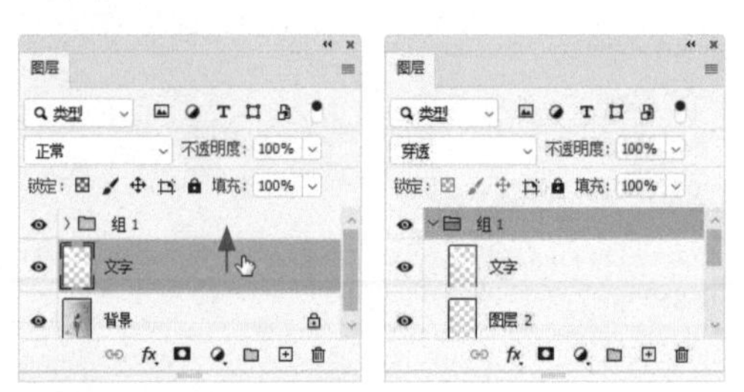

图 3-46　　图 3-47

4. 取消图层编组

单击图层组，如图 3-48 所示，执行“图层 > 取消图层编组”命令（快捷键为 Shift+Ctrl+G），可将图层组解散。

图 3-48

3.2.10 对齐与分布图层

App、网页等设计十分严谨，文字、图像和图形等如果没有对齐，会影响美观，甚至能毁掉整个版面。Photoshop 中的对齐和分布功能可以帮助用户解决这一难题。

1. 对齐图层

按住 Ctrl 键并单击需要对齐的图层，如图 3–49 所示，打开“图层 > 对齐”子菜单，执行其中的命令，即可对齐所选图层，如图 3–50 和图 3–51 所示。

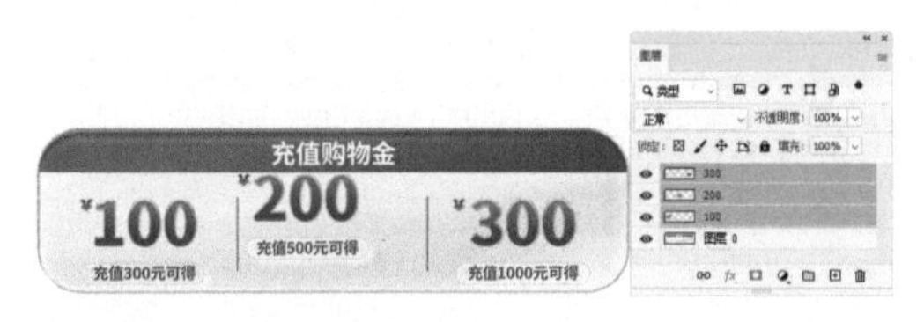

充值购物金
¥100
充值300元可得
¥200
充值500元可得
¥300
充值1000元可得

图 3–49

对齐(I)
分布(T)
锁定图层(L)... Ctrl+/
链接图层(K)
选择链接图层(S)
顶边(T)
垂直居中(V)
底边(B)
左边(L)
水平居中(H)
右边(R)

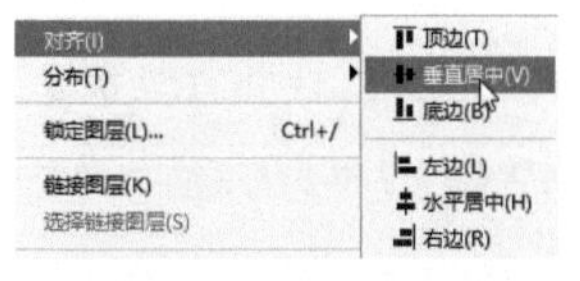

图 3–50

充值购物金
¥100
充值300元可得
¥200
充值500元可得
¥300
充值1000元可得

图 3–51

2. 分布图层

选择 3 个或更多的图层（至少 3 个图层且“背景”图层除外），使用“图层 > 分布”子菜单中的命令，如图 3–52 所示，可让所选图层按照一定的间隔均匀分布，如图 3–53 所示。

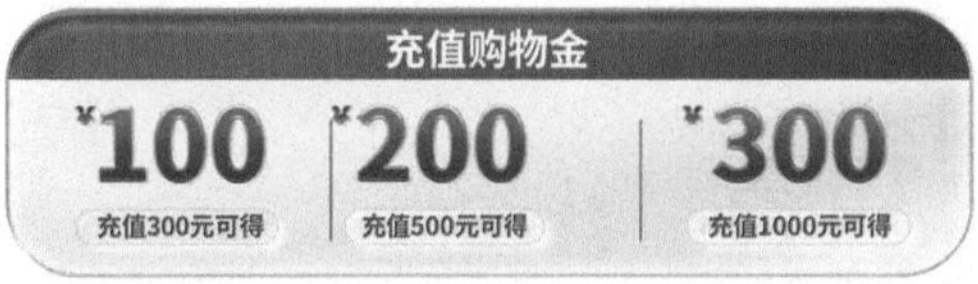

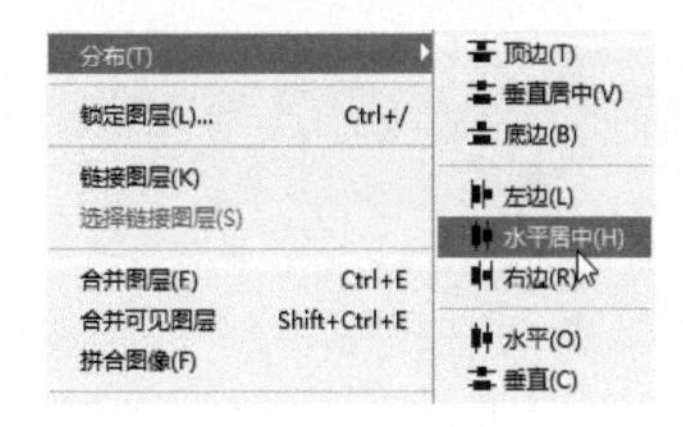

分布(T)
锁定图层(L)... Ctrl+/
链接图层(K)
选择链接图层(S)
合并图层(E) Ctrl+E
合并可见图层 Shift+Ctrl+E
拼合图像(F)
顶边(T)
垂直居中(V)
底边(B)
左边(L)
水平居中(H)
右边(R)
水平(O)
垂直(C)

图 3–52

充值购物金
¥100
充值300元可得
¥200
充值500元可得
¥300
充值1000元可得

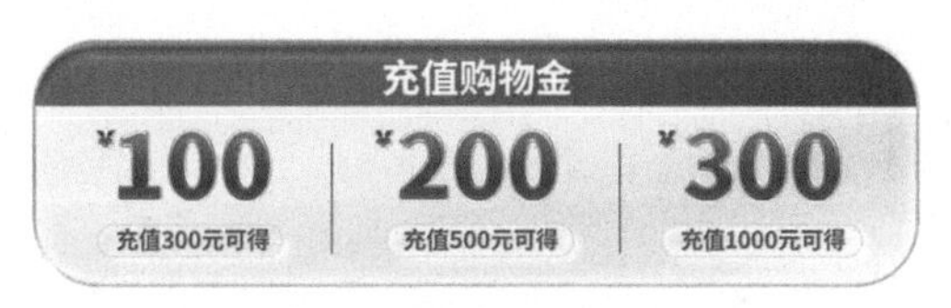

图 3–53

与对齐相比，分布的效果有时并不直观。其要点在于：“顶边”“底边”等是从每个图层的顶端或底端像素开始按一定的间隔均匀分布；而“垂直居中”“水平居中”则是从每个图层的垂直或水平中心像素开始按一定的间隔均匀分布，如图 3–54 所示。

分布前
间距相同
水平居中分布
垂直居中分布

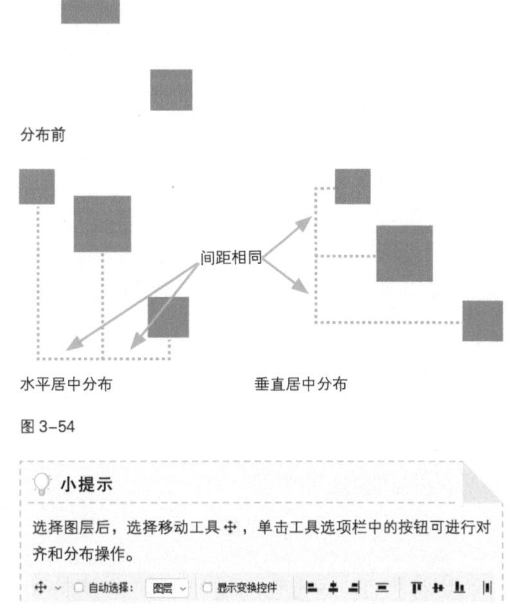

图 3–54

小提示

选择图层后，选择移动工具 ✥，单击工具选项栏中的按钮可进行对齐和分布操作。

自动选择：
图层
显示变换控件

3.2.11 合并与删除图层

多余的图层占用内存，也会使“图层”面板变得“臃肿”，增大图层的查找难度。就像房间需要打扫一样，无用的图层也应清理掉。

1. 合并图层

单击一个图层，如图 3–55 所示，执行“图层 > 向下合并”命令（快捷键为 Ctrl+E），可将它合并到下方图层中并使用其名称，如图3-56所示。

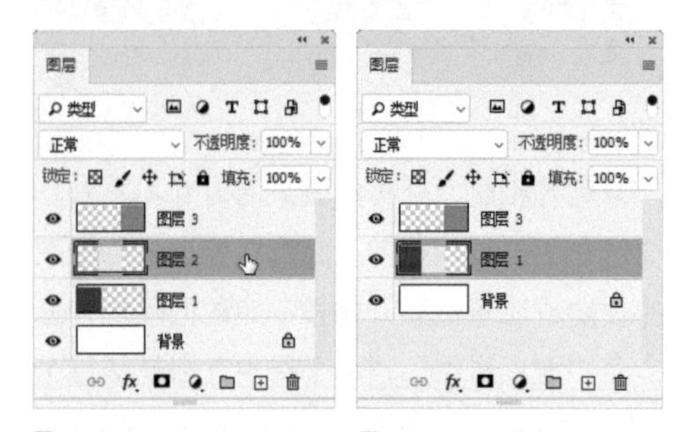

图 3-55　　图 3-56

如果要合并多个图层，可按住 Ctrl 键并单击以逐个选取，如图 3-57 所示，之后按 Ctrl+E 快捷键，如图 3-58 所示。

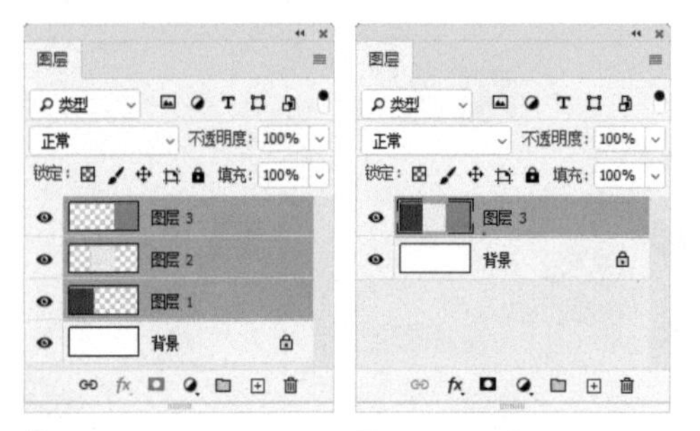

图 3-57　　图 3-58

2. 合并可见图层

执行“图层 > 合并可见图层”命令，可以将所有可见的图层合并。

3. 拼合图像

执行“图层 > 拼合图像”命令，可将所有图层拼合到“背景”图层中，原图层中有透明区域的，将填充白色。

4. 盖印图层

盖印是一种特殊的图层合并方法，能在保持各个图层完好的状态下将其所承载的对象合并到一个新的图层中。

● **向下盖印**：单击一个图层，如图3-59所示。按Ctrl+Alt+E快捷键可以将该图层的图像盖印到下方图层中，如图3-60所示。

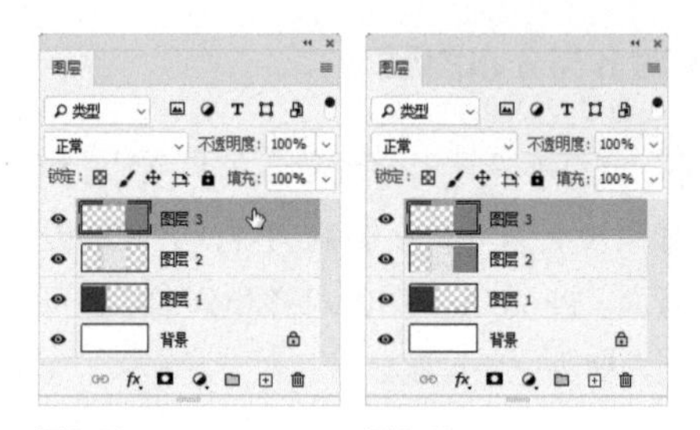

图 3-59　　图 3-60

● **盖印多个图层**：按住Ctrl键并单击，选择多个图层，如图3-61所示，按Ctrl+Alt+E快捷键，可将其盖印到新的图层中，如图3-62所示。

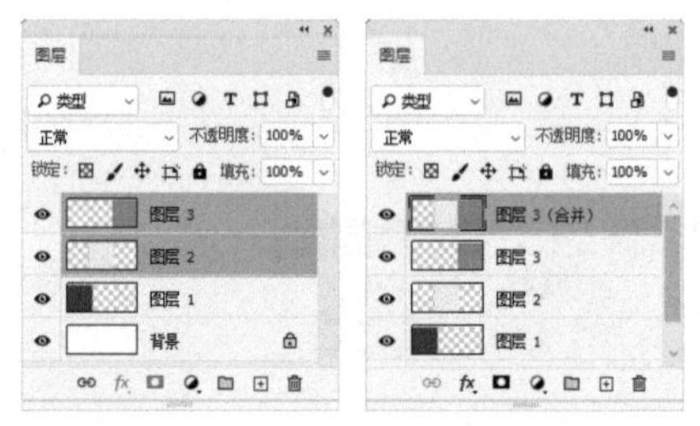

图 3-61　　图 3-62

● **盖印可见图层**：按Shift+Ctrl+Alt+E快捷键，可以将所有可见图层盖印到一个新的图层中，如图3-63所示。

图 3-63

● **盖印图层组**：单击图层组，如图3-64所示，按Ctrl+Alt+E快捷键，可以将组中的所有图层盖印到一个新的图层中，如图3-65所示。

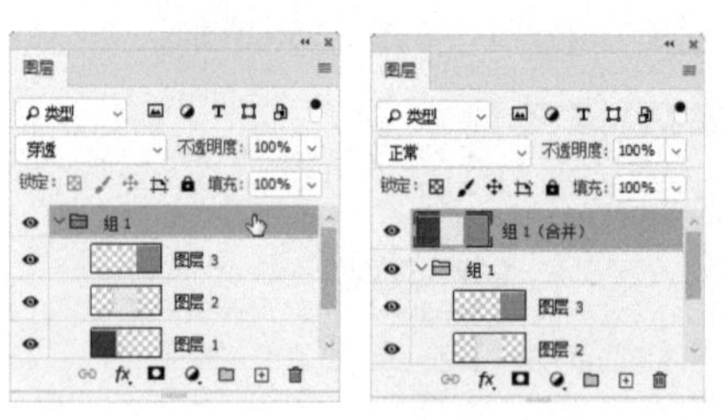

图 3-64　　图 3-65

5. 删除图层

选择一个或多个图层，如图 3-66 所示，按 Delete 键可将其删除，如图 3-67 所示。此外，在图层上单击鼠标右键，打开快捷菜单，执行“删除图层”命令也可进行删除。

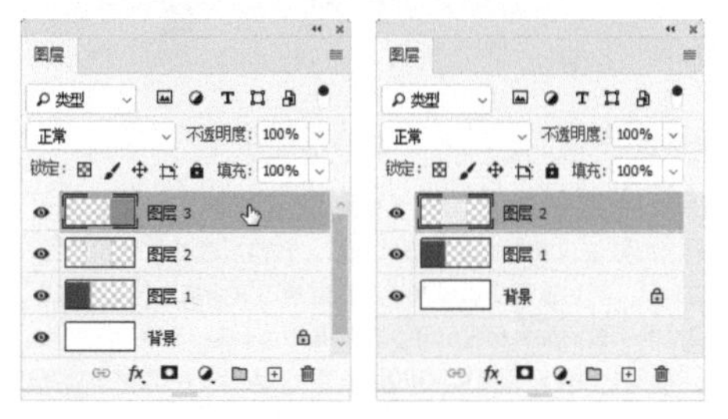

图 3-66　　图 3-67

3.2.12 栅格化图层

画笔工具、污点修复画笔工具、仿制图章工具、涂抹工具等是用来编辑像素的工具，不能用于处理文字图层、形状图层和矢量蒙版等矢量对象。此外，智能对象、视频等在编辑时也会受到一些限制。如果遇到以上对象不能编辑的情况，可以使用“图层 > 栅格化”子菜单中的命令，如图 3-68 所示，将图层栅格化，使之转换为图像，之后便可进行编辑。

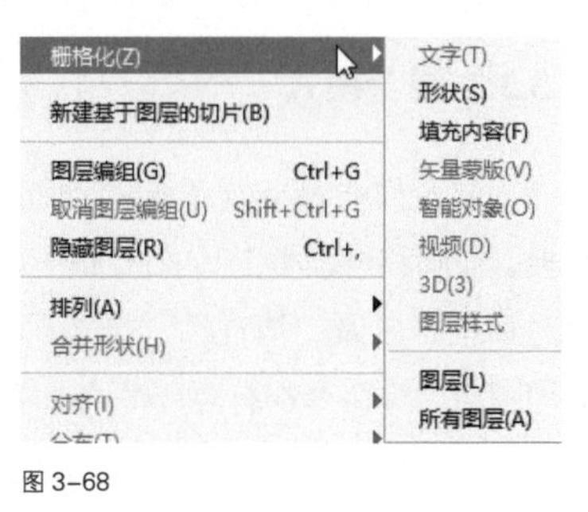

图 3-68

3.3 不透明度与混合模式

不透明度与混合模式都可以用于混合图层中所承载的对象，在图像合成、特效制作方面有很大用处。

3.3.1 课堂案例：雨窗

素材位置	素材 >3.3.1-1.jpg、3.3.1-2.jpg
效果位置	效果 >3.3.1.psd
视频位置	教学视频 >3.3.1 雨窗 .mp4
技术掌握	用混合模式和不透明度功能合成图像

本例介绍怎样在图像中加入雨滴，制作雨窗效果，以渲染氛围、烘托人物复杂的内心世界，如图 3-69 所示。

图 3-69

01 打开素材，如图 3-70 所示。使用移动工具将雨窗拖入人物文件中。

图 3-70

02 在“图层”面板中设置混合模式为“滤色”，如图 3-71 所示，效果如图 3-72 所示。

图 3-71　　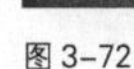

图 3-72

03 按 Ctrl+J 快捷键复制当前图层，让雨滴更加明亮。将不透明度设置为 30%，适当降低亮度，如图 3-73 所示，效果如图 3-74 所示。

图 3-73

图 3-74

3.3.2 不透明度

调整不透明度，可以让图层中的对象呈现透明效果，进而使位于其下方的图层显现并与之叠加。

不透明度有两种，可在“图层”面板中设置。其中“不透明度”对图层中的所有对象一视同仁，填充不透明度（“填充”选项）对图层样式和形状图层的描边不起作用。例如，图 3-75 所示为一个形状图层，形状的内部填充了颜色，其轮廓设置了描边，而整个图层添加了“外发光”效果。调整“不透明度”值时，会影响图层中的所有内容，如图 3-76 所示。调整“填充”值时，只有填色变得透明，描边和“外发光”效果都保持原样，如图 3-77 所示。

图 3-75

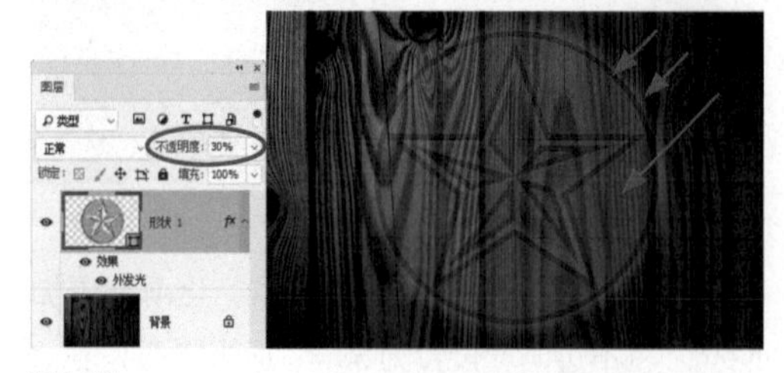

图 3-76

图 3-77

小提示

不透明度以百分比来表示，100%代表完全不透明；0%为完全透明；中间的数值代表半透明，数值越低，透明度越高。使用非绘画类工具时，可以按数字键调整当前图层的不透明度。例如，按5键，图层的不透明度会变为50%；连续按两次5键，不透明度变为55%；按0键，不透明度恢复为100%。

小提示

使用“填充”命令、“描边”命令和渐变工具时，不透明度（“不透明度”选项）可以控制所填充的颜色和渐变的透明程度。使用绘画类工具时，“不透明度”选项决定了所绘制的颜色和抹除的像素的透明程度。

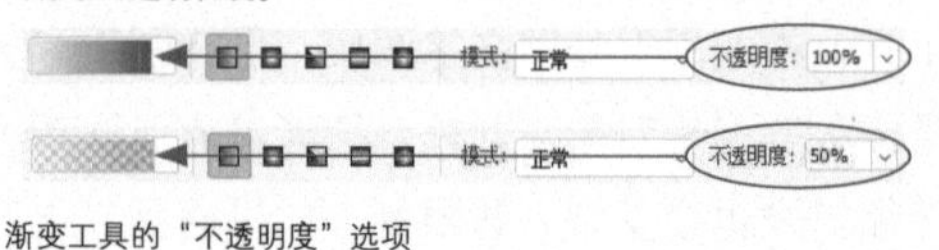

渐变工具的“不透明度”选项

3.3.3 混合模式

混合模式是非常重要的功能，“图层”面板、绘画和修饰类工具的选项栏、“图层样式”对话框，以及“填充”“描边”“计算”“应用图像”等命令都有混合模式选项。

与不透明度类似，混合模式也能用来混合对象，但二者产生的效果却大不相同。不透明度是对象变透明后形成的互相叠透，混合模式则会使用特殊的方法让对象混合，因而效果更加丰富。

单击“图层”面板中的一个图层，单击混合模式右侧的 ⌄ 按钮，打开下拉列表，即可为当前图层选择混合模式。混合模式分为 6 组，如图 3-78 所示。图 3-79 所示为用于演示混合模式效果的素材。

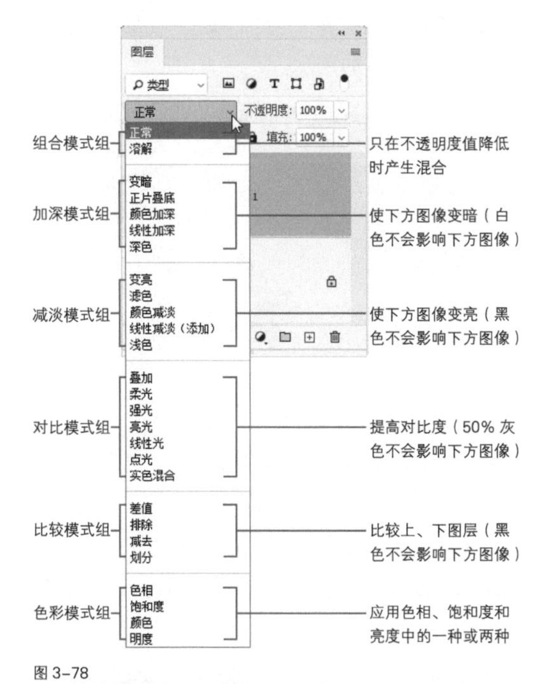

图 3-78

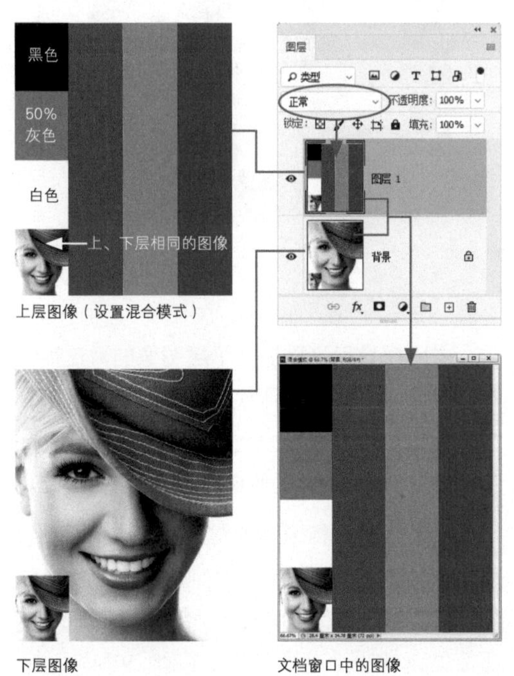

图 3-79

部分混合模式，如“变暗”“颜色减淡”模式会隐藏中性色（即黑、白和 50% 灰色），使其失去作用。此外，“点光”“变亮”“色相”“饱和度”“颜色”“明度”模式对上、下层中相同的图像不起作用。

> **小提示**
>
> 鼠标指针在各个模式上移动时，文档窗口中会实时显示混合效果。此外，也可在该列表上双击，之后滚动鼠标滚轮，或按↓、↑键来依次切换混合模式（工具选项栏中的混合模式选项亦可采用此方法操作）。

1. 组合模式组

使用组合模式组中的混合模式时，需要先降低图层的不透明度才能产生效果。

- **正常**：默认的混合模式，当图层的不透明度为100%时，完全遮盖下面的图像，如图3-80所示。降低不透明度可以使其与下面的图层混合。
- **溶解**：设置为该模式并降低图层的不透明度后，可以使半透明区域的像素离散，产生点状颗粒，如图3-81所示。

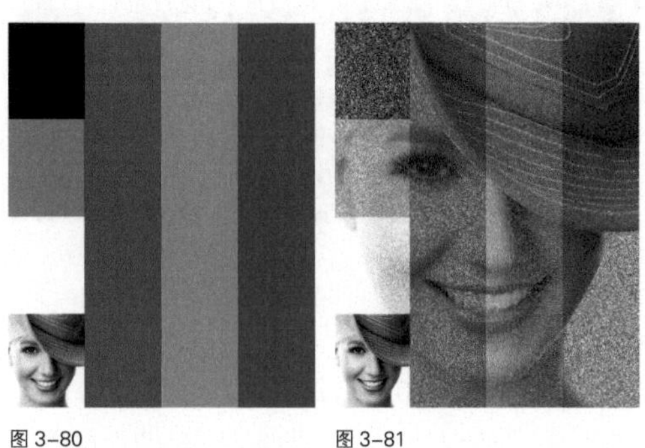

图 3-80　　图 3-81

2. 加深模式组

加深模式组可以使图像变暗。当前图层中的白色不会对下方图层产生影响，比白色暗的像素会加深下方图层的像素。

- **变暗**：比较两个图层，当前图层中较亮的像素会被下层较暗的像素替换，亮度值比底层像素低的像素保持不变，如图3-82所示。
- **正片叠底**：当前图层中的像素与下层的白色混合时保持不变，与下层的黑色混合时则被其替换，混合效果通常是图像变暗，如图3-83所示。

图 3-82

图 3-83

● **颜色加深**：通过提高对比度来加强深色区域，下层图像的白色保持不变，如图3-84所示。

● **线性加深**：通过降低亮度使像素变暗，与“正片叠底”模式的效果相似，还可以保留下层图像更多的颜色信息，如图3-85所示。

● **深色**：比较两个图层的所有通道值的总和并显示值较小的颜色，不会生成第3种颜色，如图3-86所示。

图 3-84

图 3-85

图 3-86

3. 减淡模式组

减淡模式组与加深模式组产生的效果截然相反，其中的混合模式可以使下方的图像变亮。当前图层中的黑色不会影响下方图层，比黑色亮的像素会使下方像素变亮。

● **变亮**：与“变暗”模式的效果相反，当前图层中较亮的像素会替换下层较暗的像素，较暗的像素则被下层较亮的像素替换，如图3-87所示。

图 3-87

● **滤色**：与“正片叠底”模式的效果相反，可以使图像产生漂白的效果，如图3-88所示。

● **颜色减淡**：与“颜色加深”模式的效果相反，即减小对比度来提亮下层的图像，并使颜色变得更加饱和，如图3-89所示。

图 3-88

图 3-89

● **线性减淡（添加）**：与“线性加深”模式的效果相反，它通过提高亮度来减淡颜色，提亮效果比“滤色”和“颜色减淡”模式都强烈，如图3-90所示。

● **浅色**：比较两个图层的所有通道值的总和并显示值较大的颜色，不会生成第3种颜色，如图3-91所示。

图 3-90

图 3-91

4. 对比模式组

对比模式组可以提高下层图像的对比度。在混合时，50%灰色不会对下方图层产生影响，亮度值高于50%灰色的像素会使下方像素变亮，亮度值低于50%灰色的像素会使下方像素变暗。

● **叠加**：可增强图像的颜色，并保持下层图像的高光和暗调不变，如图3-92所示。

● **柔光**：当前图层中的颜色决定了图像是变亮还是变暗，如果当前图层中的像素比50%灰色亮，则图像变亮；如果像素比50%灰色暗，则图像变暗。产生的效果与聚光灯照在图像上相似，如图3-93所示。

• **强光**：当前图层中比 50% 灰色亮的像素会使图像变亮；比 50% 灰色暗的像素会使图像变暗。产生的效果与耀眼的聚光灯照在图像上相似，如图 3-94 所示。

图 3-92

图 3-93

图 3-94

• **亮光**：如果当前图层中的像素比 50% 灰色亮，可通过降低对比度的方式使图像变亮；如果当前图层中的像素比 50% 灰色暗，则可以通过提高对比度的方式使图像变暗。该模式可以使混合后的颜色更加饱和，如图 3-95 所示。

• **线性光**：如果当前图层中的像素比 50% 灰色亮，可通过提高亮度使图像变亮；如果当前图层中的像素比 50% 灰色暗，则可以通过降低亮度使图像变暗。与"强光"模式相比，"线性光"模式可以使图像产生更高的对比度，如图 3-96 所示。

图 3-95　　图 3-96

• **点光**：如果当前图层中的像素比 50% 灰色亮，则替换暗的像素；如果当前图层中的像素比 50% 灰色暗，则替换亮的像素。这在向图像中添加特殊效果时非常有用，如图 3-97 所示。

• **实色混合**：如果当前图层中的像素比 50 % 灰色亮，会使底层图像变亮；如果当前图层中的像素比 50 % 灰色暗，则会使底层图像变暗。该模式通常会使图像产生色调分离效果，如图 3-98 所示。

图 3-97

图 3-98

5. 比较模式组

比较模式组会比较当前图层与下方图层，将相同的区域变为黑色，不同的区域显示为灰色或彩色。如果当前图层中包含白色，那么白色会使下层像素反相，黑色不会对下层像素产生影响。

• **差值**：当前图层的白色区域会使下层图像产生反相效果，黑色区域不会对下层图像产生影响，如图 3-99 所示。

• **排除**：与"差值"模式的原理基本相似，但该模式可以创建对比度更低的混合效果，如图 3-100 所示。

图 3-99

图 3-100

• **减去**：可以从目标通道中相应的像素上减去源通道中的像素值，如图 3-101 所示。

• **划分**：查看每个通道中的颜色信息，从基色（原稿颜色）中划分混合色（通过绘画或编辑工具应用的颜色），如图 3-102 所示。

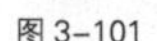

图 3-101

图 3-102

验证码：40656

6. 色彩模式组

使用色彩模式组时，Photoshop 会将色彩分为 3 种成分（色相、饱和度和明度），将其中的一种或两种应用在混合后的图像中，但上、下层相同的图像不会改变。

- **色相**：将当前图层的色相应用到下层图像中。该模式可以改变底层图像的色相，但不会影响其亮度和饱和度。对于黑色、白色和灰色区域，该模式不起作用，如图 3-103 所示。
- **饱和度**：将当前图层的饱和度应用到下层图像中，可以改变底层图像的饱和度，但不会影响其亮度和色相，如图 3-104 所示。

图 3-103

图 3-104

- **颜色**：将当前图层的色相与饱和度应用到底层图像中，并且保持下层图像的亮度不变，如图 3-105 所示。
- **明度**：将当前图层的亮度应用到下层图像中，可以改变底层图像的亮度，但不会对其色相与饱和度产生影响，如图 3-106 所示。

图 3-105

图 3-106

3.4 图层样式

图层样式也称“效果”，可以创建真实的质感、纹理和特效，其操作方法简便、效果丰富，添加后还可修改、复制和删除。

3.4.1 课堂案例：制作霓虹灯招牌

素材位置	素材 >3.4.1.psd
效果位置	效果 >3.4.1.psd
视频位置	教学视频 >3.4.1 制作霓虹灯招牌 .mp4
技术掌握	“斜面和浮雕”效果，复制和粘贴效果

本例使用“外发光”和“内发光”效果制作霓虹灯招牌，如图 3-107 所示。

图 3-107

01 按 Ctrl+O 快捷键，打开素材，如图 3-108 所示。双击“酒杯”图层，如图 3-109 所示，打开“图层样式”对话框，添加“内发光”和“外发光”效果，如图 3-110 ~ 图 3-112 所示。

图 3-108

图 3-109

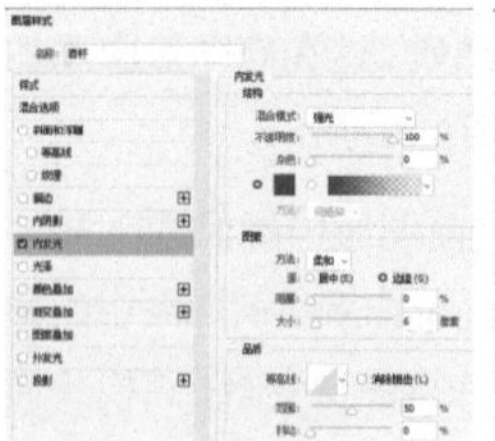
图 3-110

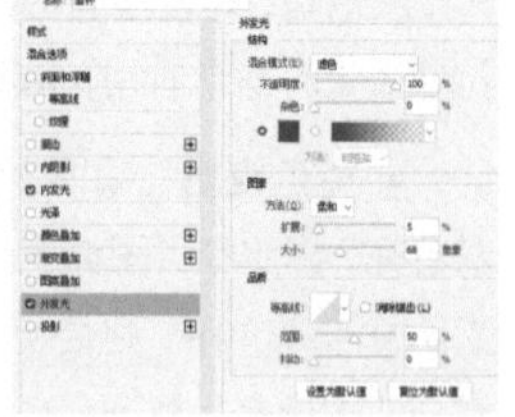
图 3-111

图 3-112

02 执行“图层 > 图层样式 > 拷贝图层样式”命令，单击“箭头”图层，执行“图层 > 图层样式 > 粘贴图层样式”命令，粘贴效果，如图 3-113 所示。双击“箭头”图层，如图 3-114 所示，修改发光颜色，如图 3-115 ~ 图 3-117 所示。

图 3-113　　图 3-114

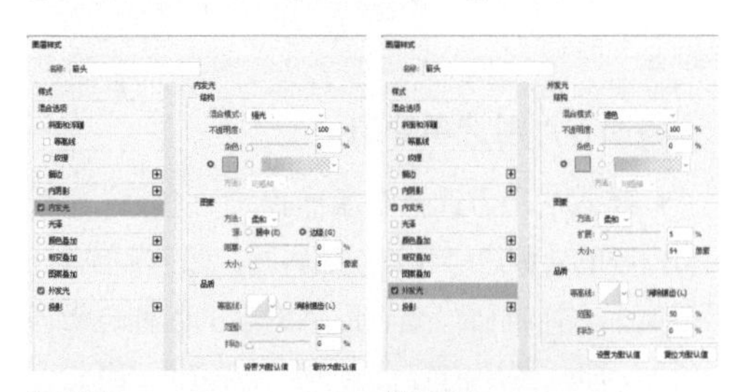

图 3-115　　图 3-116

图 3-117

03 采用同样的方法为其他图层粘贴效果，并修改发光颜色。将“光效 - 增强”图层显示出来，这是用画笔工具绘制的各种颜色，可以提高霓虹灯光的亮度，如图 3-118 和图 3-119 所示。

图 3-118　　图 3-119

3.4.2 添加图层样式

需要为某一图层添加图层样式时，首先单击该图层，再采用下面任意一种方法打开“图层样式”对话框，之后设置参数即可。

- **方法 1**：打开“图层 > 图层样式”子菜单，如图 3-120 所示，执行一个效果命令。
- **方法 2**：双击图层，打开“图层样式”对话框后，在对话框左侧选择要添加的效果，可切换到该效果的设置面板。
- **方法 3**：单击“图层”面板中的 fx 按钮，在打开的下拉菜单中选择效果，如图 3-121 所示。

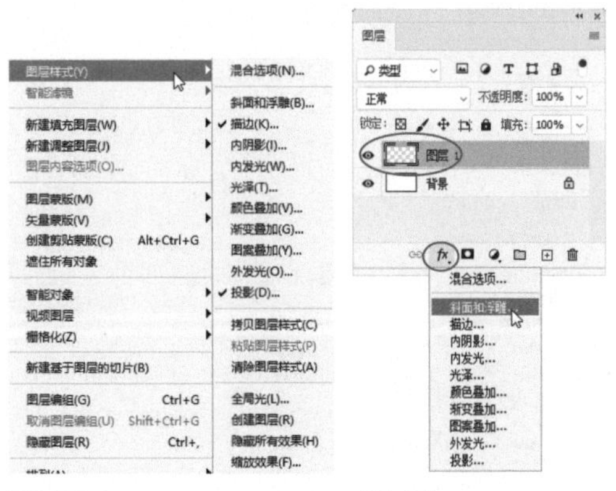

图 3-120　　图 3-121

“图层样式”对话框的左侧列出了 10 种效果，单击一个效果的名称，即可添加这一效果（其复选框被勾选），对话框右侧会显示相应的选项，如图 3-122 所示。取消勾选一个效果前面的复选框，可停用该效果，但会保留其参数。

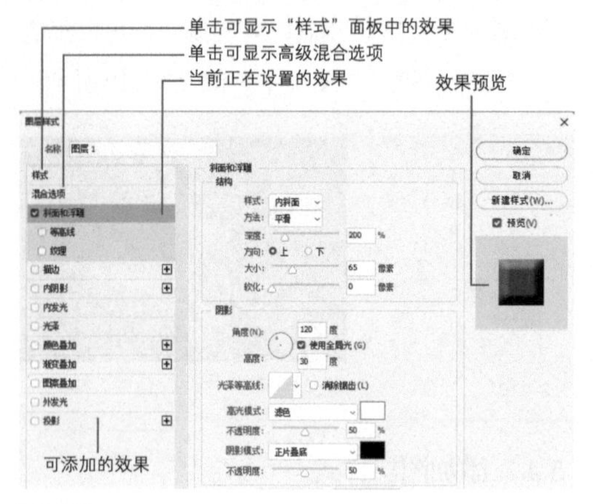

图 3-122

设置效果参数并关闭对话框后，图层右侧会显示 *fx* 图标，下方是效果列表，如图 3-123 所示。单击˄（或˅）按钮可折叠（或展开）该列表，如图 3-124 所示。

图 3-123　　图 3-124

小提示

在“图层样式”对话框中，添加效果后，单击其右侧的⊞按钮，可以再添加一个同样的效果。

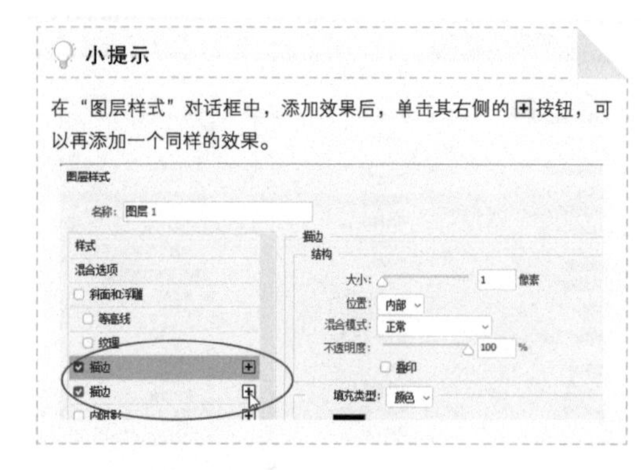

3.4.3 “斜面和浮雕”效果

“斜面和浮雕”效果可以为图层内容划分出高光和阴影，再将高光区域提亮，将阴影区域压暗，这样图层内容看上去就会呈现立体效果，如图 3-125 所示。

原图　　添加“斜面和浮雕”效果

图 3-125

图 3-126 所示为“斜面和浮雕”效果参数选项。

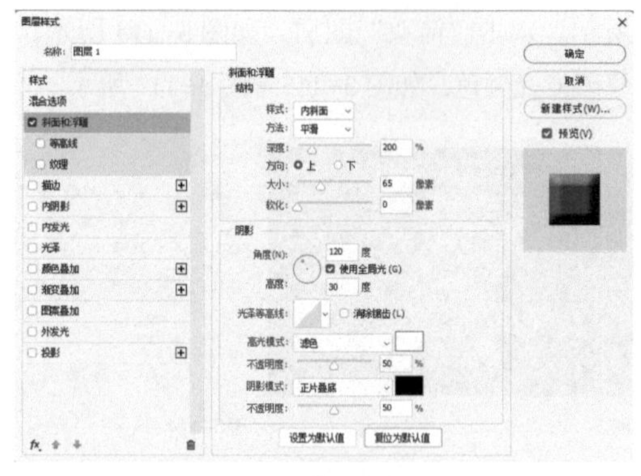

图 3-126

斜面和浮雕选项介绍

- **样式**：用于选择浮雕样式。“外斜面”是从图层内容的外侧边缘开始创建斜面，使浮雕范围显得很宽大；“内斜面”是在图层内容的内侧边缘创建斜面，即从图层内容自身“削”出斜面，因此会显得比“外斜面”纤细；“浮雕效果”介于二者之间，它从图层内容的边缘创建斜面，斜面范围一半在边缘内侧，另一半在边缘外侧；“枕状浮雕”的斜面范围与“浮雕效果”相同，也是一半在外、另一半在内，但图层内容的边缘是向内凹陷的，可以模拟图层内容的边缘压入下层图层中所产生的效果；“描边浮雕”是在描边上创建浮雕，斜面与描边的宽度相同，要使用这种样式，需要先为图层添加“描边”效果。图 3-127 所示为应用不同样式的效果。

外斜面

内斜面

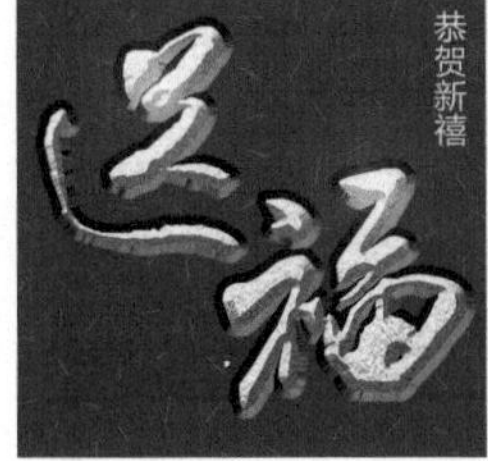

枕状浮雕

描边浮雕（白色描边）

图 3–127

● **方法**：“平滑”可以创建平滑柔和的浮雕边缘；“雕刻清晰”可以创建清晰的浮雕边缘，适合表面坚硬的物体，也可用于消除文字的硬边；“雕刻柔和”可以创建清晰的浮雕边缘，效果较“雕刻清晰”柔和一些。图 3–128 所示为具体效果。

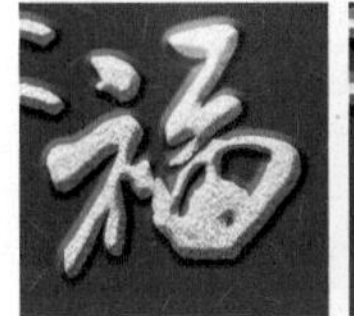

平滑

雕刻清晰

雕刻柔和

图 3–128

● **深度**：增加“深度”值可以增强浮雕亮面和暗面的对比，使浮雕的立体感更强，如图 3–129 所示。

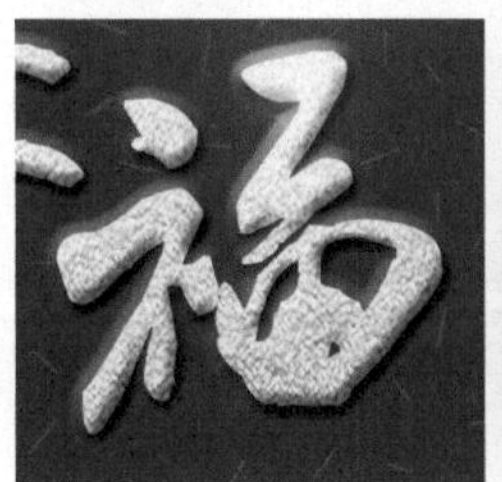

“深度”为 50%

“深度”为 1000%

图 3–129

● **方向**：可定位高光和阴影的位置，如图 3–130 所示。例如，将光源角度设置为 90° 后，选中“上”，高光位于上面；选中“下”，高光位于下面。

上

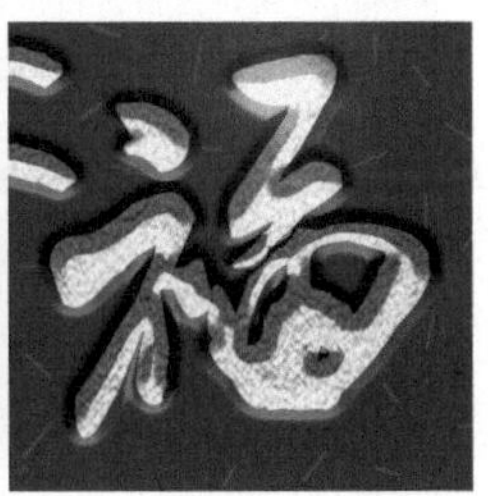

下

图 3–130

● **大小**：可设置浮雕斜面的宽度，效果如图 3–131 所示。

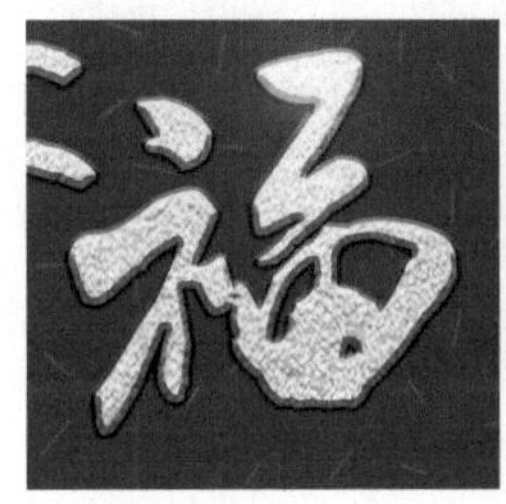

“大小”为 20 像素

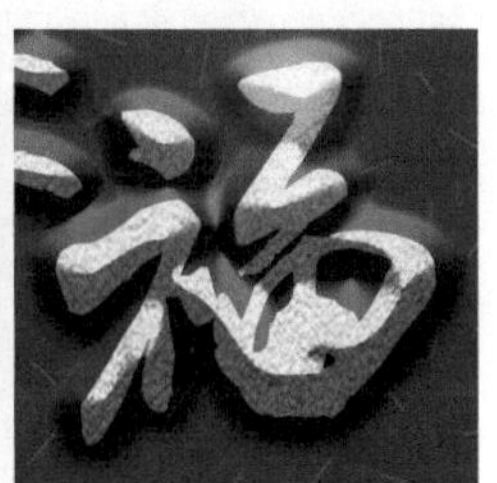

“大小”为 170 像素

图 3–131

● **软化**：可以使浮雕斜面变得柔和。

● **消除锯齿**：可以消除因设置了光泽等高线而产生的锯齿。

● **高光模式 / 阴影模式 / 不透明度**：用来设置浮雕斜面中高光和阴影的混合模式和不透明度。单击前两个选项右侧的颜色块，可以打开“拾色器”对话框设置高光和阴影的颜色。

3.4.4 “描边”效果

“描边”效果可以使用颜色、渐变和图案描画对象的轮廓，如图 3–132 和图 3–133 所示。该效果对于硬边形状（如文字）特别有用。

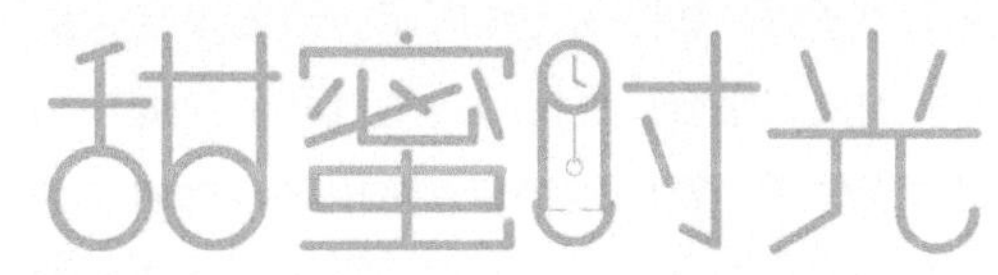

原图

图 3–132

颜色描边

渐变描边

图案描边

图 3–133

图 3–134 所示为“描边”效果参数选项。其参数并不复杂，“大小”用来设置描边宽度，“位置”用来设置描边位于轮廓内部、中间还是外部，“填充类型”用来设置描边内容。

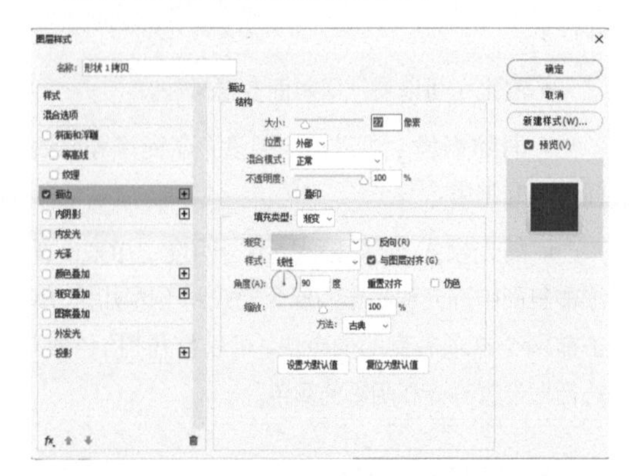

图 3–134

3.4.5 “光泽”效果

为对象添加“光泽”效果，可以使之呈现出金属质感，如图 3–135 所示。该效果会生成光滑的内部阴影，可模拟光滑度和反射度较高的金属光泽、瓷砖高光等。使用时，可通过选择不同的“等高线”来改变光泽。图 3–136 所示为“光泽”效果参数选项。

原图

添加“光泽”效果

图 3–135

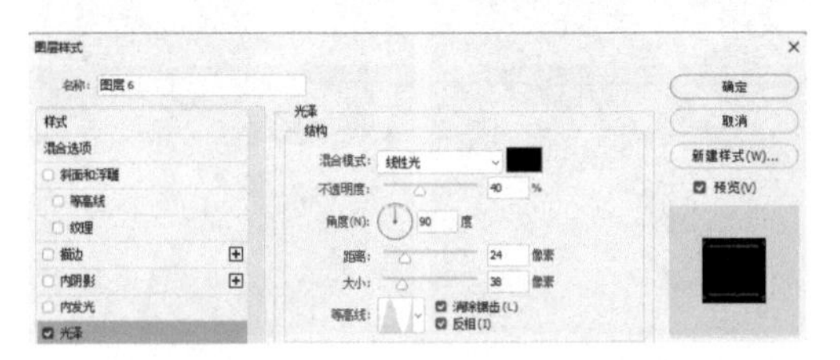

图 3–136

光泽选项介绍

- **角度**：添加“光泽”效果时，Photoshop 会对图层的两个副本进行模糊和偏移，从而生成光泽。“角度”选项用来控制图层内容副本的偏移方向。
- **距离**：用来控制两个副本图层的重叠量，如图 3–137 所示。

“距离”为 10

“距离”为 140

图 3–137

- **大小**：用来控制图层内容副本（即效果图像）的模糊程度，如图 3–138 所示。

“大小”为 7

“大小”为 130

图 3–138

● **等高线**：用于控制效果在指定范围内的形状，以模拟不同的材质。例如，将等高线调整为W形或M形，可以表现不锈钢、镜面等光泽度高、反射性强的物体，如图3-139所示；等高线平缓，接近于一条直线的形态，则可表现木头、砖石等表面粗糙的对象。

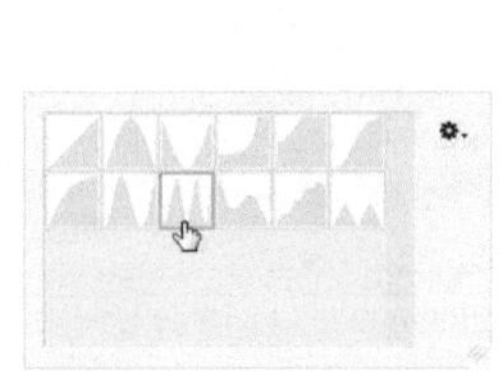

图 3-139

3.4.6 “外发光”效果

“外发光”效果可以沿图层内容的边缘创建向外的发光效果，常用于制作发光类特效，如图 3-140 和图 3-141 所示。

原图
图 3-140

添加“外发光”效果
图 3-141

图 3-142 所示为“外发光”效果参数选项。

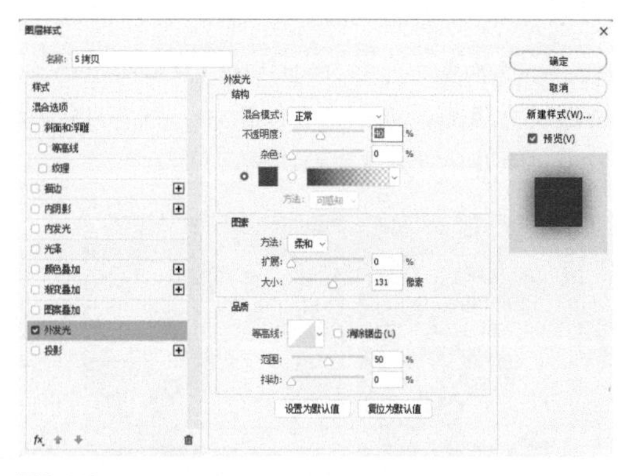

图 3-142

外发光选项介绍

● **混合模式**：用来设置发光效果与下方图层的混合模式，默认为“滤色”模式。如果下方图层为白色，则完全看不到效果。如遇到这种情况，可以修改混合模式。

● **杂色**：用于随机添加深浅不同的杂色，可防止在打印时由于渐变过渡不平滑而出现条带。

● **发光颜色**：“杂色”选项下方的颜色块和渐变条用来设置发光颜色。单击左侧的颜色块，在打开的“拾色器”对话框中可以设置发光颜色。如果要创建渐变发光，可以单击右侧的渐变条，打开“渐变编辑器”对话框进行设置。

● **方法**：选择“柔和”选项，可以对发光应用模糊的效果，得到柔和的边缘；选择“精确”选项，可以得到精确的边缘。

● **扩展**：在设置好“大小”值后，可以用“扩展”选项来控制在发光效果范围内颜色从实色到透明的变化程度。

● **大小**：用来设置发光效果的发散程度。该值越大，光越发散。

● **范围**：用来改变发光效果中的渐变范围。

● **抖动**：用来混合渐变中的像素，可使渐变颜色的过渡更加柔和。

3.4.7 “内发光”效果

“内发光”效果可沿图层内容的边缘向内创建发光效果，如图 3-143 所示。图 3-144 所示为“内发光”效果参数选项。

原图

添加“内发光”效果

图 3-143

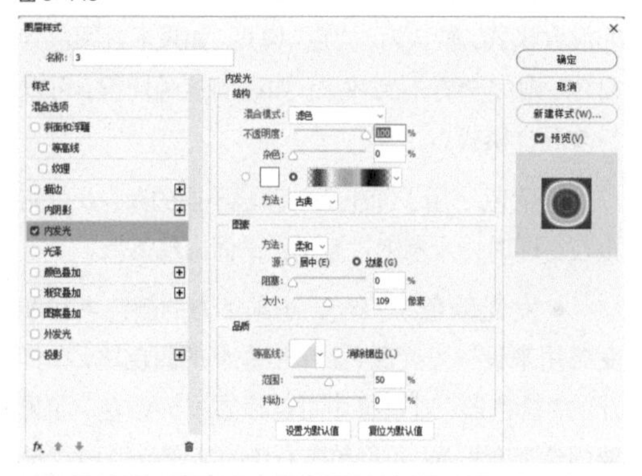

图 3-144

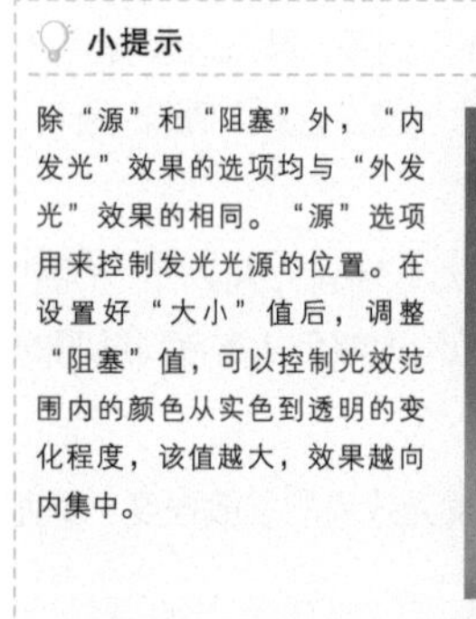

小提示

除“源”和“阻塞”外，“内发光”效果的选项均与“外发光”效果的相同。“源”选项用来控制发光光源的位置。在设置好“大小”值后，调整“阻塞”值，可以控制光效范围内的颜色从实色到透明的变化程度，该值越大，效果越向内集中。

“阻塞”值调小后

3.4.8 颜色、渐变和图案叠加效果

“颜色叠加”“渐变叠加”“图案叠加”效果可以在图层上覆盖纯色、渐变和图案。默认状态下，效果完全遮盖图层内容，如图 3-145 所示。因此，使用时需要配合混合模式和不透明度才有意义，如图 3-146 所示。

渐变叠加完全覆盖文字

图 3-145

设置为“柔光”模式后

图 3-146

3.4.9 “投影”效果

“投影”效果能在图层内容的后方生成投影，使对象看上去更立体，如图 3-147 所示。

原图

添加“投影”效果

图 3-147

图 3-148 所示为“投影”效果参数选项。

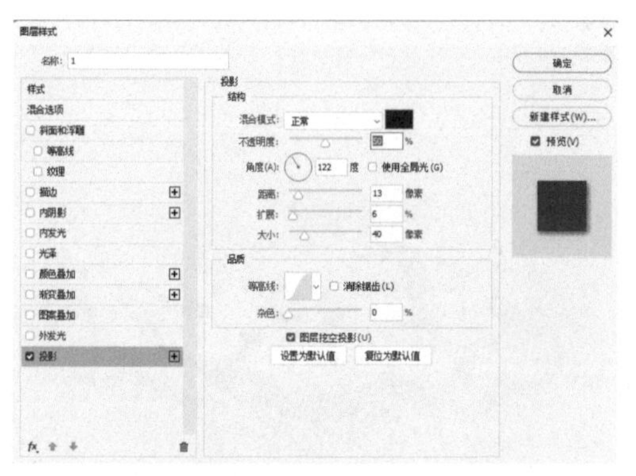

图 3-148

投影选项介绍

- **混合模式**：用来设置投影与下方图层的混

合模式。默认为“正片叠底”模式，此时投影呈现为较暗的颜色。如果设置为“变亮”“滤色”“颜色减淡”等模式，则投影会变为浅色，类似于“外发光”效果。

- **投影颜色**：单击“混合模式”选项右侧的颜色块，可打开“拾色器”对话框设置投影颜色。

- **不透明度**：用来调整投影的不透明度。该值越小，投影越淡。

- **角度/距离**：用来决定投影向哪个方向偏移，以及偏移距离，如图3-149和图3-150所示。除通过数值调整外，也可在文档窗口中拖曳投影自由调整。

图 3-149

图 3-150

- **大小/扩展**：“大小”选项用来设置投影的模糊范围，该值越大，模糊范围越广，投影看起来也会更淡，如图3-151所示；反之则投影会变得清晰，如图3-152所示。“扩展”选项用于增大投影范围。

图 3-151

图 3-152

- **消除锯齿**：用于混合等高线边缘的像素，使投影更加平滑。该选项适用于尺寸小且具有复杂等高线的投影。

- **杂色**：在投影中添加杂色。该值较大时，投影会变为点状。

- **图层挖空投影**：用来控制半透明图层中投影的可见性。勾选该选项后，如果当前图层的“填充”值小于100%，则半透明图层中的投影不可见。

3.4.10 “内阴影”效果

“内阴影”效果可以在紧靠图层内容的边缘内添加阴影，创建凹陷效果，如图 3-153 所示。

原图

添加“内阴影”效果

图 3-153

图 3-154 所示为“内阴影”效果参数选项。

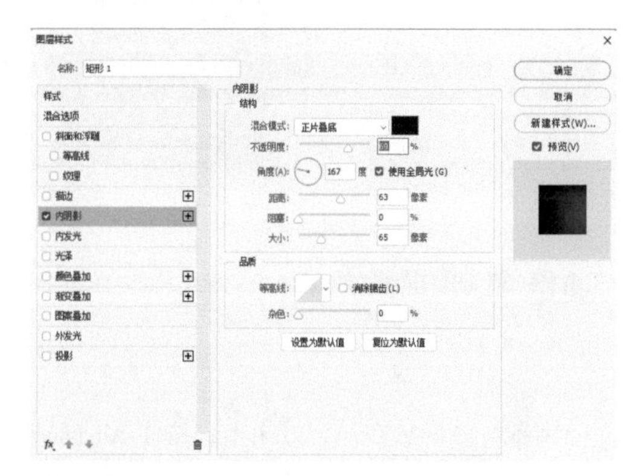

图 3-154

3.4.11 修改效果

添加效果后，在“图层”面板中双击效果的名称，如图 3-155 所示，可以打开“图层样式”对话框，其中显示了相应选项，此时可修改参数。

图 3-155

3.4.12 缩放效果

单击效果所在的图层，如图 3-156 所示，执行“图层 > 图层样式 > 缩放效果”命令，打开“缩放图层效果”对话框，可以调整效果的缩放比例，如图 3–157 所示。用这种方法能解决复制或是使用“样式”面板中预设的效果时，效果与对象的大小不匹配的问题。

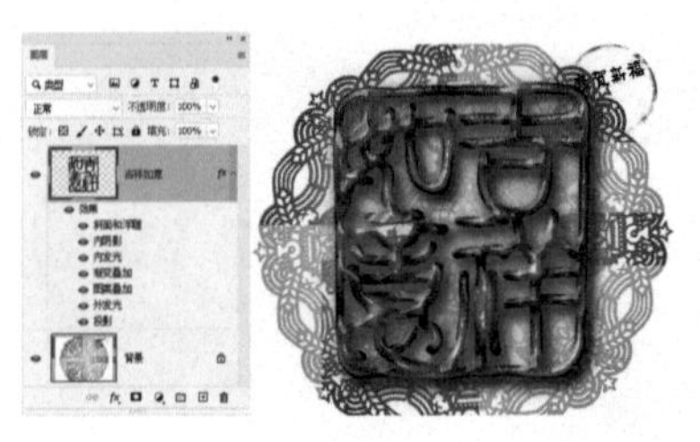

图 3–156

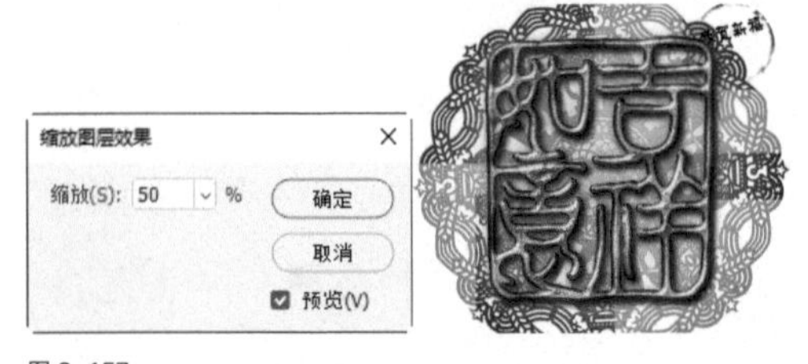

图 3–157

3.4.13 复制和删除效果

1. 复制效果

将鼠标指针放在一个效果上，按住 Alt 键拖曳到另一个图层上，可将效果复制给目标图层，如图 3–158 和图 3–159 所示。

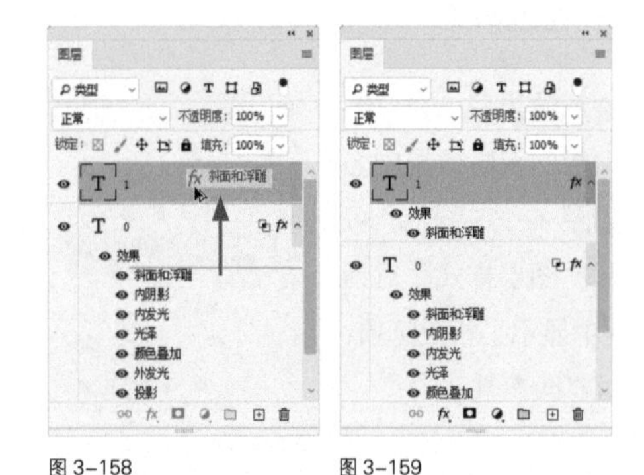

图 3–158　　图 3–159

如果想复制图层中的所有效果，可以按住 Alt 键将效果图标 fx 拖曳给另一图层，如图 3–160 和图 3–161 所示。没有按住 Alt 键操作，则会将效果转移过去，原图层不再有效果。

图 3–160　　图 3–161

2. 删除效果

将效果名称或效果图标 fx 拖曳到“图层”面板中的 🗑 按钮上，可删除当前效果或该图层中的所有效果，如图 3–162 所示。此外，如果要删除一个图层中的所有效果，也可以执行“图层 > 图层样式 > 清除图层样式”命令。

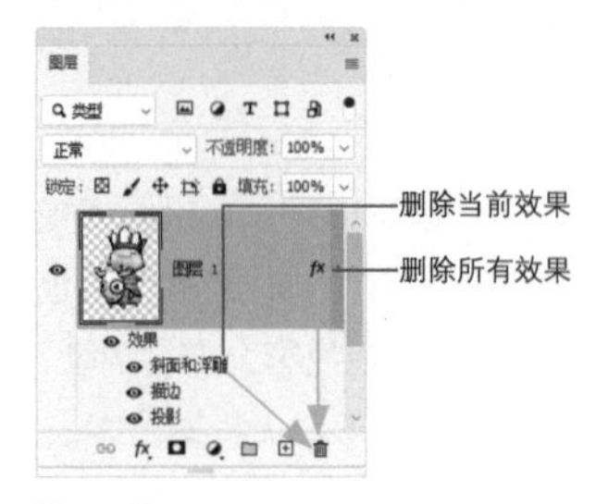

图 3–162

3.5 课后习题

使用 Photoshop 时，必须先选择对象所在的图层，再进行相应的操作。而图层本身又可进行编辑，如添加效果和蒙版等。由此可见，图层的用处非常大，甚至可以说，不会图层操作，在使用 Photoshop 时几乎寸步难行。下面的习题有助于读者巩固本章所学知识。

3.5.1 问答题

1. 图层的重要性体现在哪些方面？
2. “背景”图层有何用处？

3. 怎样让某个图层上的对象位于其他对象的上方或下方?

3.5.2 案例题：彩灯照射效果

素材位置	素材 >3.5.2.psd
效果位置	效果 >3.5.2.psd
视频位置	教学视频 >3.5.2 彩灯照射效果 .mp4
技术掌握	“渐变叠加”效果，修改渐变颜色

本例使用“渐变叠加”效果制作夜场灯光，如图 3–163 所示。

图 3–163

01 打开素材，如图 3–164 所示。执行“图层 > 图层样式 > 渐变叠加”命令，打开“图层样式”对话框。

02 设置“不透明度”为 60%、“角度”为 0 度。单击渐变颜色条，如图 3–165 所示，打开“渐变编辑器”对话框。

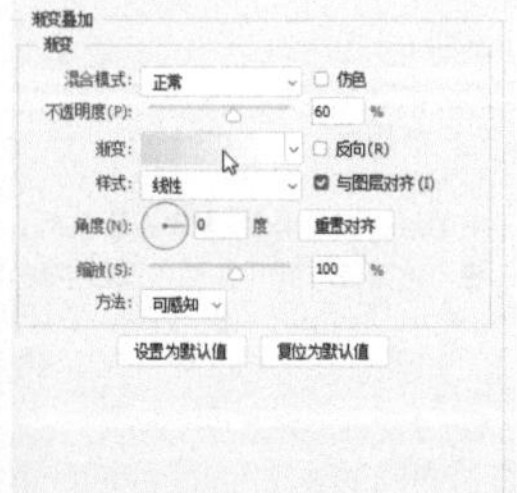

图 3–164 图 3–165

03 设置渐变颜色，如图 3–166 所示。在渐变颜色条上单击，添加不透明度色标，设置其“不透明度”为 80%，如图 3–167 所示，效果如图 3–168 所示。

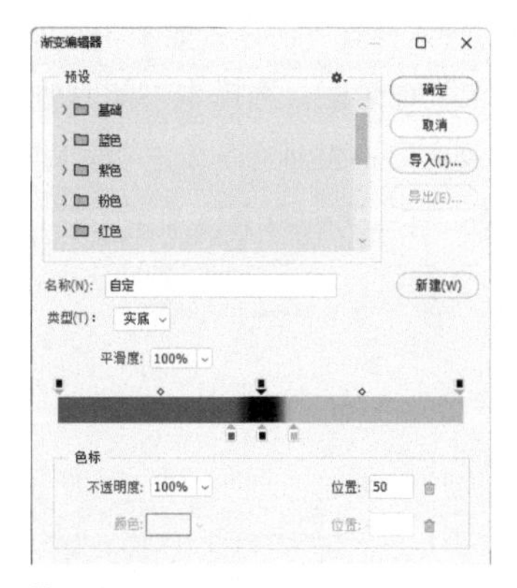

图 3–166

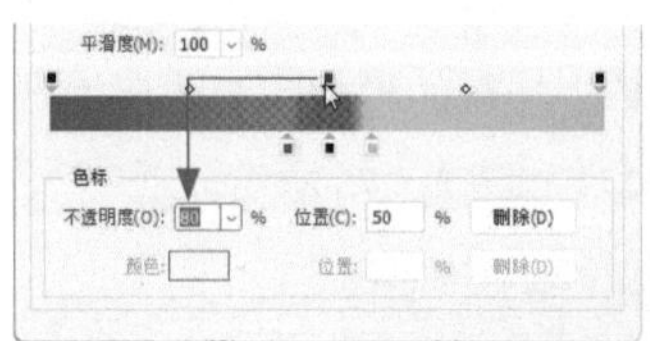

图 3–167 图 3–168

3.5.3 案例题：玻璃字效果

素材位置	素材 >3.5.3.psd、3.5.3 玻璃样式 .asl
效果位置	效果 >3.5.3.psd
视频位置	教学视频 >3.5.3 玻璃字效果 .mp4
技术掌握	加载样式，剪贴蒙版，缩放样式

Photoshop 中的“样式”面板可以用来存储、管理和应用图层样式，该面板中还提供了大量的预设样式，从网络上下载的样式库也可以加载到该面板中使用。本例介绍其操作方法，玻璃字效果如图 3–169 所示。

图 3–169

01 在“窗口”菜单中打开“样式”面板，打开面板菜单，执行“导入样式”命令，如图 3-170 所示，打开“载入”对话框，选择本书配套资源中的样式文件，如图 3-171 所示，单击“载入”按钮，将其加载到“样式”面板中。

图 3-170

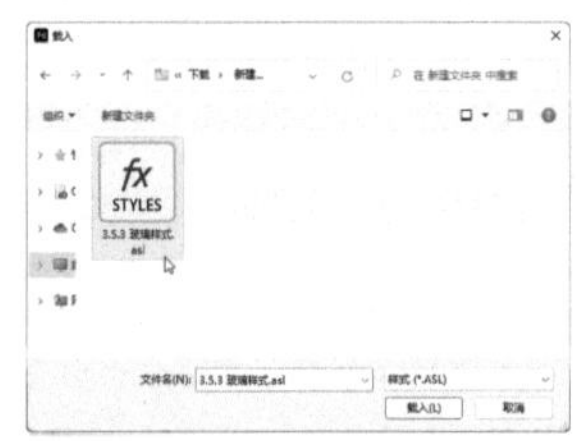

图 3-171

02 打开素材，如图 3-172 所示。单击图层，如图 3-173 所示，单击加载的样式，为图层添加该效果，如图 3-174 和图 3-175 所示。

图 3-172

图 3-173

图 3-174

图 3-175

03 单击图 3-176 所示的图层，在其上方新建一个图层，设置混合模式为“颜色加深”，如图 3-177 所示。执行“图层 > 创建剪贴蒙版”命令，将新建的图层加入剪贴蒙版组，如图 3-178 所示。

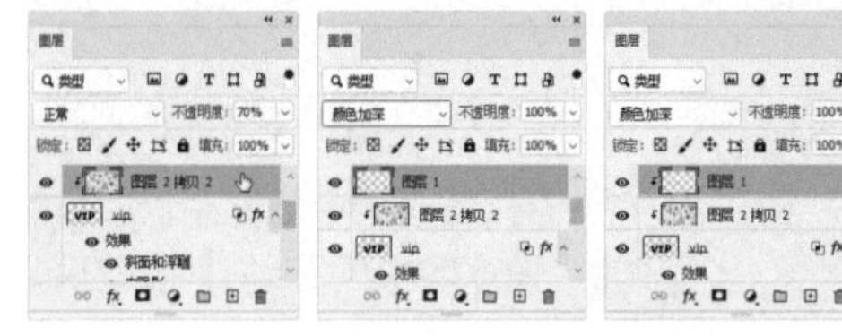

图 3-176　图 3-177　图 3-178

04 在“渐变”面板中单击图 3-179 所示的渐变，将当前图层转换为渐变填充图层，让玻璃字的颜色更通透，如图 3-180 所示。

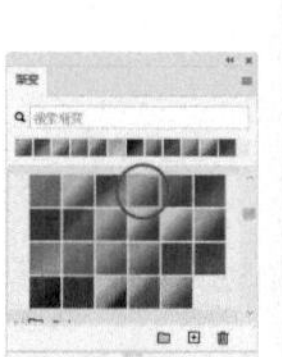

图 3-179

图 3-180

05 为“爱宠专区”文字添加样式，之后执行“图层 > 图层样式 > 缩放效果”命令，将效果比例缩小，如图 3-181 和图 3-182 所示。

图 3-181　图 3-182

小提示

按住Ctrl键单击样式组前方的 》（或 ∨）图标，可同时展开（或折叠）所有组。其他面板，如“色板”“渐变”“形状”等，也可用此方法操作。

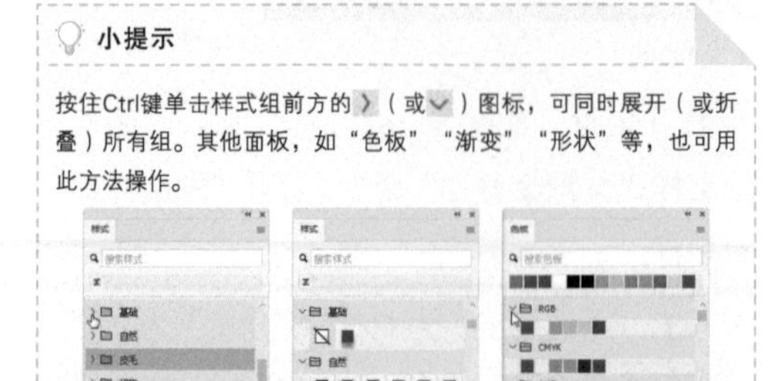

小提示

用图层样式制作出满意的效果后，可单击“样式”面板中的 ⊞ 按钮，将其保存到“样式”面板中作为预设样式以方便后面使用。

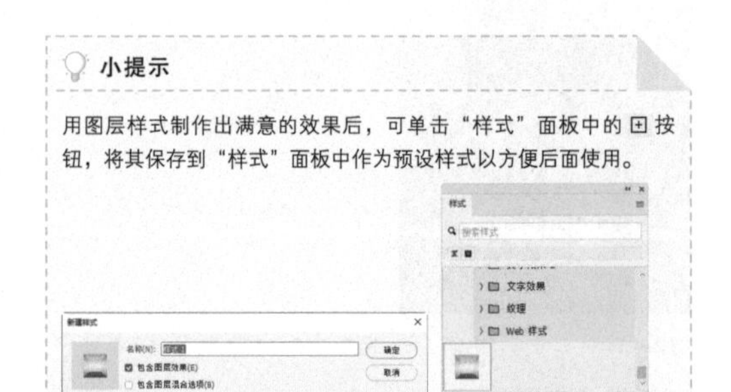

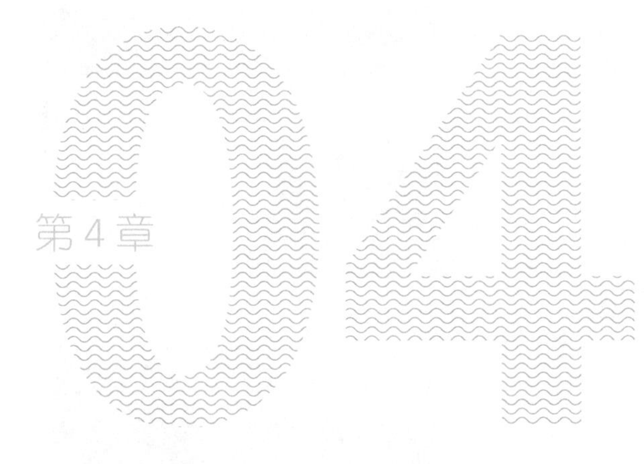

第4章

选区与抠图

本章导读

本章介绍选区。通过创建选区将图像中的对象选中后，选区就会限定编辑的有效范围。例如，使用滤镜时，如果只想编辑图像的局部，就要先将其选取，再应用滤镜处理，这样选区之外的图像才能不受影响。选区还可用于抠图，做平面设计、网店装修、影楼修图等工作时，涉及图像合成的部分，会使用抠图技术将所需图像分离出来。

本章学习要点

- 自动选择工具。
- 移动与变换选区。
- 羽化选区。
- “选择并遮住”命令。

Photoshop

4.1 选择类工具

Photoshop 中的选择类工具各有特点，每种工具都只适合用来选择特定类型图像中的对象。

4.1.1 课堂案例：宝石项链及耳坠广告

素材位置	素材 >4.1.1.jpg
效果位置	效果 >4.1.1.psd
视频位置	教学视频 >4.1.1 宝石项链及耳坠广告 .mp4
技术掌握	对象选择工具，调整图层，用选区控制调整范围

首饰广告离不开模特，但模特太瞩目又会喧宾夺主，削弱产品的关注度。将模特去色，只保留首饰颜色，可以将视觉焦点集中到广告主体——首饰上，而且也会形成反差，增强视觉冲击力，如图 4-1 所示。

图 4-1

01 打开素材，如图 4-2 所示。选择对象选择工具，在工具选项栏的“模式”下拉列表中选择“矩形”选项，在项链的宝石上拖曳鼠标，将其选取，如图 4-3 所示。

图 4-2

图 4-3

02 按住 Shift 键在耳坠的宝石上拖曳鼠标，如图 4-4 和图 4-5 所示，将所有宝石一同选取，如图 4-6 所示。按 Shift+Ctrl+I 快捷键反选。单击“调整”面板中的按钮，创建“黑白”调整图层，选区会转换到其蒙版中，使调整只对宝石之外的图像有效，如图 4-7 所示。

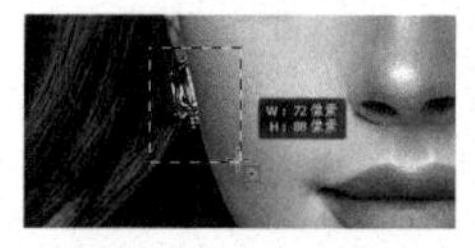
图 4-4

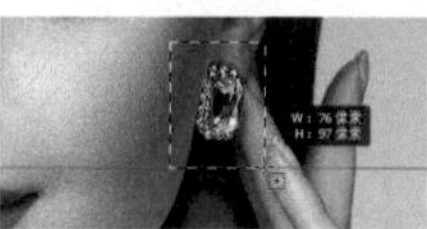
图 4-5

图 4-6

图 4-7

03 单击“调整”面板中的按钮创建“色相/饱和度”调整图层，将红色和黄色的“饱和度”调到最低，如图 4-8 和图 4-9 所示，剔除项链中的颜色；提高绿色的“饱和度”值，如图 4-10 所示，让宝石更加醒目，效果如图 4-11 所示。之后可以添加一些文字丰富版面，使之成为一张首饰海报，如图 4-12 所示。

图 4-8

图 4-9

图 4-10

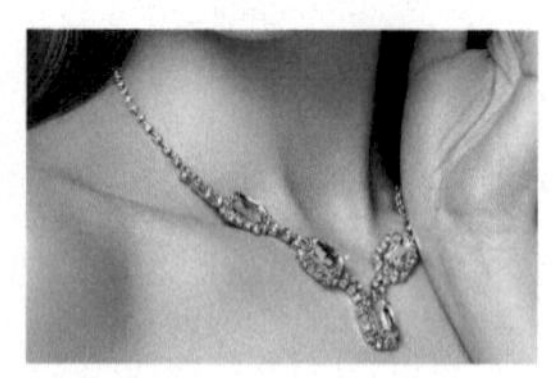
图 4-11

图 4-12

4.1.2 选框工具组

选框工具组中的工具可用于创建矩形、正方形、椭圆形和圆形选区。它们的工具选项栏中的选项相同，如图 4-13 所示。

图 4-13

选框工具组选项介绍

● **选区运算按钮**：选区运算是指在已有选区的状态下，创建新选区或加载其他选区时，让其与现有的选区进行运算，以得到需要的选区。单击“新选区”按钮后，可重新创建一个选区，图4-14所示为创建的矩形选区；单击“添加到选区”按钮后，可在原有选区的基础上添加新的选区，图4-15所示为在现有矩形选区的基础上添加圆形选区；单击“从选区减去”按钮后，可以从原有选区中减去新创建的选区，如图4-16所示；单击“与选区交叉”按钮后，只保留原有选区与新创建的选区相交的部分，如图4-17所示。

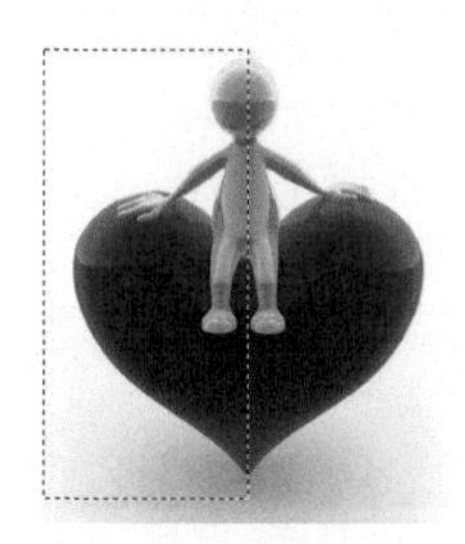

图 4-14

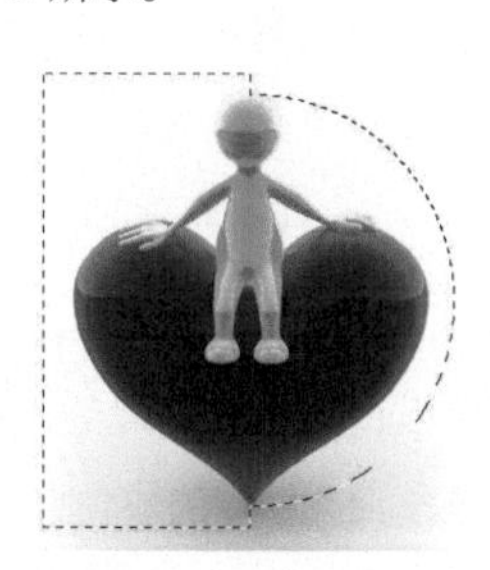

图 4-15

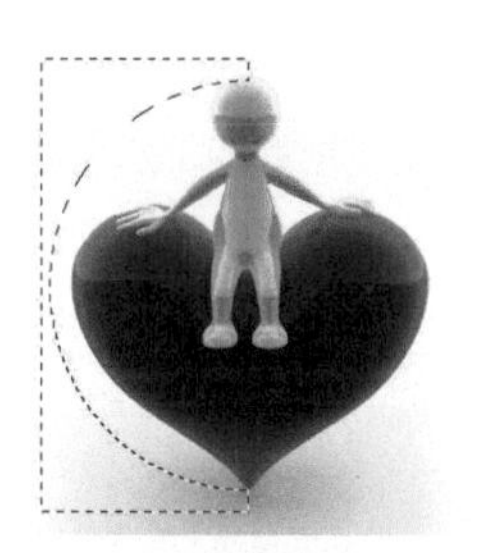

图 4-16

图 4-17

● **消除锯齿**：由于图像的最小元素是像素，而像素为方块状，因此，即便是圆形选区，选择的也是方块状的像素。如果图像的分辨率较低，圆形选区会变成锯齿状，如图4-18所示。创建选区前勾选该选项，可以柔化选区边缘的像素与背景像素之间的颜色差，使锯齿状边缘变得平滑，看上去不再明显，图4-19所示为填色效果。

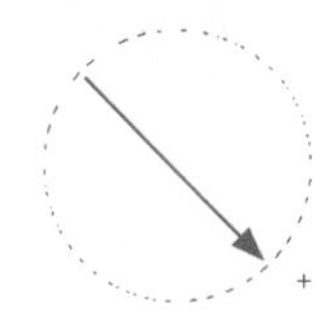

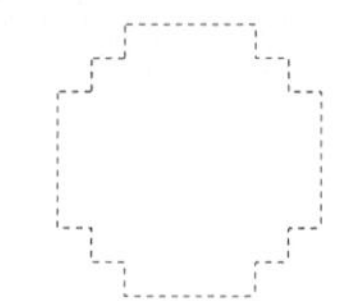

在低分辨率的图像中创建圆形选区，释放鼠标左键后选区出现锯齿
图 4-18

在选区内填色（左图进行了消除锯齿操作，右图未进行此操作）
图 4-19

● **样式/宽度/高度**：在“样式”选项中可以设置选区的创建方法。选择“正常”选项，可通过拖曳鼠标创建任意大小的选区；选择“固定比例”选项，可以在右侧的“宽度”和“高度”文本框中输入数值，创建固定比例的选区，如要创建一个宽度是高度两倍的选区，可以输入宽度2、高度1；选择“固定大小”选项，可以在“宽度”和“高度”文本框中输入选区的宽度值与高度值，此后只需在画板上单击，便可创建预设大小的选区；单击⇄按钮，可以切换“宽度”与“高度”的数值。

● **选择并遮住**：单击该按钮，可以切换到“选择并遮住”工作区。

1. 矩形选框工具

矩形选框工具⬚可用于创建矩形和正方形选区。图 4-20 所示为照片素材，图 4-21 所示为使用该工具选择图像后，用移动工具✥拖入画框内的效果。

图 4-20

图 4-21

使用矩形选框工具⬚时，拖曳鼠标可以创建矩形选区；按住 Shift 键并拖曳鼠标，可以创建正方形选区；按住 Alt 键并拖曳鼠标，能以拖曳起点为中心向外创建选区。

2. 椭圆选框工具

椭圆选框工具◯可用于创建椭圆形和圆形选区，其使用方法与矩形选框工具⬚相同。图 4-22 和图 4-23 所示为使用该工具选择图像并合成到钟表内的效果。

图 4-22

图 4-23

小提示

使用矩形选框工具⬚和椭圆选框工具◯时，拖曳鼠标绘制选区时，按住空格键并拖曳，可以移动选区。

3. 单行和单列选框工具

单行选框工具⋯和单列选框工具⋮分别能创建高度为 1 像素的行选区和宽度为 1 像素的列选区。这两个工具只在制作网格等情况下使用。

4.1.3 套索工具组

套索工具组中的工具可以围绕对象创建不规则选区。

1. 套索工具

套索工具ꝏ能像绳索一样“捆绑”对象，但绳索较为松散，也就是说其准确度不够。不过做合成效果时，可以使用它快速选择对象，如图 4-24 和图 4-25 所示。

图 4-24

图 4-25

使用该工具时，拖曳鼠标可绘制选区，拖曳到起点处后释放鼠标左键，可封闭选区。如果在中途释放鼠标左键，则会在当前位置与起点之间创建一条直线来封闭选区。

2. 多边形套索工具

多边形套索工具⊳可以创建一段一段的、由直线连接成的几何形选区。图 4-26 和图 4-27 所示为使用该工具选取图

图 4-26

像制作成的画册封面。

图 4-27

> 小提示
>
> 使用多边形套索工具时，按住Shift键单击，能以水平、垂直或以45° 角为增量的方向进行绘制。如果选区不准确，可以按Delete键依次向前删除。按住Alt键并拖曳鼠标，可临时切换为套索工具；释放Alt键，又可恢复为多边形套索工具。

3. 磁性套索工具

磁性套索工具能自动识别对象的边缘，使用时在对象边缘单击，之后沿边缘移动鼠标，即可创建选区，如图 4-28 所示。该工具适合选取边缘较为清晰，且与背景色调对比明显的图像，如图 4-29 所示。

图 4-28

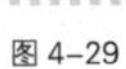

图 4-29

> 小提示
>
> 如果想要在某一位置放置一个锚点，可以在该处单击；如果锚点的位置不够准确，可以按Delete键将其删除，连续按Delete键可依次删除前面的锚点。如果在创建选区的过程中对选区不满意，但又觉得逐个删除锚点很麻烦，可以按Esc键，一次性清除所有锚点。

磁性套索工具的选项栏中有 3 个影响其性能的重要选项，如图 4-30 所示。

图 4-30

磁性套索工具选项介绍

- **宽度**：即检测宽度。磁性套索工具只检测鼠标指针周围“宽度”值距离以内的图像边缘。因此，如果对象的边缘清晰，该值可以大一些，以加快速度；如果边缘不是特别清晰，则需要设置较小的宽度值，以便Photoshop能够准确地识别边缘。为便于观察，可以按Caps Lock键将鼠标指针切换为中心带有十字的圆形⊕，此时圆形的范围就代表了该工具能够检测到的宽度。
- **对比度**：用于决定选取图像时，对象与背景之间的对比度有多大才能被工具检测到。设置较高的数值时，只能检测到与背景对比鲜明的边缘；设置较低的数值时，则可以检测到对比不是特别鲜明的边缘。选择边缘比较清晰的对象时，可以使用更大的“宽度”和更高的“对比度”，然后大致跟踪边缘，这样操作更快捷；而对于边缘较柔和的对象，则要尝试使用较小的“宽度”和较低的“对比度”，以更加精确地跟踪边缘。
- **频率**：用于决定以什么样的频率放置锚点。该值越大，锚点的放置速度越快，数量也越多。

4.1.4 自动选择工具

魔棒工具、快速选择工具和对象选择工具能自动识别对象并生成选区。其中对象选择工具使用了人工智能技术，在选择的精度上更具优势。

1. 魔棒工具

魔棒工具的使用方法非常简单，在图像上单击，如图 4-31 所示，即可选择与单击点色调相似的像素，如图 4-32 所示。

图 4-31

图 4-32

> 小提示
>
> 在魔棒工具 的选项栏中，“容差”值决定了要选取的像素与选定的色调（即单击点色调）的相似程度。当该值较低时，只选择与单击点色调非常相似的像素；该值越高，对像素色调相似程度的要求越低，可以选择的范围就越广。

2. 快速选择工具

快速选择工具 的图标可以描述为一支画笔加上选区轮廓，选区轮廓代表它是选择类工具，画笔则说明它可以像画笔工具 那样通过拖曳的方法使用，但“画”出来的是选区，如图 4-33 所示。

图 4-33

3. 对象选择工具

对象选择工具 是一个运用了 Adobe Sensei（Adobe 为旗下软件开发的底层人工智能工具）的工具，适合处理定义明确的对象，如人物、汽车、家具、宠物、衣服等。

使用该工具时，将鼠标指针移动到对象上面，便可自动检测对象位置并覆盖蒙版，如图 4-34 所示，之后单击即可创建选区，如图 4-35 所示。

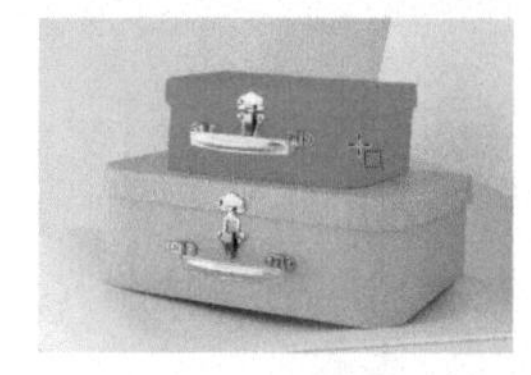

图 4-34

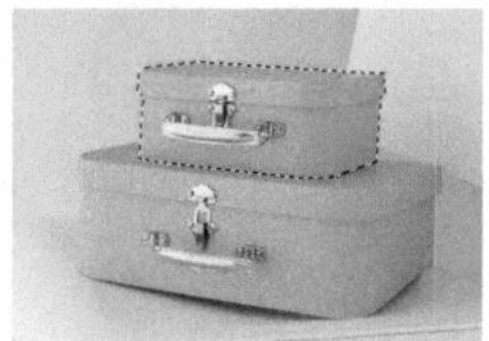

图 4-35

如果不想使用自动选择模式，可以在工具选项栏中取消勾选“对象查找程序”选项，然后在“模式”下拉列表中选择一个选项。选择“矩形”选项，可拖曳出矩形选区，如图 4-36 所示，释放鼠标左键后，可在其范围内查找并选取对象，如图 4-37 所示；选择“套索”选项，则能绘制不规则选区，同样，释放鼠标左键后，可在其范围内查找并选取对象。

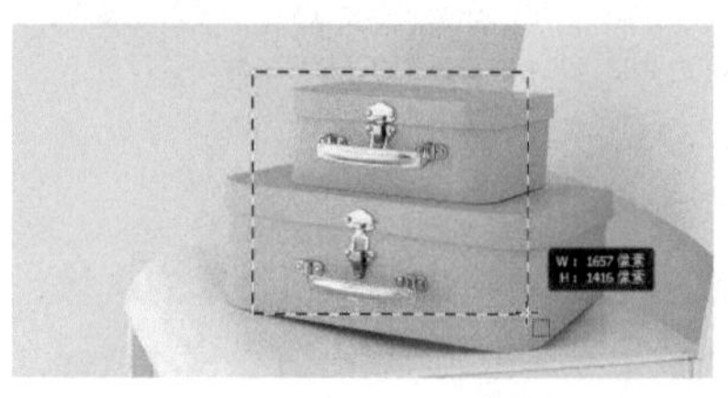

图 4-36

图 4-37

对象选择工具选项介绍

- **刷新** ：单击该按钮，可以刷新对象查找程序，以便更准确地选择对象。
- **设置其他选项** ：单击该按钮，可以打开下拉面板，在面板中可设置对象查找程序模式、蒙版颜色和不透明度等。
- **显示所有对象** ：单击该按钮，可以在所有可选区域覆盖蒙版。

- **对所有图层取样**：从所有可见图层中取样，即检测所有图层中的对象并创建选区。
- **自动增强**：用于降低选区边界的粗糙度。

小提示

使用对象选择工具 选取对象后，单击鼠标右键，打开快捷菜单，执行“删除和填充选区”命令，可删除选中的对象并用其周围的图像填充选区。

选取自行车，打开快捷菜单，执行“删除和填充选区”命令

填充效果

4.2 选择类命令

设计工作常会用到去背景素材，即只有主图、无背景的 PSD 格式文件。此类素材是通过抠图得到的。“选择”菜单中的“主体”“焦点区域”“色彩范围”是非常好用的抠图命令。

4.2.1 课堂案例：抠图制作 App 页面

素材位置	素材 >4.2.1-1.psd、4.2.1-2.jpg~4.2.1-4.jpg
效果位置	效果 >4.2.1-1.psd、4.2.1-2.psd
视频位置	教学视频 >4.2.1 抠图制作 App 页面 .mp4
技术掌握	用“主体”命令抠图，创建画框并置入图像

网店美工经常需要进行大量的抠图操作。抠好的图去除了多余信息，可凸显商品自身的特点，如图 4-38 所示。

图 4-38

01 打开素材，如图 4-39 所示。执行“选择 > 主体”命令，只需 1~2 秒便可选中沙发，如图 4-40 所示。

图 4-39　图 4-40

02 按 Ctrl+C 快捷键复制所选图像，打开背景素材，按 Ctrl+V 快捷键粘贴，如图 4-41 所示。选择图框工具 ，在画面下方拖曳鼠标创建图框，如图 4-42 所示。

图 4-41　图 4-42

03 执行“文件 > 置入嵌入对象”命令，在图框中置入图像，如图 4-43 所示。在“图层”面板

中单击图框缩览图，如图 4-44 所示，在画面中按住 Alt 键和 Shift 键拖曳复制图框，如图 4-45 所示。用“置入嵌入对象”命令置入手表图像，如图 4-46 所示。如果要调整图像大小，可以按 Ctrl+T 快捷键显示定界框，之后拖曳控制点进行调整。

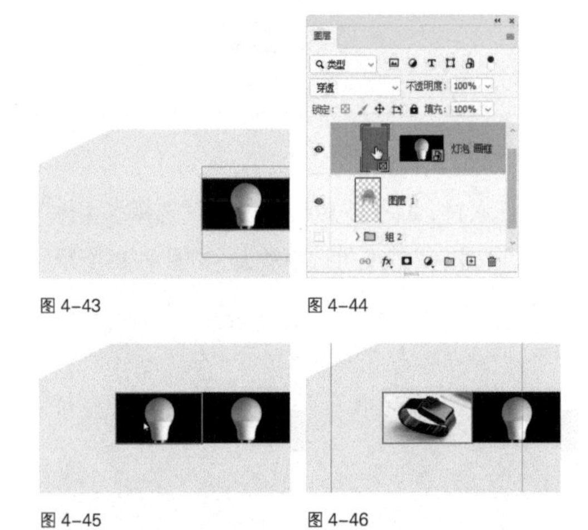

图 4-43　图 4-44

图 4-45　图 4-46

04 在“图层”面板中将文字、图标等显示出来。需要展示作品时，可以按 Alt+Shift+Ctrl+E 快捷键盖印图像，之后创建一个文件，为背景填色，将图像拖入该文件中并添加“投影”效果，如图 4-47 所示。

图 4-47

小提示

“主体”是一个基于机器学习技术的智能化命令，它甚至会“自我学习”——使用的次数越多，其识别能力越强，用来抠人像、动物、车辆、玩具等，效果都不错。

4.2.2 “焦点区域”命令

“焦点区域”命令能自动识别并选择位于焦点范围内的图像，排除虚化的背景，因而特别适合抠大光圈镜头拍摄的浅景深照片，如图 4-48 所示。图 4-49 所示为该命令的对话框。

图 4-48

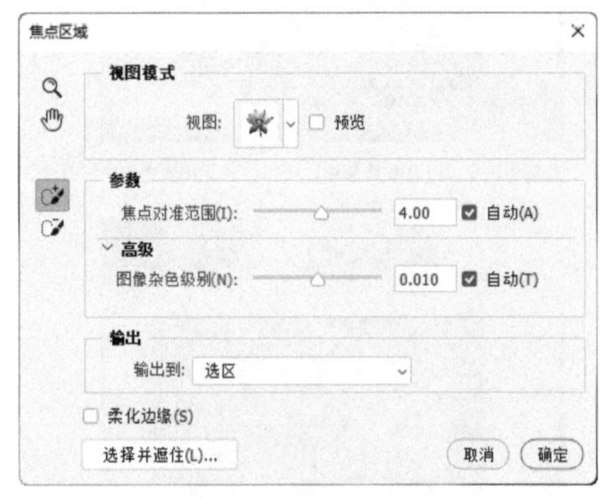

图 4-49

“焦点区域”命令选项及工具介绍

- **视图/输出**：与“选择并遮住”命令的“视图”和“输出到”选项的用途相同。
- **焦点对准范围**：用于扩大或缩小选区。将滑块拖曳到 0，会选择整个图像；将滑块拖曳到最右侧，只选择图像中位于焦点范围内的最清晰的部分。
- **图像杂色级别**：如果选择的区域存在杂色，可以拖曳该滑块来进行控制。
- **柔化边缘**：勾选后，可以对选区进行轻微的羽化。
- **选择并遮住**：单击该按钮，可切换到“选择并遮住”工作区。
- **焦点区域添加工具 / 焦点区域减去工具**：分别使用这两个工具在画面中涂抹，可以扩展和收缩选区范围，如图 4-50 和图 4-51 所示。修改选区时，可通过“预览”选项或按 F 键，切换原始图像和当前选区效果。

图 4-50

图 4-51

● **缩放工具 / 抓手工具**：用于缩放视图、移动画面。

4.2.3 “色彩范围”命令

“色彩范围”命令与魔棒工具类似，都能基于颜色和色调差别生成选区，但该命令包含更多的选项，因而功能也更强大。

操作时，在文档窗口或“色彩范围”对话框中需要选取颜色的位置单击，如图 4-52 所示，以拾取颜色并选取所有与之相似的颜色，之后在对话框中拖曳“颜色容差”滑块调整选取范围，容差值越大，所包含的颜色越广，如图 4-53 所示（白色为选区范围、黑色为选区外部、灰色为羽化区域）。

图 4-52

图 4-53

如果要将其他颜色添加到选区中，可以使用添加到取样工具在其上面单击，如图 4-54 所示；如果要在选区中排除某些颜色，可以使用从取样中减去工具处理。除拾取颜色外，使用“选择”下拉列表中的选项还可以选取图像中的特定颜色，包括红色、黄色、绿色、青色（见图 4-55）、蓝色和洋红色，以及溢色（超出打印范围的颜色）和肤色。

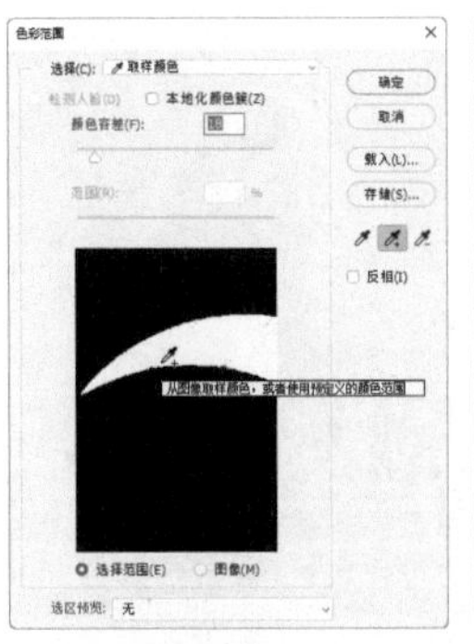

图 4-54

图 4-55

“色彩范围”命令其他选项介绍

● **检测人脸**：制作人像选区时，勾选该选项，可以更加准确地选择肤色。

● **本地化颜色簇 / 范围**：勾选“本地化颜色簇”选项后，会以取样点（鼠标单击处）为基准，只查找位于“范围”值之内的图像。例如，图像中有两朵花，如果只想选择其中的一朵，可在它上方单击进行颜色取样，之后调整“范围”值来缩小范围，这样能避免选中另一朵花。

● **选择范围 / 图像**：选中“选择范围”选项，可以看到选区的预览效果；选中“图像”选项，在预览区中会显示彩色图像。

● **存储 / 载入**：单击“存储”按钮，可以将当前的设置状态保存为选区预设；单击“载入”按钮，可以载入预设文件。

● **反相**：勾选后可以反转选区，相当于创建选区之后执行“选择 > 反选”命令。

4.3 选区基本操作

创建选区后，可对其进行羽化、移动、变换和描边处理。

4.3.1 课堂案例：商业宣传海报

素材位置	素材 >4.3.1-1.jpg、4.3.1-2.psd
效果位置	效果 >4.3.1.psd
视频位置	教学视频 >4.3.1 商业宣传海报 .mp4
技术掌握	扩展选区，描边选区

为对象的轮廓描边，可在复杂的背景上凸显主要内容，如图 4-56 所示。

图 4-56

01 执行“选择 > 主体”命令，选取模特，如图 4-57 所示。使用移动工具 将其拖入背景文件中，如图 4-58 所示。

图 4-57

图 4-58

02 按住 Ctrl 键在“图层”面板中单击缩览图，载入人物选区，如图 4-59 和图 4-60 所示。执行“选择 > 修改 > 扩展”命令，将选区向外扩展 30 像素，如图 4-61 和图 4-62 所示。

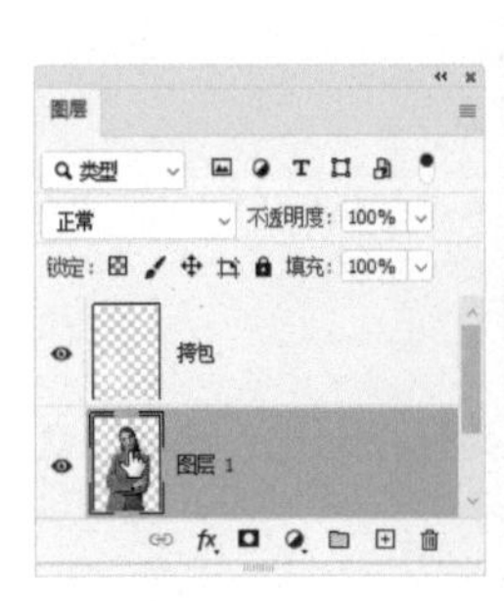

图 4-59

图 4-60

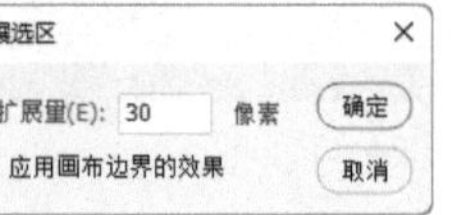
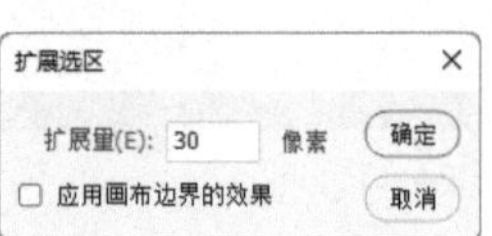

图 4-61

图 4-62

03 新建一个图层。执行“编辑 > 描边”命令，打开“描边”对话框，用白色描边选区，如图 4-63 和图 4-64 所示。

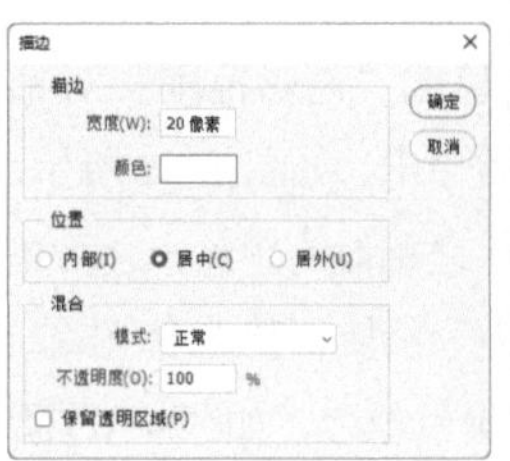
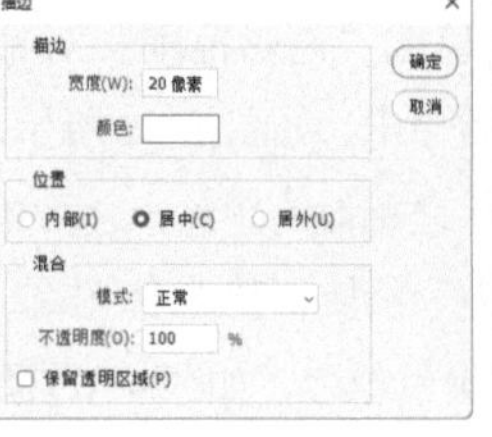

图 4-63

图 4-64

04 按 Ctrl+D 快捷键取消选择。使用橡皮擦工具 将画面底部的白边擦除，如图 4-65 所示。

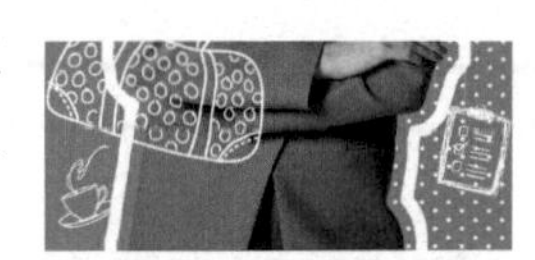
图 4-65

05 选择横排文字工具 T，在画面中单击并输入文字，如图 4-66 和图 4-67 所示。

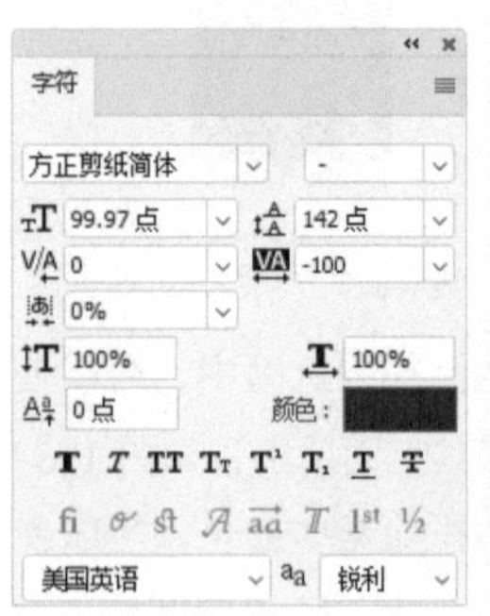

图 4-66

图 4-67

06 双击文字所在的图层，如图 4–68 所示，打开“图层样式”对话框，添加白色的“描边”和“投影”效果，如图 4–69 和图 4–70 所示，效果如图 4–71 所示。

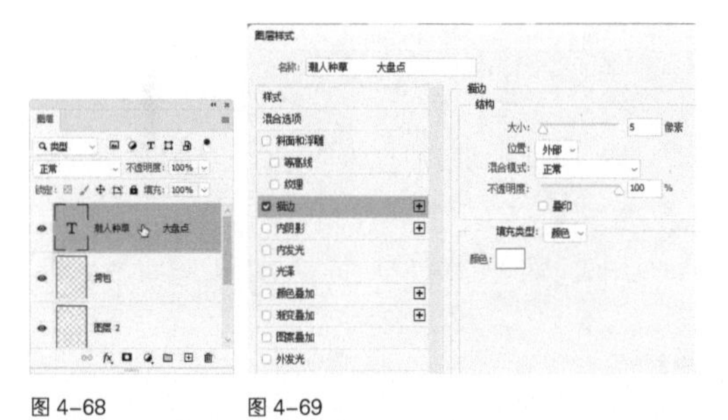

图 4–68　图 4–69

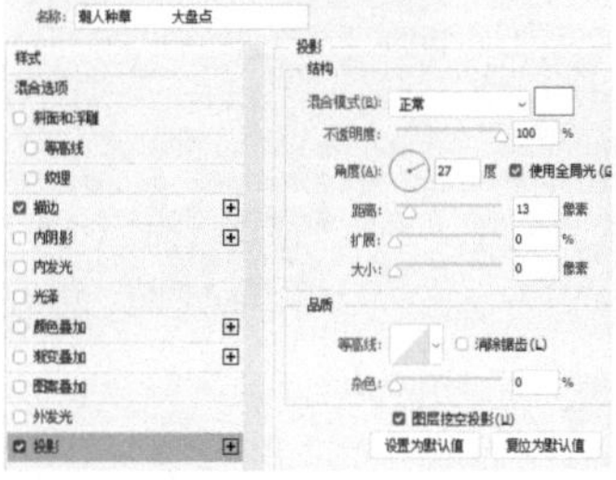

图 4–70

图 4–71

4.3.2 羽化选区

默认状态下，选区的边界是明确的，如图 4–72 所示。进行编辑（如抠图）时，图像的边缘是清晰的，如图 4–73 所示。调色时，选区内外界限清晰，如图 4–74 所示。

图 4–72

图 4–73

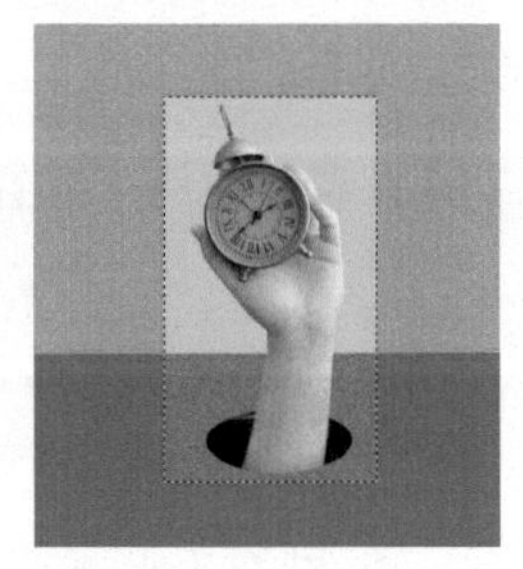

图 4–74

羽化是指对选区进行柔化处理，使位于其边缘的图像只能被部分地选取到。从应用上看，如抠图后，图像的边缘是半透明的，如图 4–75 所示。调色时，调整效果会在羽化区域衰减并逐渐消失，如图 4–76 所示。合成图像时，为了让图像间的衔接更加自然，通常会做羽化处理。

图 4–75

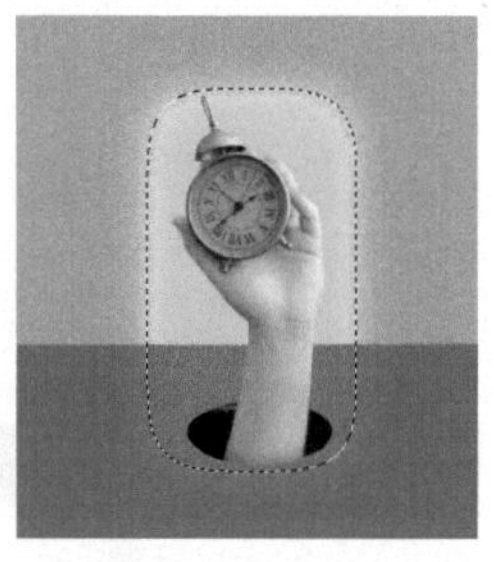

图 4–76

使用套索类或选框类工具时，虽然可以在工具选项栏中设置“羽化”值，如图 4–77 所示，以创建自带羽化的选区，但实际应用中都是创建选区之后，再使用“选择”菜单中的“调整边缘”或“羽化”命令进行羽化，以方便修改，如图 4–78 所示。

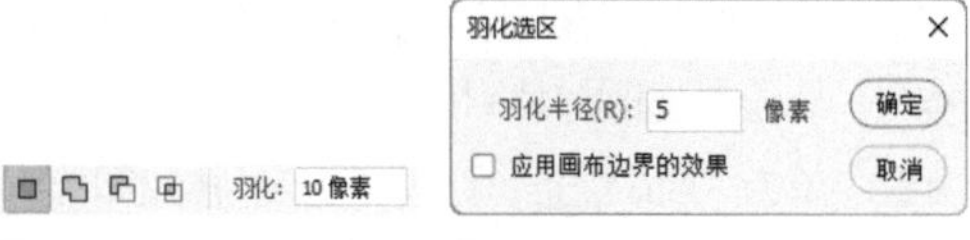

图 4–77　图 4–78

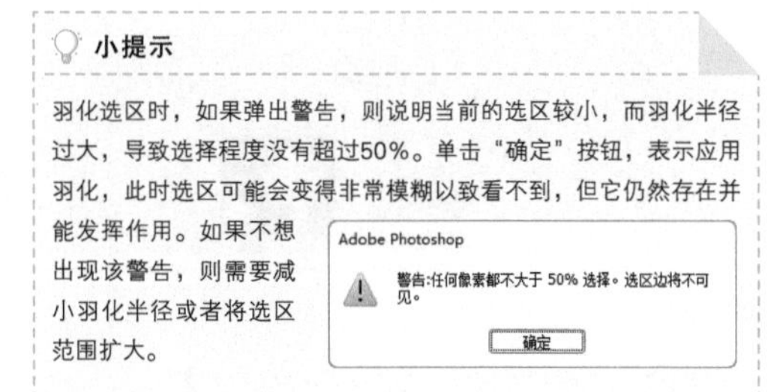

小提示

羽化选区时，如果弹出警告，则说明当前的选区较小，而羽化半径过大，导致选择程度没有超过50%。单击“确定”按钮，表示应用羽化，此时选区可能会变得非常模糊以致看不到，但它仍然存在并能发挥作用。如果不想出现该警告，则需要减小羽化半径或者将选区范围扩大。

4.3.3 全选与反选

执行“选择 > 全部”命令（快捷键为 Ctrl+A），可以选取画面中的全部内容。

执行“选择 > 反选”命令（快捷键为 Shift+Ctrl+I），可以反转选区。如果对象的背景较为简单，可先选择背景，如图 4-79 所示，再通过反选选中对象，如图 4-80 所示。

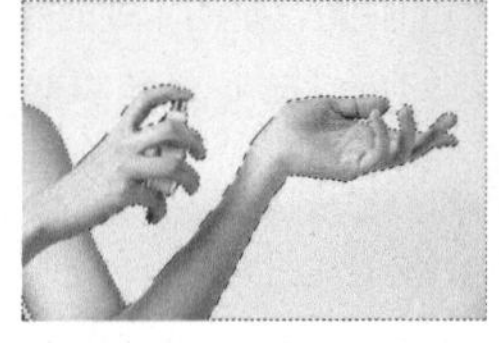

图 4-79

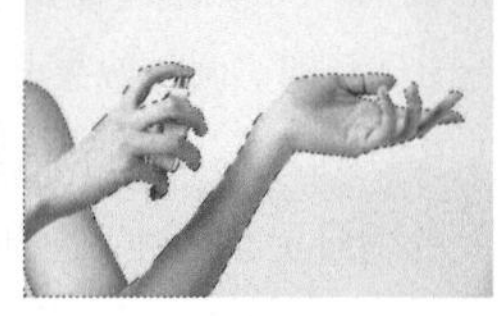

图 4-80

4.3.4 取消选择与重新选择

执行“选择 > 取消选择”命令（快捷键为 Ctrl+D）可以取消选择。如果由于操作不当而取消选择，可立即执行“选择 > 重新选择”命令（快捷键为 Shift+Ctrl+D）恢复选区。

4.3.5 存储与载入选区

创建选区后，单击“通道”面板中的 ◘ 按钮，或执行“选择 > 存储选区”命令，可以将选区存储到 Alpha 通道中，如图 4-81 所示。这样可避免由于操作不当而丢失选区，也方便以后使用和修改。需要将选区加载到画布上时，在“通道”面板中单击 Alpha 通道，之后单击 ⁚⁚ 按钮即可。

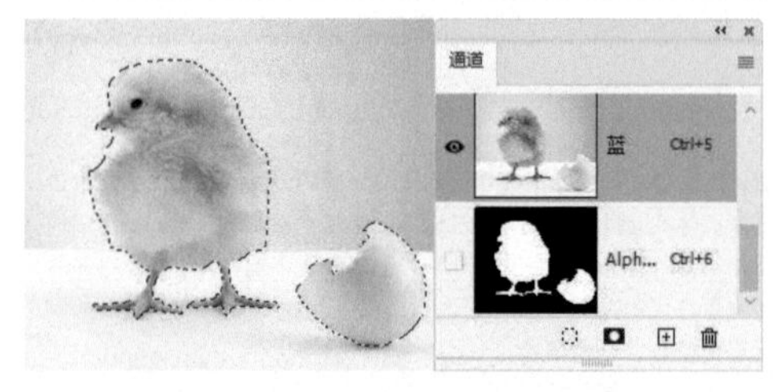

图 4-81

> 小提示
>
> 按住Ctrl键单击Alpha通道的缩览图，也可载入其中的选区。

4.3.6 移动与变换选区

创建选区后，执行“选择 > 变换选区”命令，选区上会出现定界框，如图 4-82 所示。将鼠标指针放在定界框内，拖曳鼠标可以移动选区，如图 4-83 所示；在定界框外拖曳鼠标，可以旋转选区，如图 4-84 所示；按住 Shift 键拖曳控制点，可进行拉伸，如图 4-85 所示。操作完成后，按 Enter 键确认。

图 4-82

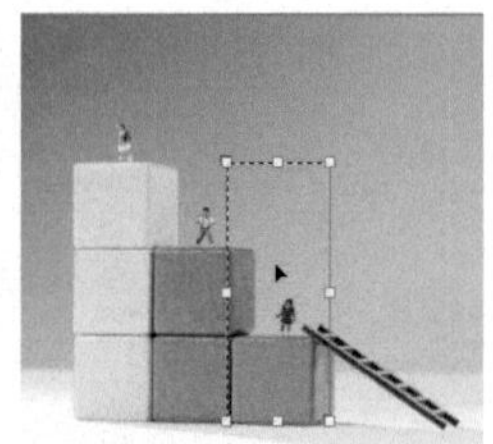

图 4-83

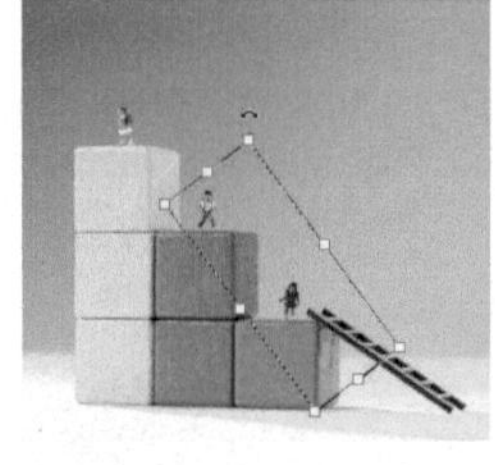

图 4-84

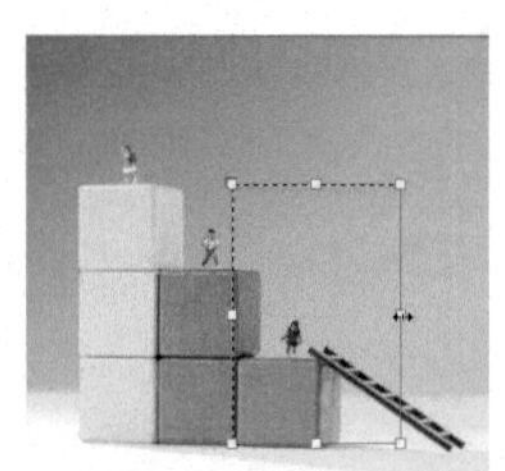

图 4-85

> 小提示
>
> 如果使用“编辑>变换”命令变换选区，会同时对选中的图像应用变换。

> 小提示
>
> 编辑选中的图像时，如果选区妨碍视线，可以执行“视图>显示>选区边缘”命令隐藏选区（重新显示选区也使用该命令），之后进行操作，这样就能看清选区边缘图像的变化情况。

4.4 修改选区

创建选区后，使用“选择并遮住”命令可以对其进行羽化、扩展、收缩和平滑处理。操作过程中可实时观察选区的变化情况。该命令还是一个非常好用的抠图命令。

4.4.1 课堂案例：抠图制作服装海报

素材位置	素材 >4.4.1-1.jpg、4.4.1-2.psd
效果位置	效果 >4.4.1.psd
视频位置	教学视频 >4.4.1 抠图制作服装海报 .mp4
技术掌握	使用“主体”和“选择并遮住”命令抠图

图像千差万别，虽然没有哪种方法能处理所有

图像，但“选择并遮住”命令的适用性是最好的。它能准确识别对象轮廓，尤其是毛发和透明区域。抠此类图像时，可先创建一个大致的选区，再用“选择并遮住”命令进行细化，本例介绍具体操作方法，效果如图 4-86 所示。

图 4-86

01 打开素材。执行“选择 > 主体”命令，选取模特，如图 4-87 所示。执行“选择 > 选择并遮住”命令，切换到该工作区，在“视图”下拉列表中选择“叠加”选项，在选区之外覆盖半透明的红色。选择调整边缘画笔工具，处理头发边缘、手臂缝隙等处，如图 4-88 和图 4-89 所示。

图 4-87

图 4-88

图 4-89

02 处理鞋子的空隙，效果如图 4-90 所示。在凳子腿上反复拖曳鼠标进行处理，效果如图 4-91 所示。

图 4-90

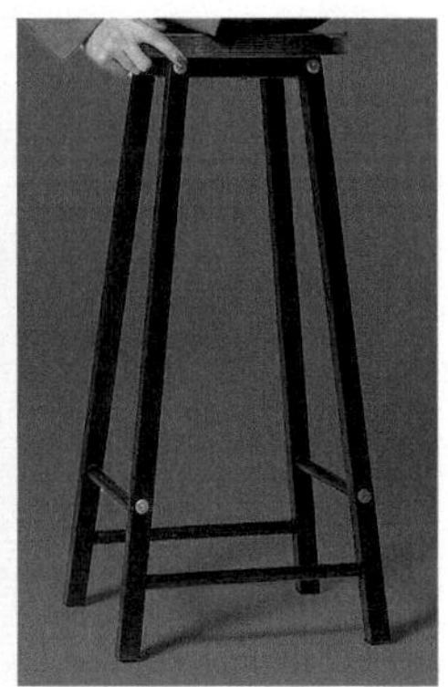

图 4-91

03 在“输出到”下拉列表中选择图 4-92 所示的选项，单击“确定”按钮，将人像抠出，如图 4-93 所示。

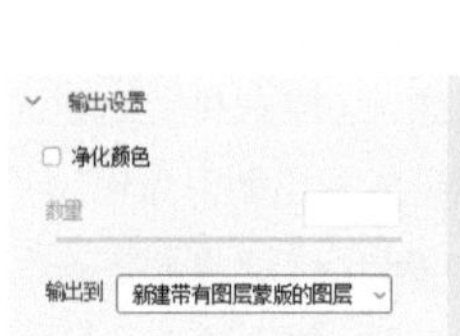
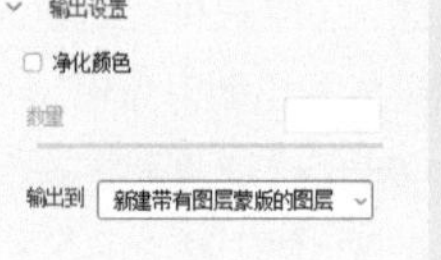

图 4-92

图 4-93

04 使用移动工具将抠出的图像拖入海报背景文件中，如图 4-94 和图 4-95 所示。

图 4-94

图 4-95

4.4.2 “选择并遮住”命令

执行“选择 > 选择并遮住”命令，切换到这一工作区。

工具介绍

“选择并遮住”工作区中包含图 4–96 所示的“工具”面板。其中的调整边缘画笔工具 用于精确调整选区边界，在处理柔化区域（如头发或毛皮）时，可以向选区中加入准确的细节。画笔工具 可用于完善细节，它可按照以下两种简便的方式微调选区：在添加模式下，可绘制想要选择的区域；在减去模式下，可绘制不想选择的区域。

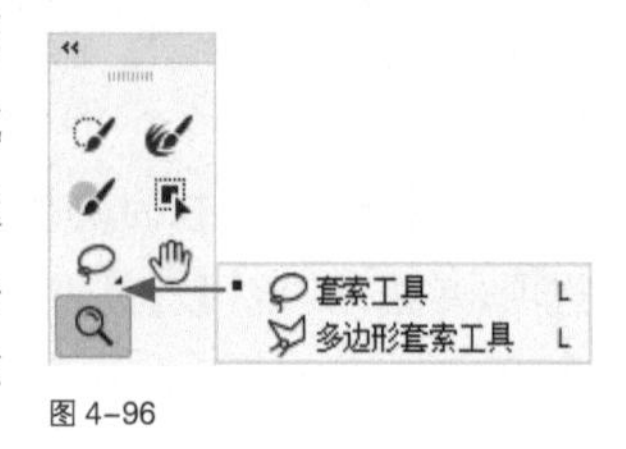

图 4–96

选项介绍

● **视图**：用于选择将选区置于不同颜色的背景上，以便于观察和编辑。在“叠加”模式下操作比较好，因为能看到选区外的图像，这样更利于处理选区边界，如图 4–97 所示。抠毛发和透明对象时，可切换到“黑白”模式（见图 4–98），这是通道状态下的选区，能看清选区的真实情况，便于检查选区边界是否光滑、位置对不对等，在发现问题时可以及时处理。

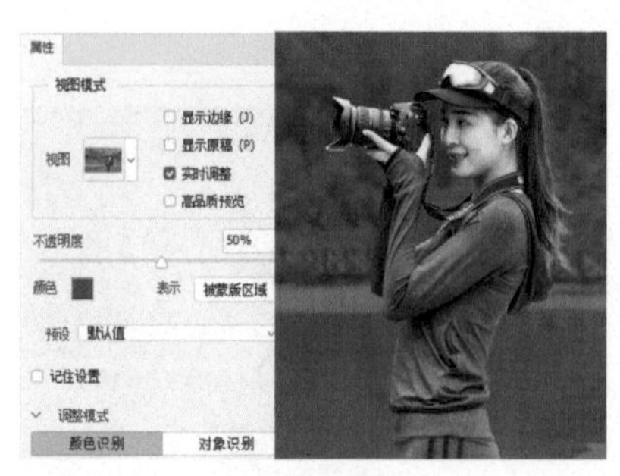

图 4–97

● **显示边缘 / 显示原稿**：用于选择显示调整区域，或是显示原始选区。

● **实时调整 / 高品质预览**：“实时调整”即实时更新效果，“高品质预览”则可呈现更高分辨率的预览效果。

● **不透明度**：用于为所选视图模式设置不透明度。

● **“调整模式”选项组**：提供了两种边缘调整方法。如果背景简单或色调对比较为清晰，可以单击“颜色识别”按钮，在此模式下操作。“对象识别”模式适合调整复杂背景上的毛发等对象。

● **“边缘检测”选项组**：“半径”和“智能半径”选项用于对选区边界进行控制，如图 4–98 所示。其中“半径”选项可以设置应用边缘调整的选区边界的大小。如果选区边缘较锐利，则使用较小的半径值效果更好；如果选区边缘较柔和，则可设置为较大的半径。“智能半径”选项允许选区边缘出现宽度可变的调整区域，在处理人的头发和肩膀时，该选项十分有用，它能根据需要为头发设置比肩膀更大的调整区域。

选区　　半径为 5 像素

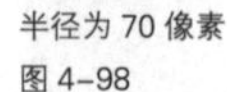

半径为 70 像素　　勾选“智能半径”选项

图 4–98

● **“全局调整”选项组**：“平滑”选项用于对选区进行平滑处理，以减少其不规则区域，创建较为平滑的轮廓。调整“羽化”选项可羽化选区。调整“对比度”值可锐化选区边缘并去除模糊，即消除羽化。“移动边缘”选项用来扩展和收缩选区。单击“清除选区”按钮，可删除选区。单击“反相”按钮，可以反转选区，相当于执行“选择 > 反选”命令。

- **“输出设置”选项组**：勾选“净化颜色”选项并拖曳“数量”滑块，可净化边缘颜色。例如，图 4-99 所示的发丝包含很多绿色（背景色），对颜色进行净化处理后，可将其消除，如图 4-100 所示。在“输出到”下拉列表中选择相应选项，可以将调整后的选区变为当前图层上的选区或蒙版，或是生成一个带或不带蒙版的新图层或文档。

图 4-99

图 4-100

4.5 课后习题

本章介绍了选区的创建和修改等，以及抠图的知识。下面是本章的习题，其中的新抠图方法对抠 Logo 和图标非常有效。

4.5.1 问答题

1. 选区有几种，各有什么特点？
2. 创建选区后，怎样将其保存？

4.5.2 案例题：抠 Logo

素材位置	素材 >4.5.2.jpg
效果位置	效果 >4.5.2.psd
视频位置	教学视频 >4.5.2 抠 Logo.mp4
技术掌握	用“色彩范围”命令抠图，用填充图层上色

抠 Logo、图标、文字时，即使选区非常精确，对象边缘还是会残留一些背景色。遇到此类情况时，可用填充图层重新上色，问题就会迎刃而解，如图 4-101 所示。

图 4-101

01 打开素材。执行“选择 > 色彩范围”命令，打开“色彩范围”对话框。在白色背景上单击，拾取颜色，拖曳“颜色容差”滑块调整选取范围，如图 4-102 所示。关闭对话框。按住 Alt 键并单击“图层”面板中的 按钮，创建一个反相的蒙版，将选取的背景遮盖，如图 4-103 所示。

图 4-102

图 4-103

小提示

如果将抠出的图像放在深灰色背景上，就会看到图形边缘有白色杂边（即背景色），这说明抠图效果并不好。

02 将 Logo 所在图层隐藏。按住 Ctrl 键并单击其蒙版缩览图，如图 4-104 所示，载入 Logo 选区。

03 单击“图层”面板中的 按钮，在打开的下拉列表中选择“纯色”选项，创建一个黑色填充图层，选区会转换到其蒙版中，如图 4-105 所示。由于脱离了原 Logo 图层，无背景颜色，Logo 也就没有白边了，如图 4-106 所示。如果 Logo 是其他颜色，可双击填充图层，修改其颜色，效果如图 4-107 所示。

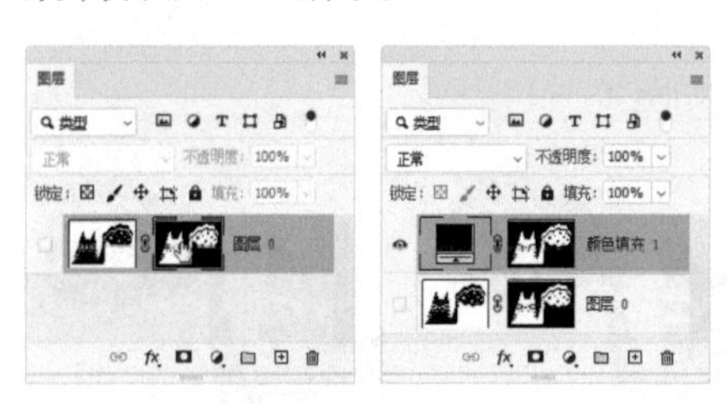

图 4-104　　图 4-105

图 4-106

图 4-107

4.5.3 案例题：为易拉罐换包装图案

素材位置	素材 >4.5.3-1.jpg、4.5.3-2.jpg
效果位置	效果 >4.5.3.psd
视频位置	教学视频 >4.5.3 为易拉罐换包装图案 .mp4
技术掌握	转换为黑白图像，用混合模式和图层蒙版合成图像

本例使用混合模式及剪贴蒙版为易拉罐贴图案，如图 4-108 所示。

图 4-108

01 打开素材。按 Ctrl+J 快捷键复制“背景”图层。按 Shift+Ctrl+U 快捷键，将图像转换为黑白效果，如图 4-109 所示。

图 4-109

02 使用移动工具 将龙插画拖曳到易拉罐文件中，如图 4-110 所示。按 Ctrl+[快捷键，调整到黑白图像后方，如图 4-111 所示。

图 4-110

图 4-111

03 单击“图层 1”，设置混合模式为“线性光”，“不透明度”为 80%。按 Alt+Ctrl+G 快捷键创建剪贴蒙版，如图 4-112 所示，将此图像的显示范围限定在龙插画范围内，如图 4-113 所示。

图 4-112

图 4-113

04 执行“选择 > 主体”命令，将易拉罐选中，如图 4-114 所示。单击龙所在的“图层 2”，单击“图层”面板底部的 按钮，添加图层蒙版，如图 4-115 所示。最后用画笔工具 在易拉罐底部多出的插画图像部分绘制黑色，将其隐藏，效果如图 4-116 所示。

图 4-114

图 4-115

图 4-116

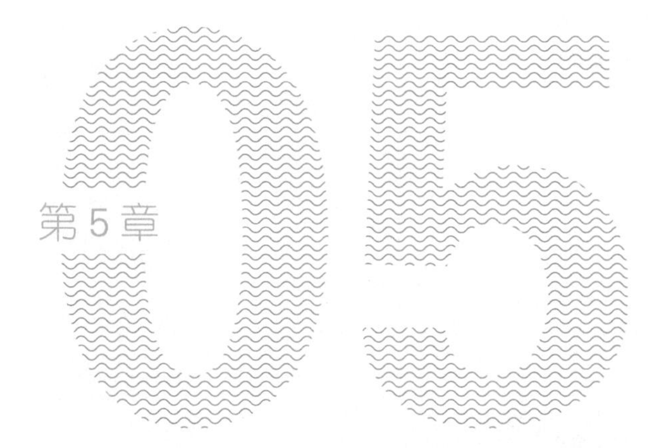

绘画工具与蒙版

本章导读

绘画工具可以用来绘制图像，编辑蒙版和通道。绘画操作在图像合成、调色、抠图和修片等方面均有所应用。蒙版是用来遮盖对象的工具，它包括图层蒙版、剪贴蒙版和矢量蒙版等。这 3 种蒙版主要用于图像合成。但图层蒙版的应用并不局限于此，它还可控制填充图层和调整图层的有效区域与应用强度；在使用智能滤镜时，图层蒙版能改变滤镜效果的不透明度和有效范围。所有蒙版都具有非破坏性特点，即只遮挡对象，并不会将其损坏，也就是说只要删除蒙版，对象就能恢复原样。

本章学习要点

- 前景色与背景色。
- 渐变工具。
- 画笔工具。
- 图层蒙版的使用原理。
- 剪贴蒙版的使用原理。
- 在矢量蒙版中添加形状。

Photoshop

5.1 颜色设置与填充

绘画、创建文字、填充和描边选区、修改蒙版、修饰图像时，需要先将颜色设置好。

5.1.1 课堂案例：3 步打造色彩炫酷的界面

素材位置	素材 >5.1.1.psd
效果位置	效果 >5.1.1.psd
视频位置	教学视频 >5.1.1 3 步打造色彩炫酷的界面 .mp4
技术掌握	渐变填充图层，混合模式

做界面设计时，所用素材的色彩、明度一致，整体界面风格才能协调。利用填充图层统一调配色调是一条捷径，效果如图 5-1 所示。

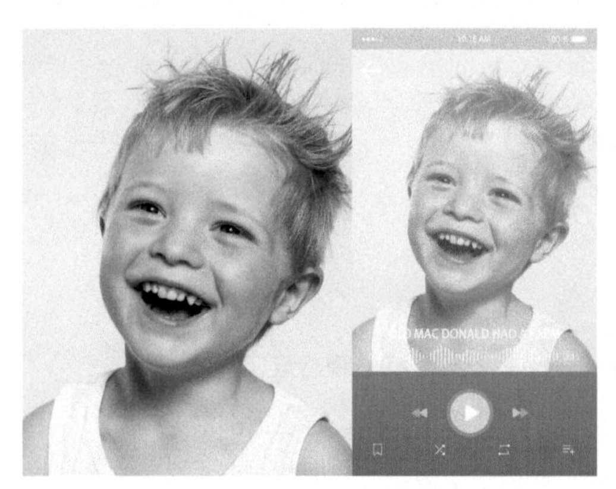

图 5-1

01 打开素材，如图 5-2 所示。单击“图层”面板中的 按钮，在打开的下拉列表中选择“渐变”选项，弹出“渐变填充”对话框，在“橙色”渐变组中选择图 5-3 所示的渐变，创建渐变填充图层。

图 5-2

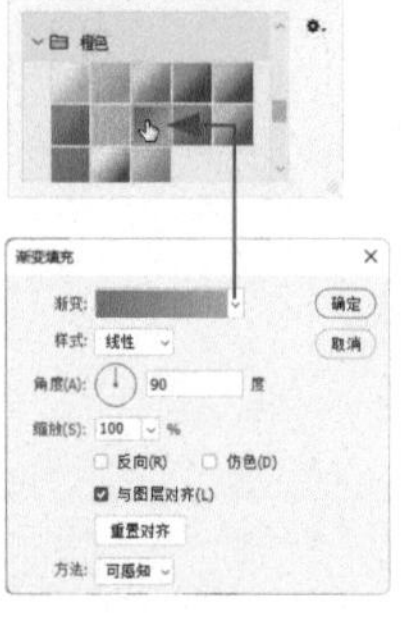

图 5-3

02 设置其混合模式为“强光”，让渐变颜色“渗入”图像中，起到上色效果，如图 5-4 和图 5-5 所示。

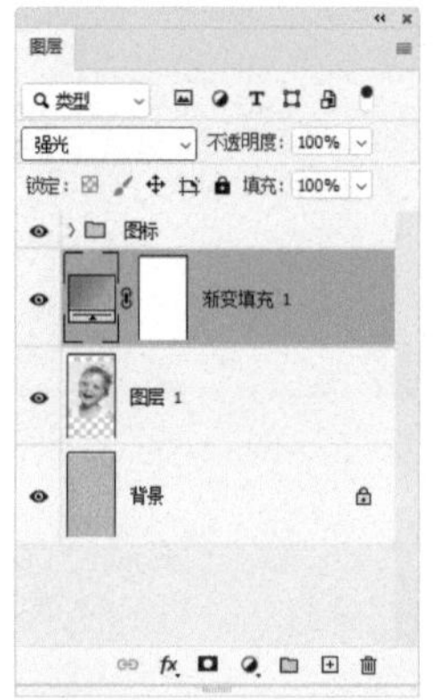

图 5-4

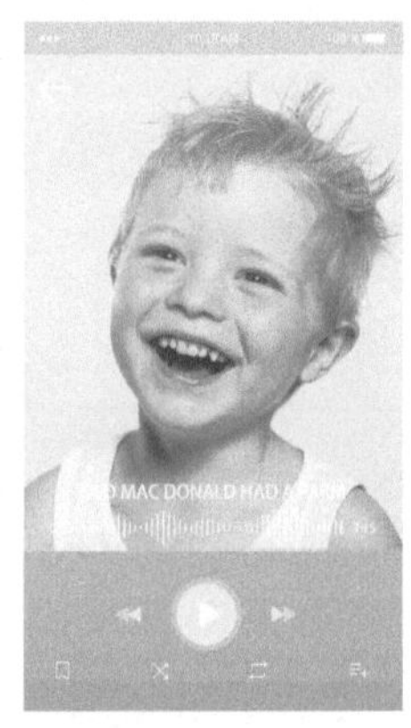

图 5-5

03 按 Ctrl+J 快捷键复制填充图层，按 Shift+Ctrl+[快捷键将其移至“图层 1”下方，混合模式改为“变暗”，修改背景颜色，如图 5-6 和图 5-7 所示。

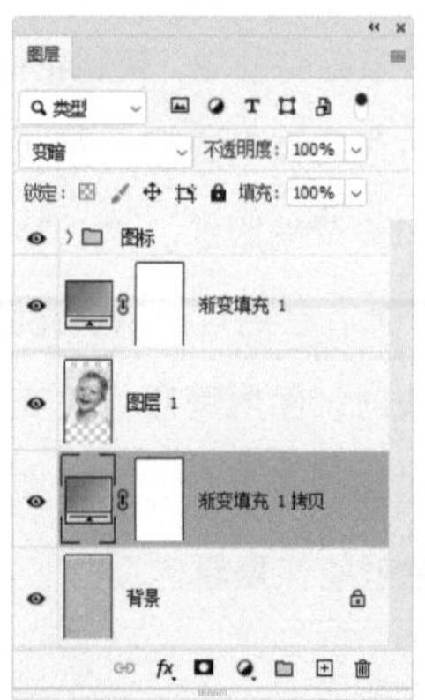

图 5-6

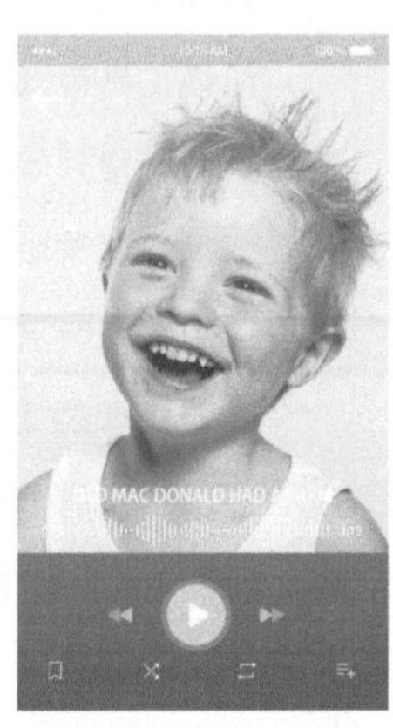

图 5-7

5.1.2 前景色与背景色

“工具”面板底部包含前景色和背景色的设置按钮，如图 5-8 所示。绘制线条、创建文字、填充渐变时，会用到前景色；使用橡皮擦工具擦除图像时，被擦除区域呈现背景色。另外，在增大画布时，新增区域以背景色填充。

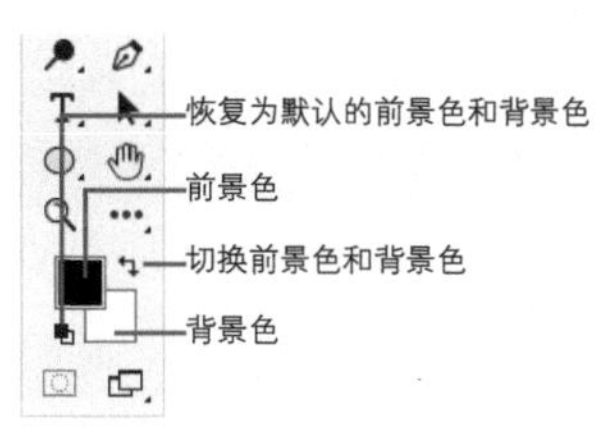

图 5-8

默认的前景色为黑色，背景色为白色。单击前景色和背景色按钮都可以打开“拾色器”对话框，从而对颜色进行修改，如图 5-9 和图 5-10 所示。

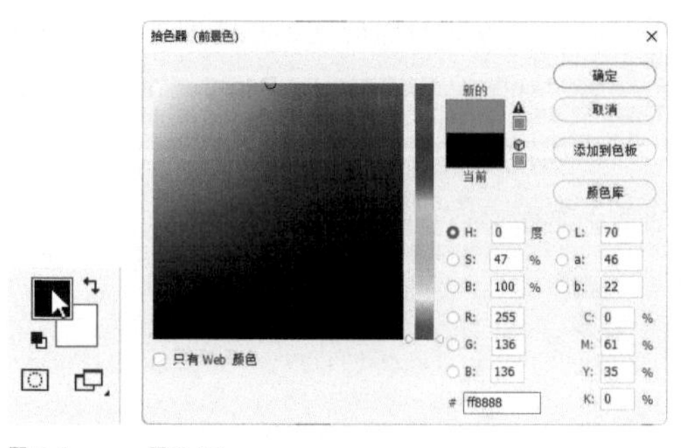

图 5-9　　图 5-10

使用“颜色”面板可以调配前景色和背景色，如图 5-11 所示。单击“色板”面板中的一种颜色，可将其设置为前景色，如图 5-12 所示，按住 Alt 键并单击，可设置为背景色。

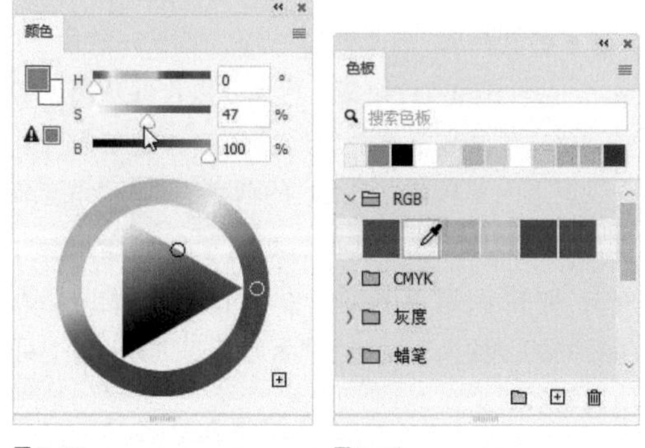

图 5-11　　图 5-12

修改前景色和背景色后，如图 5-13 所示，单击 按钮（快捷键为 X）可互换前景色和背景色，如图 5-14 所示；单击 按钮（快捷键为 D）可恢复为默认的黑、白色，如图 5-15 所示。

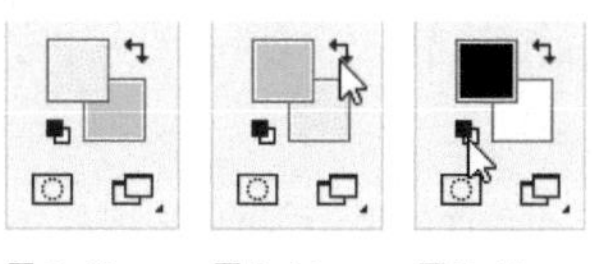

图 5-13　　图 5-14　　图 5-15

小提示

按Alt+Delete快捷键可以为图层或选区填充前景色，按Ctrl+Delete快捷键可填充背景色。如果按住Shift键操作，则只填充图层或选区中包含像素的区域，不会影响透明区域。

5.1.3 用吸管工具拾取颜色

使用吸管工具 在图像上单击，可拾取颜色并将其设置为前景色，如图 5-16 所示；按住 Alt 键并单击，可拾取颜色并将其设置为背景色。

图 5-16

吸管工具选项介绍

图 5-17 所示为吸管工具 的选项栏。

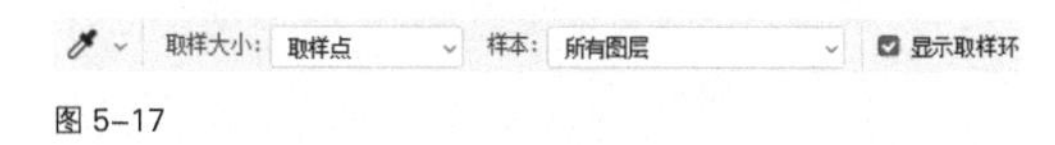

图 5-17

● **取样大小**：用来设置取样范围。选择“取样点”，可以拾取鼠标单击点的像素的精确颜色；选择“3×3 平均”，可以拾取以鼠标单击点为中心的 3×3 个像素区域内的平均颜色；其他选项以此类推，如图 5-18 所示。

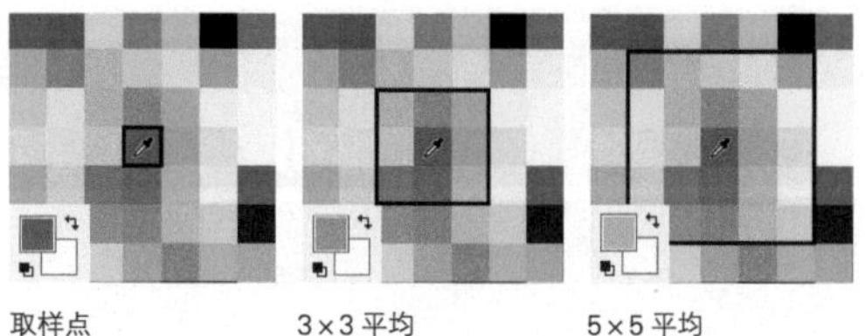

取样点　　3×3 平均　　5×5 平均

图 5-18

- **样本**：用来设置在当前图层或所有图层中进行颜色取样。

- **显示取样环**：勾选该选项，拾取颜色时显示取样环。

> **小提示**
>
> 使用画笔工具、铅笔工具、渐变工具、油漆桶工具等绘画工具时，可以按住Alt键临时切换为吸管工具，拾取颜色后，释放Alt键可恢复为之前的工具。

5.1.4 渐变工具

当一种颜色的明度或饱和度逐渐变化，或者两种或多种颜色平滑过渡时，就会产生渐变效果。使用渐变工具可以填充渐变。渐变可用于填充画面、图层蒙版、快速蒙版和通道。此外，图层样式、调整图层和填充图层也包含渐变类选项。图5-19所示为渐变工具的选项栏。

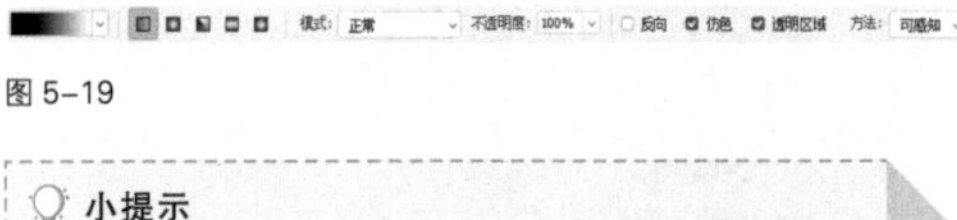

图 5-19

> **小提示**
>
> 填充渐变时，按住Shift键并拖曳鼠标，可以水平、垂直或以45°角为增量的方向填充渐变。

渐变颜色条中显示了当前的渐变颜色。单击其右侧的按钮，可以打开渐变下拉面板，其中包含了预设渐变，如图5-20所示。在渐变颜色条上单击，可以打开“渐变编辑器”对话框。双击色标，如图5-21所示，可以打开“拾色器”对话框修改其颜色，如图5-22和图5-23所示。

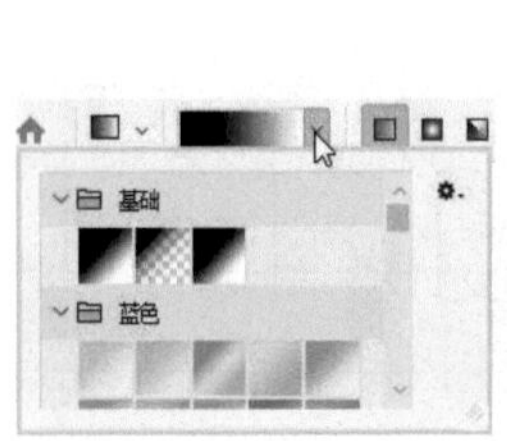

图 5-20

图 5-21

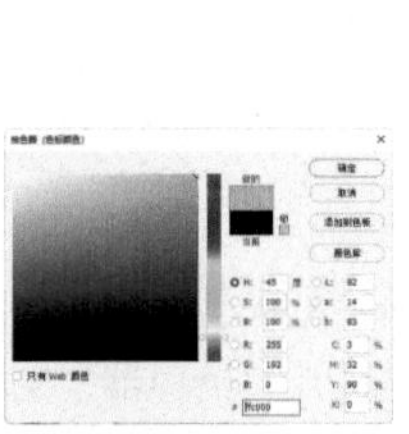

图 5-22

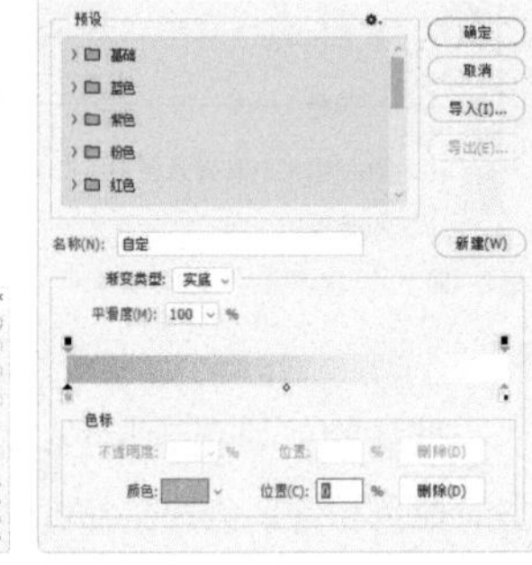

图 5-23

拖曳色标可以改变颜色的位置，如图5-24所示。拖曳菱形图标可以调整其两侧颜色的混合位置，如图5-25所示。在渐变颜色条下方单击可添加新的色标，如图5-26所示。将色标拖曳到渐变颜色条外，则可将其删除。

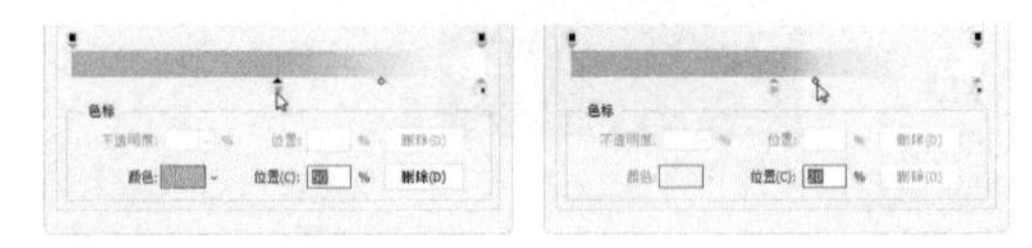

图 5-24　　图 5-25

图 5-26

渐变工具选项介绍

- **渐变样式**：渐变有5种样式，如图5-27所示。单击“线性渐变”按钮，可填充以直线从起点渐变到终点的渐变；单击“径向渐变”按钮，可填充以圆形图案从起点到终点的渐变；单击“角度渐变”按钮，可填充以逆时针扫描方式呈现的渐变；单击“对称渐变”按钮，可填充在起点的两侧镜像相同的线性渐变；单击“菱形渐变”按钮，可填充菱形渐变。

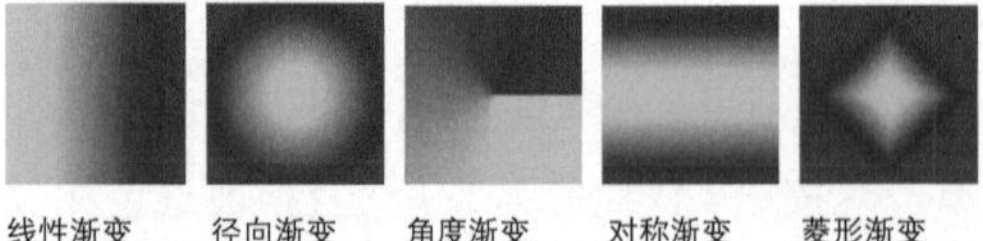

线性渐变　径向渐变　角度渐变　对称渐变　菱形渐变

图 5-27

- **模式/不透明度**：用来设置渐变颜色的混合

模式和不透明度。

● **反向**：勾选该选项后，可调换渐变中的颜色顺序。

● **仿色**：勾选该选项后，可创建更平滑的渐变效果。主要用于防止打印时出现条带化现象。

● **透明区域**：使用包含透明区域的渐变时，需要勾选该选项。

小提示

单击渐变颜色条上的不透明度色标，之后降低“不透明度”值，可得到包含透明区域的渐变。

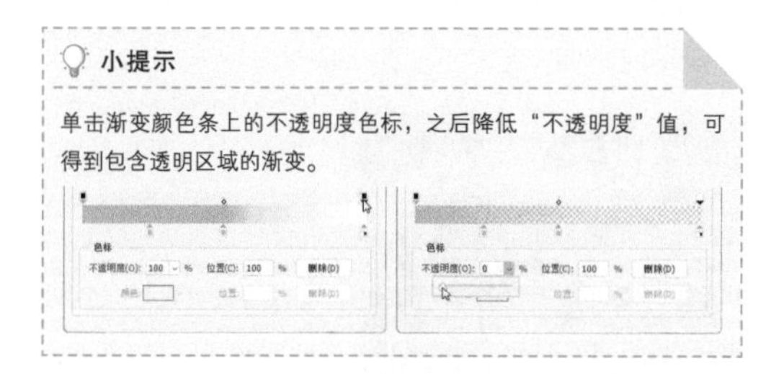

● **方法**：用来选取一种渐变差值方法，使颜色更接近自然光显示的渐变效果。

5.1.5 填充图层

打开“图层 > 新建填充图层”子菜单执行相应命令，或单击“图层”面板中的 按钮，在打开的下拉列表中选择相应选项，可以创建纯色、渐变和图案填充图层。图 5-28 和图 5-29 所示为创建图案填充图层的参数设置和效果。

图 5-28　图 5-29

填充图层既可作为背景使用，也可用来设置混合模式和不透明度，以控制其下方图层的颜色，如图 5-30 和图 5-31 所示。而且创建填充图层后，任何时间都可双击其缩览图，打开相应的对话框修改填充内容（颜色、渐变和图案）。

图 5-30

图 5-31

5.2 绘画工具

在 Photoshop 中绘画时，下笔之前要调好“颜料”，即设置前景色，并且还要选择一个笔尖，以表现绘画笔迹。

5.2.1 课堂案例：美瞳及绘制眼影

素材位置	素材 >5.2.1.jpg
效果位置	效果 >5.2.1.psd
视频位置	教学视频 >5.2.1 美瞳及绘制眼影 .mp4
技术掌握	颜色替换工具，画笔工具，不透明度

颜色替换工具 可以用前景色替换鼠标单击点的颜色，适合修改局部小范围内的颜色，如图 5-32 所示。

图 5-32

01 打开素材。按 Ctrl+J 快捷键复制“背景”图层，以免破坏原始图像。将前景色设置为蓝色，如图 5-33 所示。

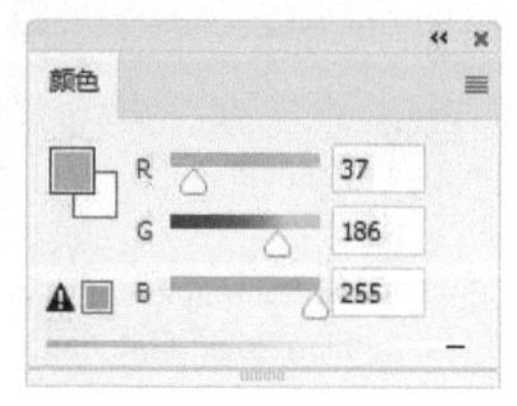

图 5-33

02 选择颜色替换工具，单击工具选项栏中的按钮，打开画笔下拉面板，设置“硬度”为100%，选择柔边圆笔尖，单击连续取样按钮，将“容差”设置为100%，如图5-34所示。在眼珠上拖曳鼠标，替换颜色，如图5-35所示。注意，鼠标指针中心的“十”字线不要碰到眼白和眼部周围皮肤。

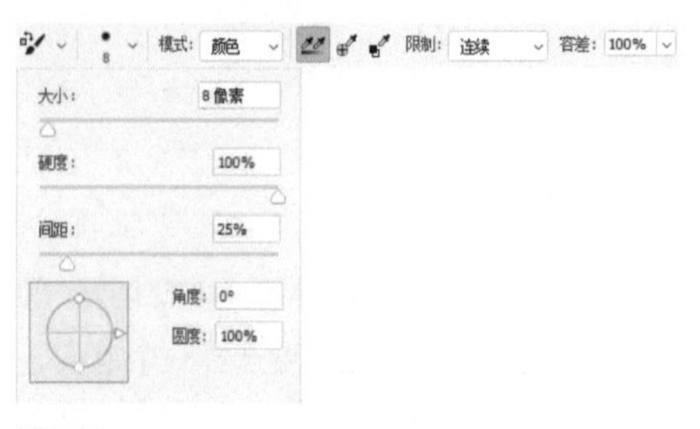

图 5-34

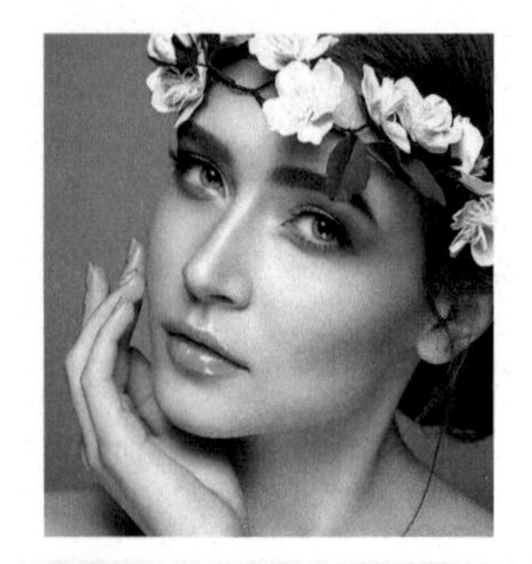

图 5-35

03 新建一个图层，设置混合模式为“正片叠底”，如图5-36所示。选择画笔工具，将不透明度调整为10%左右，在眼睛上方绘制淡淡的眼影，如图5-37所示。将不透明度提高到30%，加深眼窝深处的颜色，如图5-38和图5-39所示。

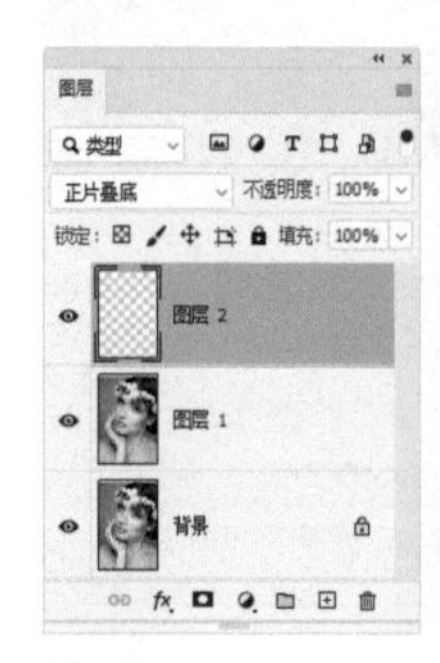

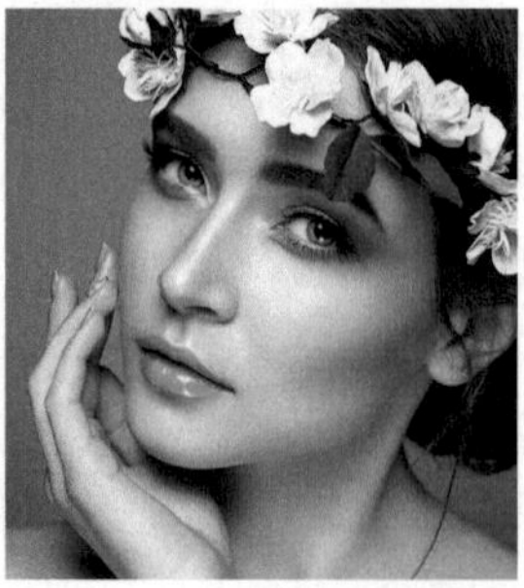

图5-36　图5-37

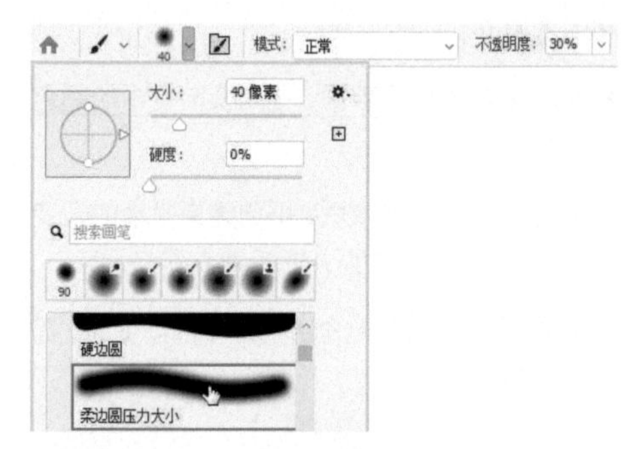

图 5-38

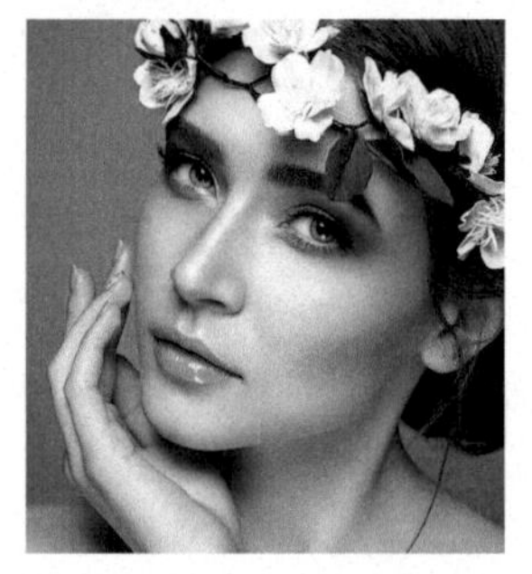

图 5-39

5.2.2 笔尖的种类

Photoshop中的笔尖分为圆形笔尖、硬毛刷笔尖、侵蚀笔尖、喷枪笔尖和图像样本笔尖5种，如图5-40所示。

圆形笔尖（形状为圆形，可压扁和旋转）
硬毛刷笔尖（类似于传统的水彩笔、油画笔）
侵蚀笔尖（使用过程中会出现磨损，类似于铅笔、蜡笔）
喷枪笔尖（可用来喷洒颜料）
图像样本笔尖（可用来绘制图像）

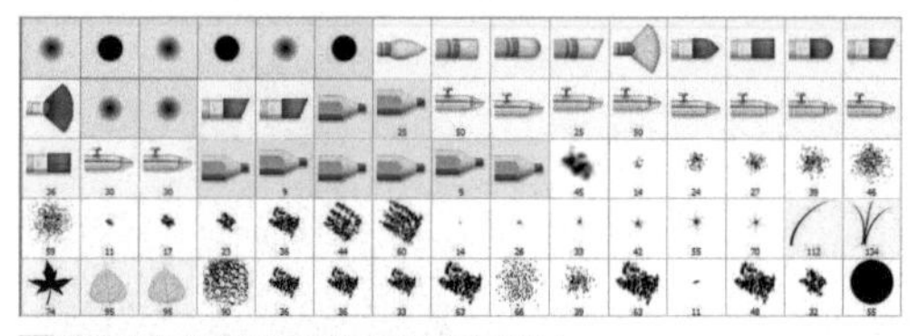

图 5-40

圆形笔尖是标准笔尖，它又分为硬边圆和柔边圆两种，如图5-41所示，柔边圆较为常用。图像样本笔尖是使用图像定义的，只在表现特殊效果时才会用到。其他几种笔尖可以模拟真实绘画工具的笔触效果。

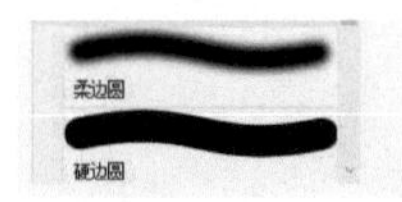

图 5-41

5.2.3 “画笔设置”面板

在“画笔设置”面板中单击“画笔”按钮，打开“画笔”面板，选择笔尖后，单击“画笔设置”面板左侧列表中的一个属性名称，面板右侧会显示具体选项。修改其中的参数，可以改变笔尖的形状、让笔迹呈发散效果、使笔迹中出现纹理等。图 5-42 所示为当前选择的柔边圆笔尖，图 5-43 所示为添加“纹理”属性后的效果。

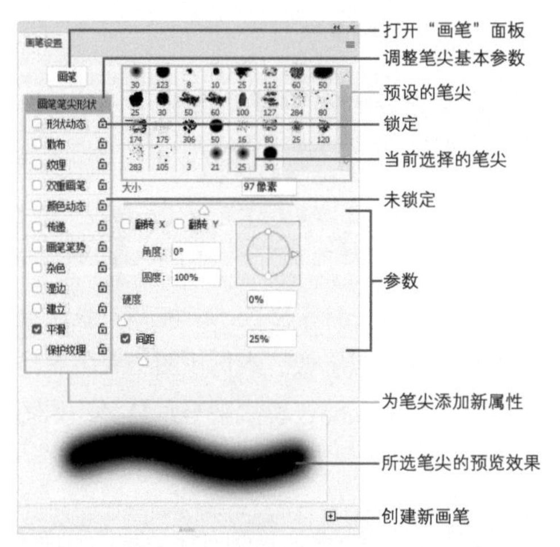

图 5-42

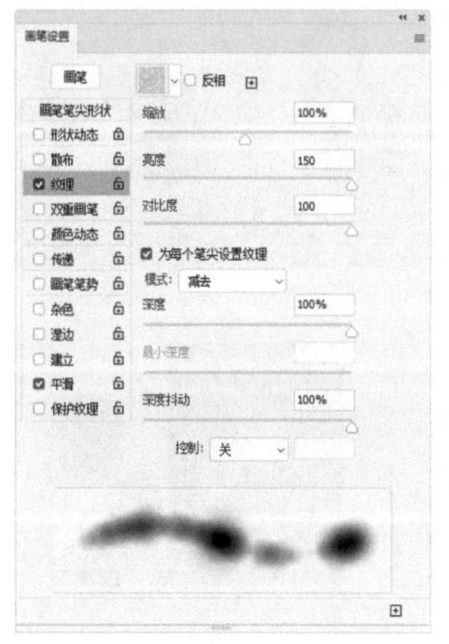

图 5-43

5.2.4 画笔工具

画笔工具使用前景色绘画，常用于绘制图像、修改蒙版和通道。图 5-44 所示为该工具的选项栏。

图 5-44

画笔工具选项介绍

● **模式**：用来设置画笔笔迹颜色与下方像素的混合模式。图 5-45 所示为“正常”模式的绘制效果，图 5-46 所示为“线性光”模式的绘制效果。

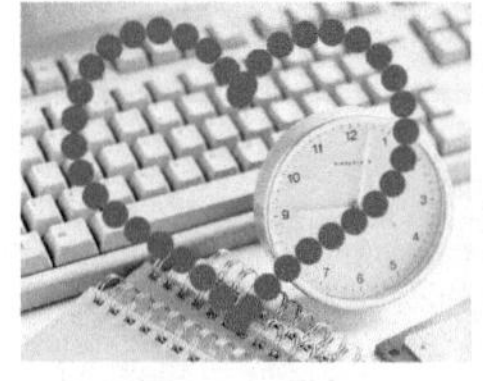

图 5-45

图 5-46

● **不透明度**：用来设置画笔的不透明度。降低不透明度后，绘制出的内容会呈现半透明效果。

● **流量**：用来设置颜色的应用速率。

● **喷枪**：单击该按钮可开启喷枪功能，此后在某处单击时，按住鼠标左键的时间越长，堆积的颜色越多，如图 5-47 所示。图 5-48 所示为未开启喷枪时的绘画效果。

图 5-47

图 5-48

● **角度**：用于调整非圆形笔尖的角度。

● **绘图板压力按钮**：单击该按钮后，用数位板绘画时，光笔压力可覆盖“画笔”面板中的不透明度和大小设置。

● **设置绘画的对称选项**：单击该按钮，打开下拉列表，可以选择一种绘画类型来绘制对称的图像，如人脸、汽车、动物等。

5.2.5 铅笔工具

铅笔工具使用前景色绘画，它能绘制出真正意义上的100%的硬边效果。该工具绘画速度快，适合绘制草图，可将创意和想法快速地呈现出来。此外，该工具也可用于绘制像素画。图5-49所示为使用铅笔工具绘制的像素画的基本线条，图5-50所示为像素画填色效果。

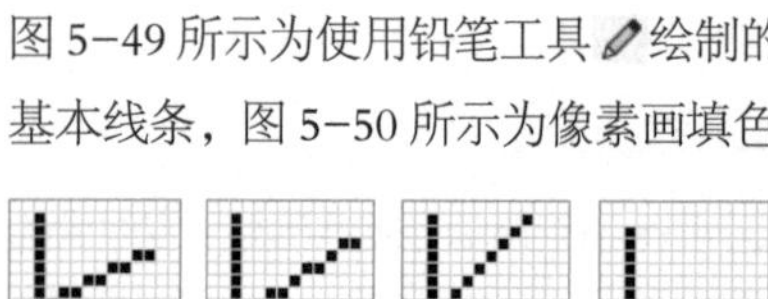

图5-49

图5-50

5.2.6 橡皮擦工具

使用橡皮擦工具处理普通图层上的图像时，可将其擦除，如图5-51所示。

图5-51

处理“背景”图层或锁定了透明区域（即单击了“图层”面板中的按钮）的图层时，可使用背景色绘制，如图5-52所示。由于该工具会破坏图像，使用前最好复制图层作为备份，或者用“画笔工具+图层蒙版”这种非破坏性的编辑方法进行替代。

图5-52

5.3 图层蒙版

图层蒙版能在不破坏图层内容的情况下隐藏对象，创建合成效果。此外，填充图层、调整图层、智能滤镜等都包含图层蒙版，可用于控制效果的范围和强度。

5.3.1 课堂案例：多重曝光效果

素材位置	素材 >5.3.1-1.jpg~5.3.1-3.jpg
效果位置	效果 >5.3.1-1.psd、5.3.1-2.psd
视频位置	教学视频 >5.3.1 多重曝光效果 .mp4
技术掌握	混合模式，用画笔工具修改图层蒙版

多重曝光是一种摄影技术，能在一张照片中展现双重或多重影像。本例用图层蒙版制作这种效果，再配以混合模式来丰富色彩，如图5-53所示。

图5-53

01 打开素材，如图5-54所示。使用移动工具将隧道素材拖入头像文件中，设置其混合模式为“滤色”，

图5-54

如图 5-55 和图 5-56 所示。

图 5-55

图 5-56

02 单击“图层”面板中的 按钮添加图层蒙版。选择画笔工具 及柔边圆笔尖，在隧道人像周围涂抹黑色，用蒙版遮盖图像，让图像的合成效果更加自然，如图 5-57 和图 5-58 所示。

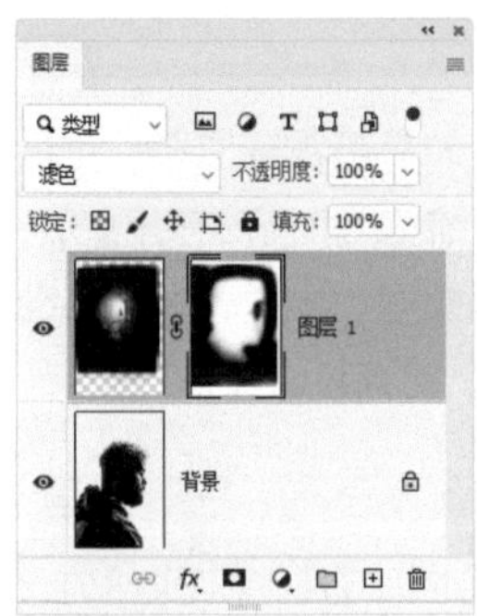

图 5-57

图 5-58

03 新建一个图层。在“渐变”面板中单击图 5-59 所示的渐变，将当前图层转换为渐变填充图层。设置混合模式为“颜色”，如图 5-60 和图 5-61 所示。

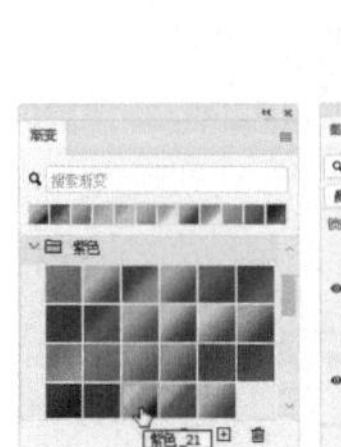

图 5-59

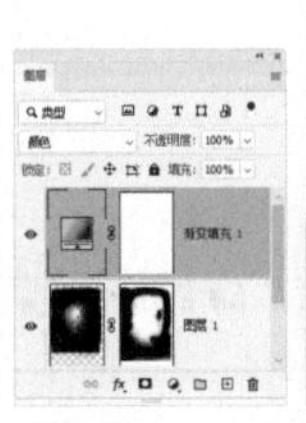

图 5-60

图 5-61

04 按 Alt+Shift+Ctrl+E 快捷键将当前效果盖印到新的图层中，之后单击其他渐变，修改颜色，盖印后将得到的效果放到灯箱文件中作为广告画面进行展示，效果如图 5-62 所示。

图 5-62

5.3.2 图层蒙版的使用原理

图层蒙版附加在图层上，可以遮盖图层内容，或者使其呈现一定的透明效果。在图层蒙版中，白色对应的图层内容是可见的；黑色会遮盖图层内容；灰色的遮盖强度弱于黑色，可以使图层内容呈现半透明效果（灰色越深，图层内容的透明度越高）。图 5-63 展示了上面所说的几种情况。

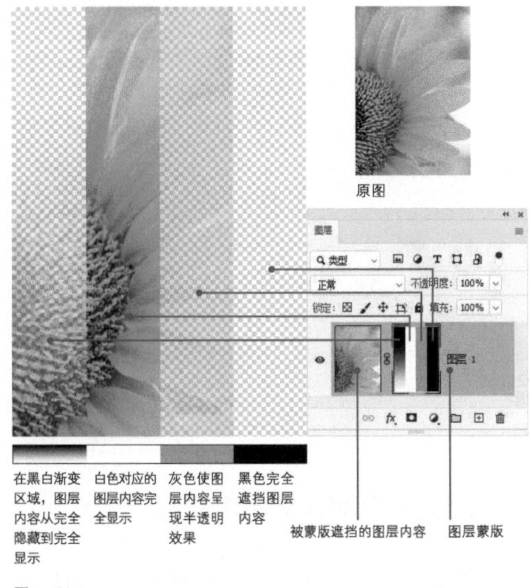

图 5-63

基于以上原理，如果想隐藏图层中的某些区域，可为其添加图层蒙版，并将相应的区域涂黑；想让其重新显示，就涂成白色；想让其呈现半透明效果，可将蒙版涂灰。图层蒙版具有非破坏性特点，可反复修改。

5.3.3 创建图层蒙版

1. 从图层创建图层蒙版

单击一个图层，然后单击“图层”面板中的 ◘ 按钮，可为其添加一个完全显示图层内容的白色蒙版；按住 Alt 键并单击 ◘ 按钮，则会添加一个完全隐藏图层内容的黑色蒙版。

2. 从选区创建图层蒙版

创建选区后，如图 5-64 所示，单击“图层”面板中的 ◘ 按钮，可以将选区外的图像隐藏，如图 5-65 所示。抠图时，可以采用这种方法隐藏原背景。创建选区后，按住 Alt 键并单击 ◘ 按钮，则会将原选区内的图像隐藏。

图 5-64

图 5-65

5.3.4 链接图层内容与图层蒙版

创建图层蒙版后，编辑操作将应用于蒙版，如需处理图层内容，应单击图层内容的缩览图，如图 5-66 所示，再进行相应的操作。

进行变换操作，如移动、旋转、缩放时，蒙版会与图像一同变换，因而被蒙版遮盖的区域不变。如果想单独变换其中的一个，应先单击蒙版与图像缩览图中间的链接图标 8，取消链接，如图 5-67 所示，再进行变换。要重新建立链接，在原图标处单击即可。

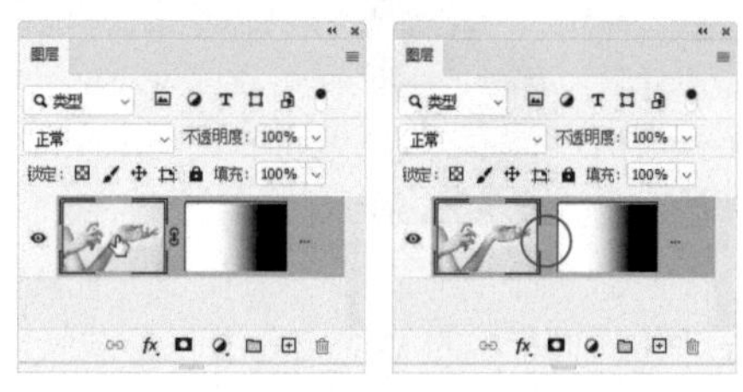

图 5-66　　图 5-67

5.3.5 停用 / 启用 / 复制图层蒙版

1. 停用与启用图层蒙版

创建图层蒙版后，如果想观察原图，可以按住 Shift 键并单击蒙版缩览图，暂时停用蒙版，此时其上面会出现一个红色的“×”，如图 5-68 所示。单击蒙版缩览图，可恢复蒙版。

2. 复制与转移图层蒙版

按住 Alt 键，将一个图层的蒙版拖曳给另一个图层，可以将蒙版复制给目标图层，如图 5-69 所示。如果没有按住 Alt 键，则会将该蒙版转移过去。

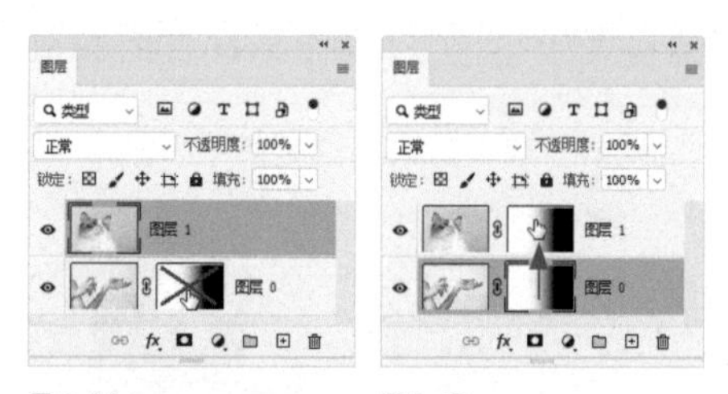

图 5-68　　图 5-69

5.3.6 替换 / 删除 / 应用图层蒙版

1. 替换图层蒙版

按住 Alt 键，将一个图层的蒙版拖曳到另一个图层的蒙版上，可替换其蒙版。

2. 删除 / 应用图层蒙版

将蒙版缩览图拖曳到“图层”面板中的 🗑 按钮上，弹出图 5−70 所示的对话框，单击“删除”按钮可删除图层蒙版；单击“应用”按钮则会将蒙版及被其遮盖的图像一同删除，如图 5−71 所示。

图 5−70　　图 5−71

5.4 剪贴蒙版

除图层蒙版外，剪贴蒙版也可用来控制图层内容的显示范围。剪贴蒙版的特征非常明显，在图形、文字或人物轮廓内部显示其他内容的效果，大概率是用剪贴蒙版制作的。

5.4.1 课堂案例：新年促销海报

素材位置	素材 >5.4.1−1.psd、5.4.1−2.psd
效果位置	效果 >5.4.1.psd
视频位置	教学视频 >5.4.1 新年促销海报 .mp4
技术掌握	文字凹陷效果，剪贴蒙版，调整图层

制作海报时，用剪贴蒙版将文字与图像做一个简单的合成，就能快速呈现效果，如图 5−72 所示。

图 5−72

01 打开素材。选择横排文字工具 **T**，在画面中单击并输入数字 6，单击工具选项栏中的 ✓ 按钮结束编辑。在“字符”面板中选择字体、设置大小和颜色，如图 5−73 和图 5−74 所示。

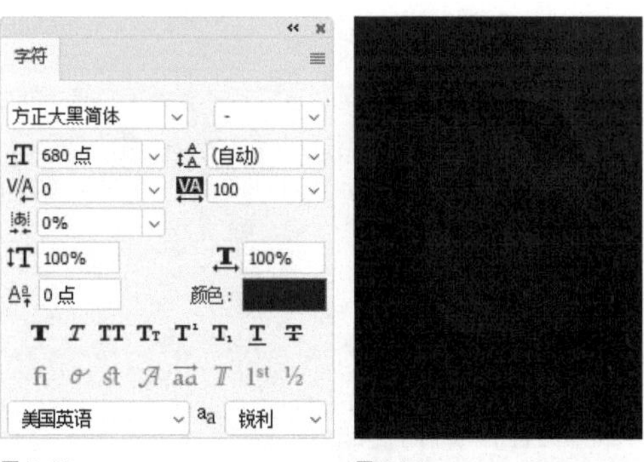

图 5−73　　图 5−74

02 双击文字所在的图层，打开“图层样式”对话框，添加“内阴影”效果，如图 5−75 和图 5−76 所示。

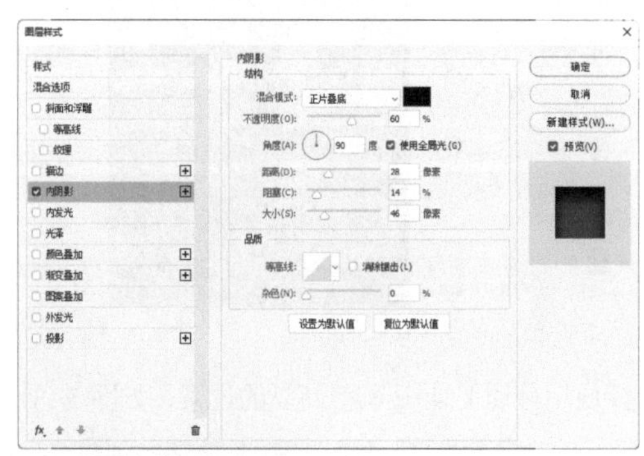

图 5−75

图 5−76

03 打开商品素材，使用移动工具 ✥ 将其拖入海报文件中（放在文字图层上面），如图 5−77 所示。按住 Ctrl 键单击各个商品所在的图层，将它们一同选取，如图 5-78 所示，执行“图层 > 创建剪贴蒙版”命令，被选取的图层将与文字图层一起被创建为剪贴蒙版组，如图 5-79 和图 5-80 所示。

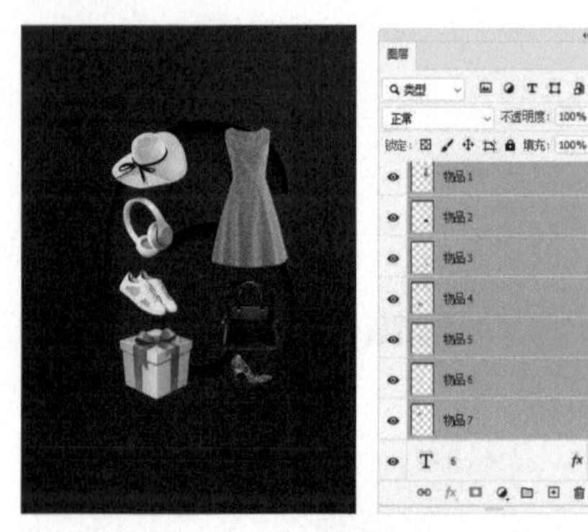

图 5-77　　图 5-78

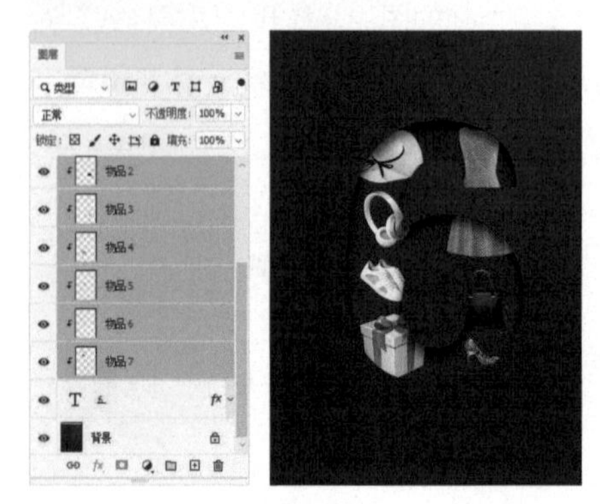

图 5-79　　图 5-80

04 使用移动工具 ✥ 调整商品的位置，如图 5-81 所示。单击“调整”面板中的 ☀ 按钮，创建“亮度 / 对比度”调整图层，在“属性”面板中将亮度调暗，如图 5-82 所示。单击 ↓□ 按钮，将调整图层加入剪贴蒙版组，这样调整就不会影响背景，如图 5-83 和图 5-84 所示。

图 5-81　　图 5-82

图 5-83　　图 5-84

05 添加新年文字和图形元素，烘托氛围。可以使用文件中现成的素材，如图 5-85 和图 5-86 所示，也可用自己的素材。

图 5-85　　图 5-86

5.4.2 剪贴蒙版的使用原理

图层蒙版只对一个图层有效，剪贴蒙版则可以控制多个图层，但要求图层必须上下相邻。

在剪贴蒙版组中，最下面的是基底图层，其上面则是内容图层（有 ↓ 图标并指向基底图层），如图 5-87 所示。基底图层的透明区域是蒙版（相当于图层蒙版中的黑色），可以将内容图层隐藏。也就是说，内容图层中只有位于基底图层非透明区域的部分才是可见的，因此，移动基底图层时，内容图层的显示状况也会随着改变，如图 5-88 所示。

图 5-87

图 5-88

5.4.3 创建剪贴蒙版

选择一个图层，执行“图层 > 创建剪贴蒙版”命令（快捷键为 Alt+Ctrl+G），即可将该图层与其下方的图层创建为剪贴蒙版组。

5.4.4 编辑和释放剪贴蒙版

创建剪贴蒙版组后，将一个图层拖曳到剪贴蒙版组中或基底图层上方，可将其加入剪贴蒙版组，如图 5-89 和图 5-90 所示。将内容图层拖出剪贴蒙版组，则可将其释放出来，如图 5-91 和图 5-92 所示。如果想将剪贴蒙版组全部解散，可以执行“图层 > 释放剪贴蒙版”命令（快捷键为 Alt+Ctrl+G）。

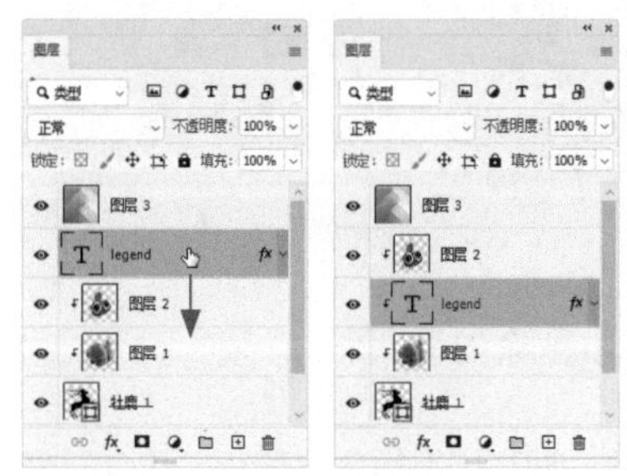

图 5-89　　图 5-90

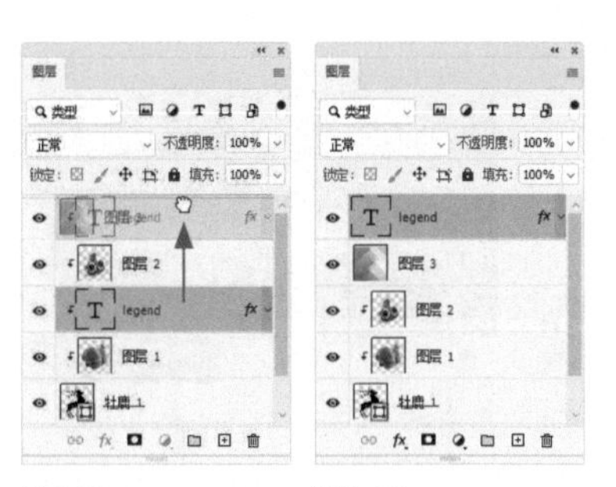

图 5-91　　图 5-92

5.5 矢量蒙版

矢量蒙版通过矢量图形控制图层内容的显示范围，其特点是蒙版图形无论怎样缩放、旋转和扭曲，轮廓都是光滑的。

5.5.1 课堂案例：制作旅游海报

素材位置	素材 >5.5.1.jpg
效果位置	效果 >5.5.1.psd
视频位置	教学视频 >5.5.1 制作旅游海报 .mp4
技术掌握	自定形状工具，创建矢量蒙版

Photoshop 中预设了很多矢量形状，如动物、花卉、小船和各种常用符号，可用作矢量蒙版中的图形，如图 5-93 所示。

图 5-93

01 打开素材。选择自定形状工具 及“路径”选项，在“形状”面板中选择骆驼图形，如图 5-94 所示。按住 Shift 键拖曳鼠标（保持图形比例不变），绘制图形，如图 5-95 所示。

图 5-94

图 5-95

02 执行“图层 > 矢量蒙版 > 当前路径”命令，或按住 Ctrl 键并单击“图层”面板中的 ■ 按钮，基于路径创建矢量蒙版，路径外的图像会被蒙版遮挡，如图 5-96 和图 5-97 所示。

图 5-96

图 5-97

03 按 Ctrl+N 快捷键打开“新建文档”对话框，使用“打印”选项卡中的预设创建 A4 大小的文档。将图像拖入新建的文档中。使用横排文字工具 T 输入一些文字，制作成旅游海报，如图 5-98 所示。

图 5-98

5.5.2 在矢量蒙版中添加形状

单击矢量蒙版缩览图，可切换到蒙版编辑状态，其缩览图外侧会出现一个外框，如图 5-99 所示。此时选择形状类工具，在工具选项栏中单击一个形状运算按钮，之后便可在蒙版中添加图形，如图 5-100 所示。

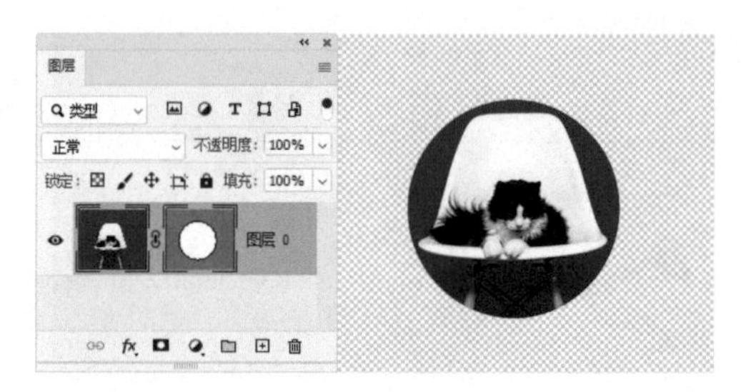

图 5-99

图 5-100

5.5.3 羽化矢量蒙版

“属性”面板中包含矢量蒙版控制选项，如图 5-101 所示。调整“密度”值，可以改变矢量蒙版的整体遮挡强度，降低该值，就相当于降低了矢量蒙版的不透明度，如图 5-102 所示。调整“羽化”选项，可以控制蒙版边缘的柔化程度，生成柔和的过渡效果，如图 5-103 所示。

图 5-101

图 5-102

图 5-103

5.5.4 转换和删除矢量蒙版

在“图层”面板中单击矢量蒙版，执行“图

层 > 栅格化 > 矢量蒙版”命令，可以将矢量蒙版转换为图层蒙版。执行“图层 > 矢量蒙版 > 删除”命令，或者在“图层”面板中将矢量蒙版拖曳到 🗑 按钮上，可将其删除。

5.6 课后习题

本章介绍的绘画工具与蒙版是 Photoshop 中的最佳搭档，二者在图像合成、修图、调色、抠图等领域都发挥着关键作用。下面通过习题帮助读者巩固本章所学知识。

5.6.1 问答题

1. 怎样加载 Photoshop 中的画笔库和外部画笔库（如从网上下载的笔刷）？

2. 图层蒙版可应用于哪些对象，会起到怎样的作用？

3. 图层蒙版与剪贴蒙版有何不同？

5.6.2 案例题：炫光手机壁纸

素材位置	素材 >5.6.2.psd
效果位置	效果 >5.6.2.psd
视频位置	教学视频 >5.6.2 炫光手机壁纸 .mp4
技术掌握	渐变，混合模式，渐变样式

本例使用渐变工具 制作手机壁纸，通过设置混合模式让颜色产生绚丽的渐变效果，如图 5-104 所示。图像的用途不同，对尺寸和分辨率的要求也不尽相同。例如，iPhone X 的界面尺寸为 1125 像素 ×2436 像素，Android 的界面大小一般为 1080 像素 ×1920 像素，这些要求都是硬性的，不能有丝毫偏差。本例使用 Photoshop 的预设文件来确保符合设计规范。

图 5-104

01 按 Ctrl+N 快捷键打开“新建文档”对话框，使用“移动设备”选项卡中的“iPhone X”预设创建手机屏幕大小的文件，如图 5-105 所示。

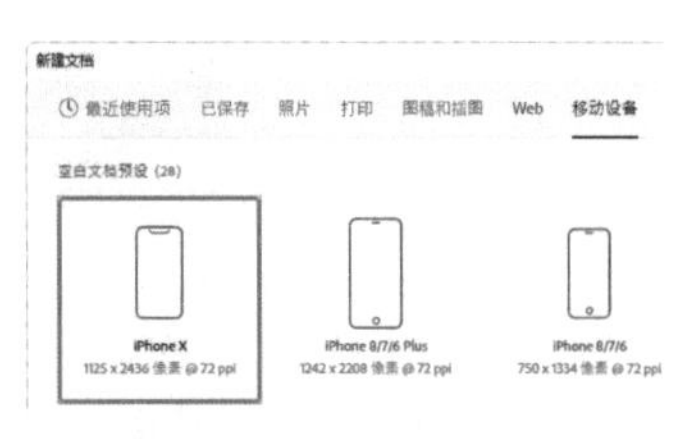

图 5-105

02 打开“渐变”面板菜单，执行“旧版渐变”命令，如图 5-106 所示，加载该渐变库，选择图 5-107 所示的渐变。选择渐变工具 ，在工具选项栏中单击“菱形渐变”按钮 ，设置混合模式为“差值”，按照图 5-108 所示的位置及先后顺序拖曳鼠标，填充渐变（操作时按住 Shift 键）。

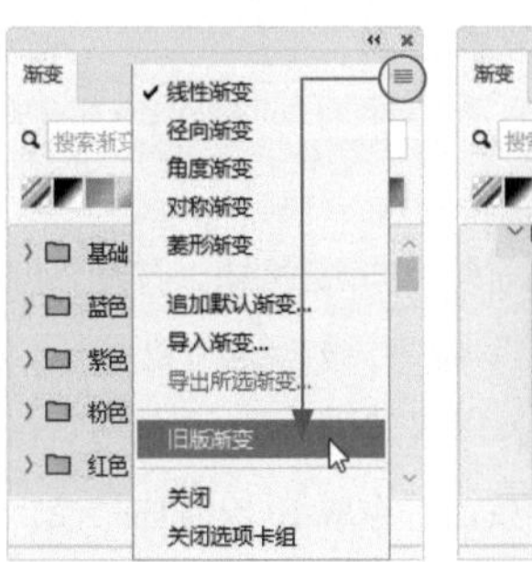

图 5-106

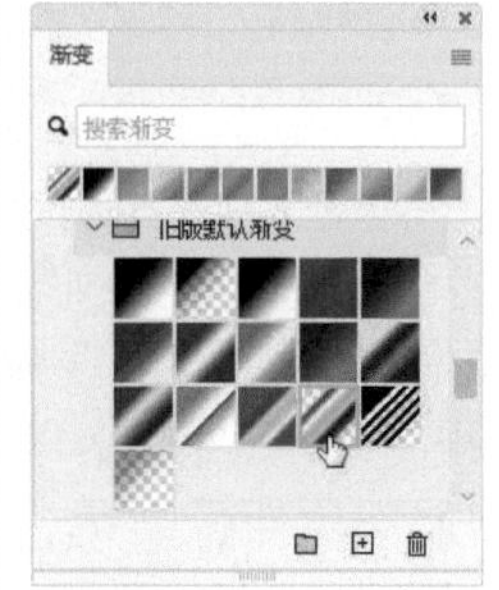

图 5-107

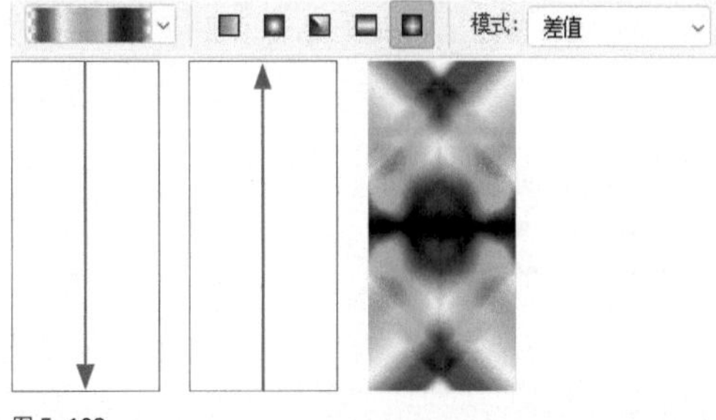

图 5-108

03 单击“角度渐变”按钮 ，按住 Shift 键并拖曳鼠标填充渐变色，如图 5-109 所示。最后，添加电池、信号等图标及主题文字，如图 5-110 所示。

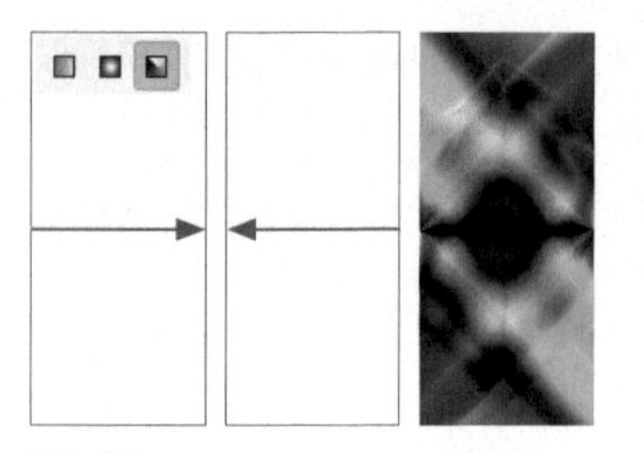

图 5-109

图 5-110

5.6.3 案例题：绘制对称花纹

效果位置	效果 >5.6.3.psd
视频位置	教学视频 >5.6.3 绘制对称花纹 .mp4
技术掌握	画笔工具，对称绘画选项，填充图层

本例介绍怎样使用画笔工具绘制对称花纹，如图 5-111 所示。

图 5-111

01 新建一个空白文档。选择画笔工具及硬边圆笔尖，设置笔尖“大小”为“10 像素”。单击工具选项栏中的按钮，打开下拉菜单，执行“曼陀罗”命令，如图 5-112 所示。弹出对话框后，将“段计数”设置为 10，如图 5-113 所示，单击“确定”按钮，生成 10 段对称路径，如图 5-114 所示。按 Enter 键确认。

图 5-112

图 5-113

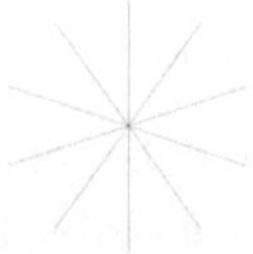

图 5-114

02 新建 4 个图层，按照图 5-115 所示的方法，在每一个图层上绘制一根线条（释放鼠标左键后便会生成对称的花纹。黑线代表拖曳鼠标的轨迹，箭头处为终点）。花纹整体效果如图 5-116 所示。

03 创建渐变填充图层，为花纹上色，同时为背景上色，效果如图 5-117 所示。

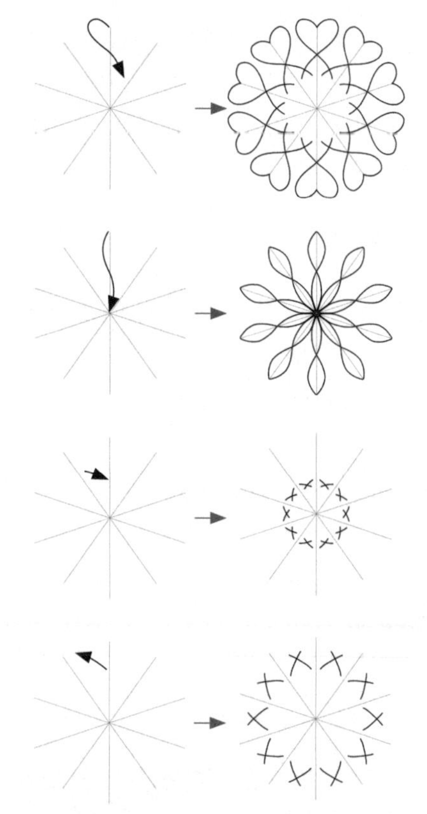

图 5-115

图 5-116

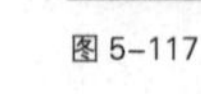

图 5-117

第6章

图像修饰

本章导读

本章介绍 Photoshop 中的修图功能。修图是指修饰图像及去除不需要的内容，如各种瑕疵和不完美的地方。Photoshop 在修图方面的功能非常强大，如能让所修复区域与原图像自然融合，最大限度地减少人工痕迹，创建非常逼真的效果。

本章学习要点

- 仿制图章工具。
- 修复画笔工具。
- 污点修复画笔工具。
- “液化”滤镜工具和选项。

Photoshop

6.1 图像修饰及修复工具

Photoshop 中的图像润饰工具可以用来模糊、锐化和扭曲图像，以及对色调进行加深和减淡操作，或者改变色彩的饱和度。修复工具则可用来修改图像内容。

6.1.1 课堂案例：克隆迷你版人像

素材位置	素材 >6.1.1.jpg
效果位置	效果 >6.1.1.psd
视频位置	教学视频 >6.1.1 克隆迷你版人像 .mp4
技术掌握	仿制图章工具，在“仿制源”面板中调整图像比例和方向

本例使用仿制图章工具复制图像，通过“仿制源”面板修改其大小和方向，再进行绘制，效果如图 6-1 所示。

图 6-1

01 选择仿制图章工具，选取柔边圆笔尖，如图 6-2 所示。将鼠标指针放在人像脸上，按住 Alt 键单击进行取样（即复制图像），如图 6-3 所示。

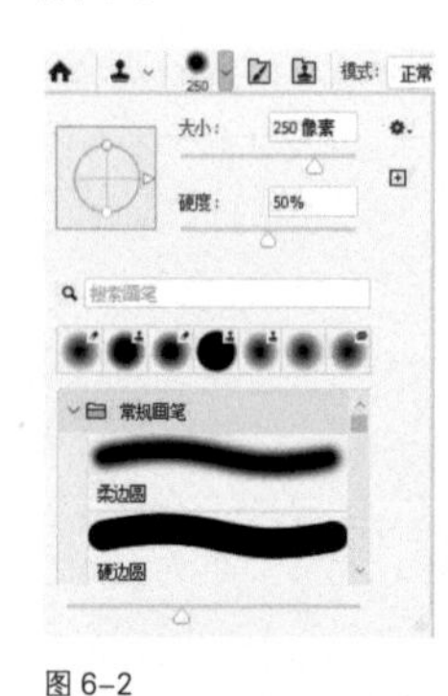

图 6-2

图 6-3

02 在“仿制源”面板中设置 W 和 H 均为 50%（缩小图像），单击按钮（可水平翻转图像），如图 6-4 所示。新建一个图层。将鼠标指针移动到右侧，释放 Alt 键并拖曳鼠标，绘制出图像，如图 6-5 所示。

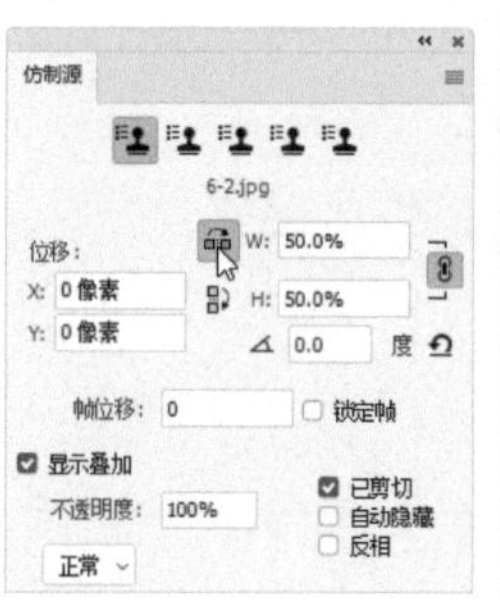

图 6-4

图 6-5

03 按 Ctrl+J 快捷键复制图层，使用移动工具将复制的图层拖曳到左侧。按 Ctrl+T 快捷键显示定界框，单击鼠标右键打开快捷菜单，执行“水平翻转”命令，翻转图像，如图 6-6 所示。拖曳控制点缩小图像，如图 6-7 所示。按 Enter 键确认。

图 6-6

图 6-7

04 单击“图层”面板中的按钮，添加图层蒙版，使用画笔工具在人物边缘涂抹黑色，并做好衔接。右侧的人物图层也做同样的处理，如图 6-8 和图 6-9 所示。

图 6-8

图 6-9

> **小提示**
>
> 使用仿制图章工具和修复画笔工具时，可通过“仿制源”面板更好地定位和匹配图像，以及对取样的图像进行缩放和旋转。该面板中有5个仿制源按钮，单击一个按钮，可进行一次取样，也就是说最多可以创建5个取样源。

6.1.2 模糊和锐化工具

模糊工具可以柔化图像，使细节变得模糊；锐化工具能增强相邻像素之间的对比，提高图像的清晰度。图 6–10 所示为原图，使用模糊工具模糊背景，可创建景深效果，使用锐化工具涂抹前景进行锐化，可以使细节更丰富，如图 6–11 所示。

图 6–10

图 6–11

这两个工具的选项基本相同，如图 6–12 所示。需要注意的是，使用锐化工具时，尽量不要在同一区域反复涂抹，否则会造成图像失真，效果极差。

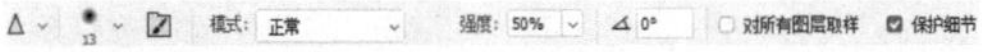

模式：正常　强度：50%　0°　对所有图层取样　保护细节

图 6–12

模糊 / 锐化工具选项介绍

- **画笔 / 模式**：用来选择一个笔尖，设置涂抹效果的混合模式。
- **强度 / 角度**：用来设置工具的修改强度和画笔角度。
- **保护细节**：勾选该选项，可以增强细节，弱化不自然感。如果想获得更夸张的锐化效果，应取消勾选该选项。

6.1.3 涂抹工具

涂抹工具通过拖曳鼠标的方法使用，Photoshop 会拾取鼠标单击点的颜色，之后沿着鼠标指针移动的轨迹扩展颜色，效果与用手指在调色板上通过滑动来混合颜料类似，如图 6–13 和图 6–14 所示。

图 6–13

图 6–14

图 6–15 所示为涂抹工具的选项栏。

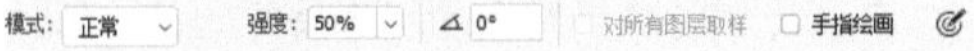

模式：正常　强度：50%　0°　对所有图层取样　手指绘画

图 6–15

涂抹工具选项介绍

- **模式**：提供了“变亮”“变暗”“颜色”等绘画模式。
- **强度**：该值越大，鼠标单击点下方的颜色就可以被拉得越长。
- **手指绘画**：勾选该选项后，将使用前景色进行涂抹，效果类似于先用手指蘸一点颜料，再去混合其他颜料；取消勾选该选项，则从鼠标单击点处图像的颜色展开涂抹。

6.1.4 减淡和加深工具

减淡工具和加深工具通过拖曳的方法使用，可以使编辑区域变亮或变暗，适合处理图像中小范围的曝光。图 6–16 所示为照片原片，图 6–17 所示为先用减淡工具涂抹人物，将色调提亮，再用加深工具在照片四周涂抹出暗角的效果。这两个工具的选项栏相同，如图 6–18 所示。

图 6-16

图 6-17

范围：中间调 曝光度：40% 0° 保护色调

图 6-18

减淡/加深工具选项介绍

● **范围**：用来选择要修改的色调。选择“阴影”，表示处理图像中的暗色调；选择“中间调”，处理的是图像的中间调（灰色的中间范围色调）；选择“高光”，则处理图像的亮部色调。

● **曝光度**：该值越大，修改强度越大，效果越明显。

● **喷枪 / 设置画笔角度**：单击按钮，可为画笔开启喷枪功能；选项用来调整画笔的角度。

● **保护色调**：勾选后可以减小对色调的影响，并防止偏色。

6.1.5 海绵工具

海绵工具可以用来修改颜色的饱和度。图 6-19 所示为原图，图 6-20 所示为使用海绵工具降低画面下部花束的饱和度、提高画面上部图像饱和度的效果。

图 6-19

图 6-20

图 6-21 所示为该工具的选项栏。喷枪及设置画笔角度等选项与减淡/加深工具的相同。

模式：去色 流量：50% 0° 自然饱和度

图 6-21

海绵工具选项介绍

● **模式**：如果要提高色彩的饱和度，可以选择“加色”选项；如果要降低饱和度，则选择“去色”选项。

● **流量**：该值越大，修改强度越大。

● **自然饱和度**：勾选该选项后，提高饱和度时可以避免出现溢色（即超出打印范围的颜色）。

6.1.6 仿制图章工具

使用仿制图章工具在图像中取样后，绘制图像时，Photoshop 不会做任何处理。当选择硬边圆笔尖，并将不透明度设置为 100% 时，用它修复的图像细节最为完整，如图 6-22 和图 6-23 所示。

图 6-22

图 6-23

图 6-24 所示为仿制图章工具的选项栏，除“对齐”和“样本”外，其他选项均与画笔工具相同。

模式：正常 不透明度：100% 流量：100% 0° 对齐 样本：当前图层

图 6-24

仿制图章工具选项介绍

● **切换画笔设置 /“仿制源”面板**：单击这两个按钮，可分别打开“画笔设置”面板和“仿制源”面板。

- **对齐**：勾选该选项，可以连续对像素进行取样；取消勾选，则每单击一次，都使用初始取样点中的样本像素，因此，每次单击都被视为另一次复制。

- **样本**：用来选择从哪些图层中取样。如果要从当前图层及其下方的可见图层中取样，应选择“当前和下方图层”；如果仅从当前图层中取样，应选择“当前图层”；如果要从所有可见图层中取样，应选择“所有图层”；如果要从调整图层以外的所有可见图层中取样，应选择“所有图层”，然后单击选项右侧的忽略调整图层按钮。

6.2 快速修图工具

Photoshop 中的修复类工具都是先复制图像的一部分，再将其应用到所修复区域的。本节介绍的几种工具可以快速修图，并可以使修复的图像与原图像自然融合，效果真实、自然。

6.2.1 课堂案例：去除黑眼圈及色斑

素材位置	素材 >6.2.1.jpg
效果位置	效果 >6.2.1.psd
视频位置	教学视频 >6.2.1 去除黑眼圈及色斑 .mp4
技术掌握	修复画笔工具，混合颜色带，污点修复画笔工具

修照片时，过度美化往往适得其反，效果看上去很假。好的修图应该能保留对象的个性和特征，即一切以真实为基础，促使其向完美靠拢，如图 6-25 所示。

图 6-25

01 新建一个图层。选择修复画笔工具及柔边圆笔尖，在“样本”下拉列表中选择“所有图层”，其他参数设置如图 6-26 所示。

图 6-26

02 按住 Alt 键在黑眼圈下方单击取样，如图 6-27 所示，释放 Alt 键，在黑眼圈上拖曳鼠标进行修复，如图 6-28 所示。采用同样的方法修复另一侧黑眼圈，如图 6-29 所示。

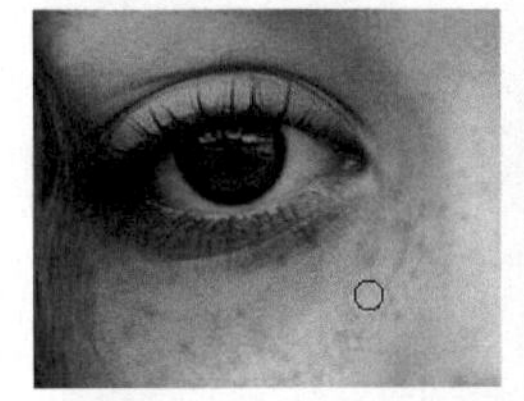

图 6-27

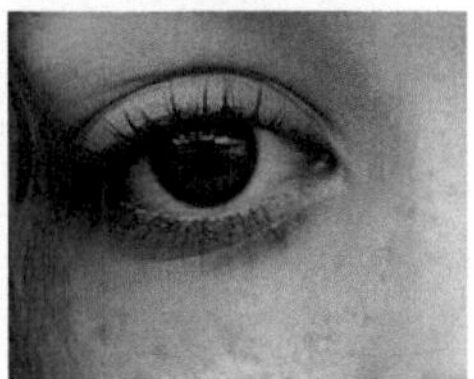

图 6-28

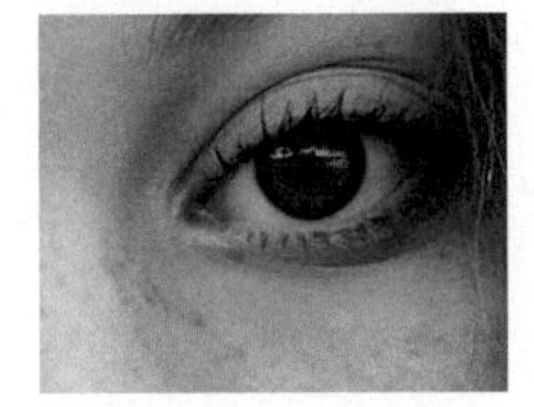

图 6-29

03 处理后的下眼睑过于平滑，需要恢复纹理细节。双击“图层 1”，打开“图层样式”对话框。按住 Alt 键单击“下一图层”选项组中的黑色滑块，如图 6-30 所示，将其分成两个滑块，然后分别拖曳，如图 6-31 所示，让“背景”图层中未处理的深色图像显现一些，这样便可恢复纹理，如图 6-32 所示。

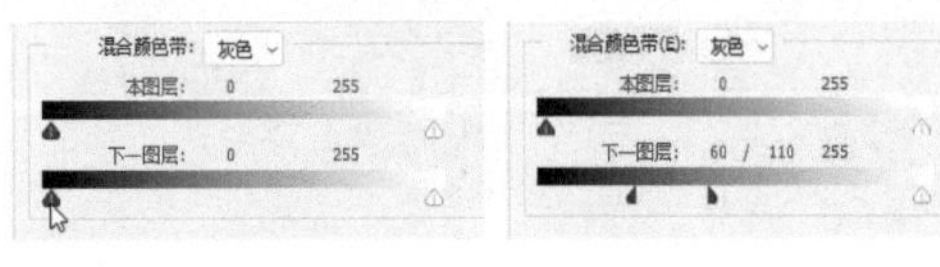

图 6-30　图 6-31

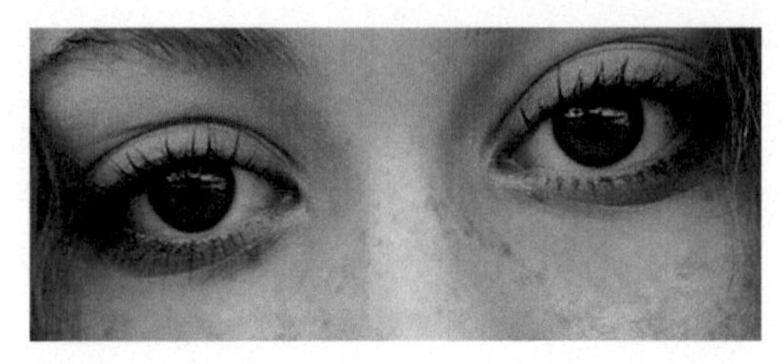

图 6-32

04 新建一个图层。选择污点修复画笔工具，通过按 [键和] 键调整笔尖大小，笔尖比色斑大一点即可，在色斑上单击，将色斑清除。处理前后的效果如图 6-33 和图 6-34 所示（局部效果）。

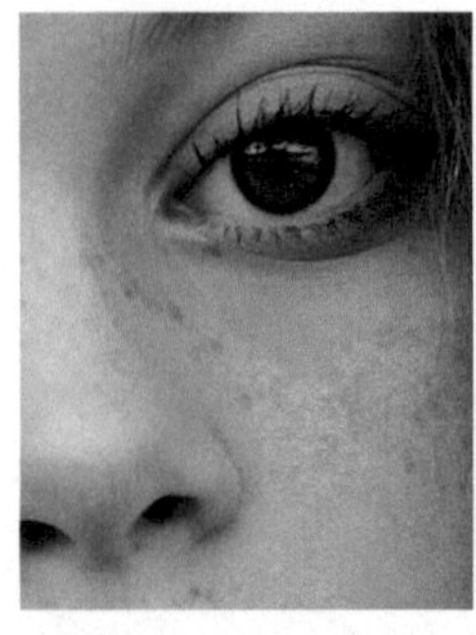

图 6-33

图 6-34

6.2.2 修复画笔工具

修复画笔工具与仿制图章工具的用法差不多，但要先单击“取样”按钮，之后再按住 Alt 键在图像上单击进行取样，释放 Alt 键拖曳鼠标，便可将复制的图像应用到当前位置。由于该工具能自动将取样图像的纹理、光照、透明度和阴影等与所修复的图像匹配，因而图像的融合效果非常好，甚至能做到不留痕迹。图 6-35 和图 6-36 所示为使用该工具去除色斑前后的效果。

图 6-35

图 6-36

图 6-37 所示为修复画笔工具的选项栏。

图 6-37

修复画笔工具选项介绍

- **模式**：在下拉列表中可以选择修复图像的混合模式。其中的“替换”模式可以保留画笔边缘处的杂色、胶片颗粒和纹理，使修复效果更加真实，如图 6-38 所示。

原图

“正常”模式

“替换”模式

图 6-38

- **源**：单击“取样”按钮，可以从图像上取样，除用于修复色斑、瑕疵、裂痕等之外，还可用于复制图像；单击“图案”按钮，可在图案下拉面板中选择一种图案，用图案绘画，在此状态下，修复画笔工具的用途与图案图章工具差不多。
- **对齐**：勾选该选项，可以对像素进行连续取样，在修复过程中，取样点随修复位置的移动而变化；取消勾选，则在修复过程中始终以一个取样点为起始点。
- **使用旧版/扩散**：勾选“使用旧版”选项后，可以将修复画笔工具恢复到 Photoshop CC 2014 版本的状态，此时不能设置“扩散”选项，而该选项可控制修复的区域以多快的速度适应周围的图像。一般来说，较低的值适合修复具有颗粒或较多细节的图像，而较高的值则适合修复平滑的图像。

- **样本**：用来控制在哪些图层中取样，与仿制图章工具的“样本”选项相同。
- **在修复时包含/忽略调整图层**：如果人像图层上面有调整图层，可通过单击该按钮进行切换，以确定取样的图像显示为原始图像或调整图层修改后的图像。

6.2.3 污点修复画笔工具

如果想快速去除照片中的污点、划痕和其他不理想的部分，可以使用污点修复画笔工具处理，如图 6-39 和图 6-40 所示。该工具与修复画笔工具的工作原理相似，但不需要取样，直接在需要修复的区域拖曳鼠标即可，因而更加简单易用。

图 6-39

图 6-40

图 6-41 所示为污点修复画笔工具的选项栏。

模式：正常 类型：内容识别 创建纹理 近似匹配 对所有图层取样 0°

图 6-41

污点修复画笔工具选项介绍

- **类型**：用来设置修复方式。单击“内容识别”按钮，Photoshop 会比较鼠标指针附近的图像内容，不留痕迹地填充选区，同时保留让图像栩栩如生的关键细节，如阴影和对象边缘；单击“创建纹理”按钮，可以使用选区中的所有像素创建一个用于修复该区域的纹理，如果纹理不起作用，可尝试再次拖过该区域；单击“近似匹配”按钮，可以使用选区边缘的像素来查找要用作选定区域修补的图像区域，如果对该选项的修复效果不满意，可以还原修复并尝试用“创建纹理”选项修复。图6-42所示为这3种修复方式的对比效果。

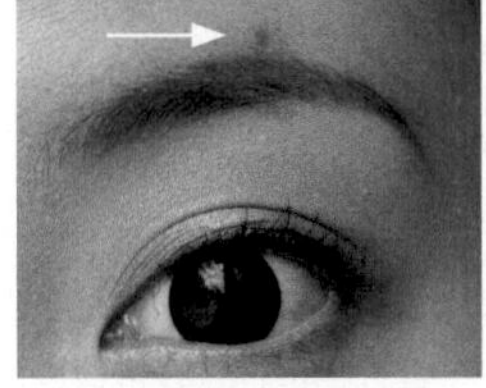
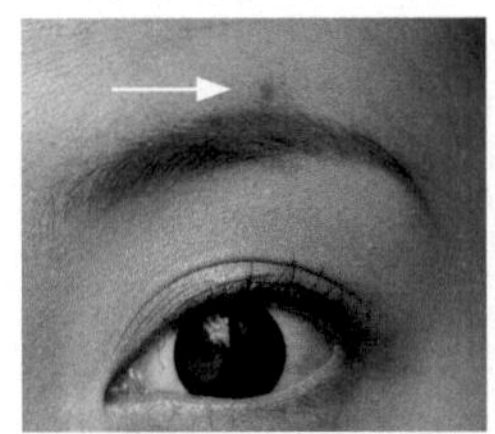
原图（眉眉上方有痦子）

内容识别（效果最好）

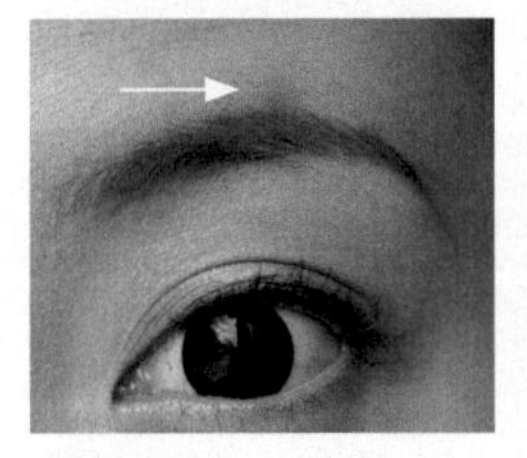
创建纹理

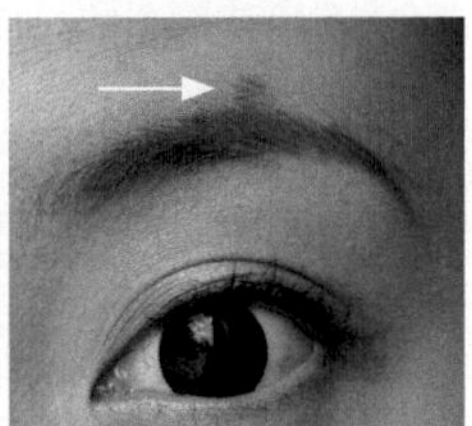
近似匹配

图 6-42

- **对所有图层取样**：如果文件中有多个图层，勾选该选项后，可以从当前效果中取样，否则只从所选图层中取样。

6.2.4 修补工具

修补工具与污点修复画笔工具的工作原理类似，但在使用上，需要使用该工具或其他工具创建选区，以定义编辑范围，如图 6-43 所示，之后将鼠标指针移动到选区内并进行拖曳。因为有选区的限定，所以其修复及影响的区域更加可控。

图 6-43

图 6-44 所示为修补工具的选项栏。

修补：正常 源 目标 透明 使用图案 扩散：5

图 6-44

修补工具选项介绍

● **选区运算按钮**：可用来进行选区运算。

●**修补**：在该选项右侧的下拉列表中可以选择“正常”或“内容识别”模式，用途参见修复画笔工具。

●**源/目标**：单击“源”按钮，之后将选区拖至要修补的区域，会用当前鼠标指针下方的图像修补选中的图像，如图6-45所示；单击“目标”按钮，则会复制选中的图像，如图6-46所示。

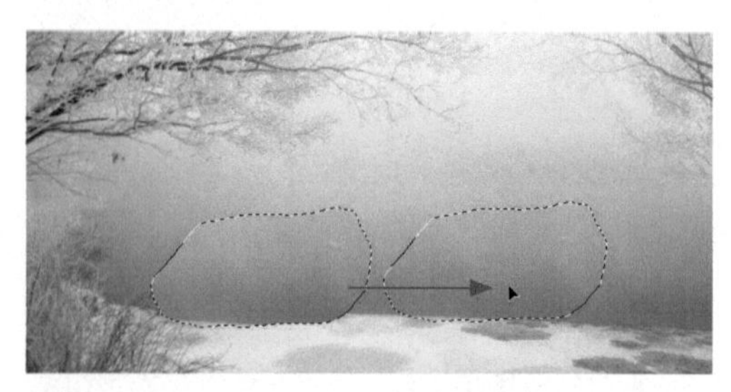

图 6-45

图 6-46

●**透明**：勾选后可以使修补的图像与原图像产生透明的叠加效果。

●**使用图案**：单击其右侧的按钮，打开下拉面板并选择一个图案后，单击该按钮，可以使用图案修补选区内的图像。

●**扩散**：用来控制修复的区域以多快的速度适应周围的图像。一般来说，较低的值适合修复具有颗粒或较多细节的图像，而较高的值适合修复平滑的图像。

6.2.5 内容感知移动工具

内容感知移动工具与修补工具的使用方法类似，也需要选取图像，但其修复能力比修补工具强大，尤其是处理较大范围的图像时，能够在空白区域自动填充近似的图像，因而效果更加出色。图 6-47 所示为该工具的选项栏。

模式：移动 结构：4 颜色：0 对所有图层取样 投影时变换

图 6-47

内容感知移动工具选项介绍

● **模式**：该工具有两种工作方式，将“模式”设置为“移动”时，可以移动所选图像，图6-48所示为原图，图6-49所示为将鸭子移到左侧时Photoshop自动填补空缺的效果；设置为“扩展”时，则可复制鸭子，如图6-50所示。

图 6-48

图 6-49

图 6-50

● **结构**：可输入1~5的值，以指定修补结果与现有图像图案的近似程度。如果输入5，修补内容将严格遵循现有图像的图案；如果输入1，则修补结果会最低限度地符合现有的图像图案。

● **颜色**：可以指定Photoshop在多大程度上对修补内容应用算法颜色混合。如果输入0，将禁用颜色混合；如果输入10，则将应用最大颜色混合。

● **投影时变换**：勾选后先应用变换，再混合图像。具体来说就是勾选该选项后，拖曳选区内的图像，会出现定界框，此时可对图像进行变换（缩放、旋转和翻转），完成变换之后，按Enter键才正式混合图像。

> **小提示**
>
> 修复画笔工具、污点修复画笔工具、仿制图章工具和内容感知移动工具的工具选项栏中都有“对所有图层取样”这一选项，修图时，可以先创建一个图层，然后勾选该选项，再对图像进行编辑，这样就可将所复制的图像绘制在新建的图层上，从而避免原图被破坏。修补工具只支持当前图层，因此，它不能进行非破坏性编辑。但没有关系，只要在操作前复制图像所在的图层，就能避免原始图像被破坏。

6.3 基于人工智能的移除工具

移除工具使用了人工智能技术，是仅次于生成式填充的智能化工具。

6.3.1 课堂案例：快速去除铁丝网

素材位置	素材 >6.3.1.jpg
效果位置	效果 >6.3.1.psd
视频位置	教学视频 >6.3.1 快速去除铁丝网 .mp4
技术掌握	用移除工具将多余的图像清除

本例使用移除工具将图片中的铁丝网消除，如图 6-51 和图 6-52 所示。

图 6-51

图 6-52

01 按 Ctrl+J 快捷键复制“背景”图层，以免破坏原始图像。选择移除工具，在工具选项栏中设置笔尖大小为 30，如图 6-53 所示。

大小 30　对所有图层取样　每次笔触后移除

图 6-53

02 在铁丝网上拖曳鼠标，如图 6-54 所示，释放鼠标左键，即可将铁丝网消除，如图 6-55 所示。

图 6-54

图 6-55

03 采用同样的方法操作，将剩余的铁丝网消除，如图 6-56 所示。

图 6-56

> **小提示**
>
> 如果需要处理的图像范围较大，也可以像使用套索工具一样在要移除的区域周围画一个圆圈，释放鼠标左键后，可将圆圈内的图像移除。

04 鹿面部的铁丝网被处理后，留下了一些痕迹，如图 6-57 所示。在这些不自然的痕迹上拖曳鼠标，重新生成图像，效果如图 6-58 所示。

图 6-57

图 6-58

6.3.2 移除工具介绍

移除工具可以快速清除图像中多余的内容，也可用来修饰人像，如去除人面部的色斑、皱纹、黑眼圈等。图 6-59 所示为该工具的选项栏。

图 6-59

移除工具选项介绍

- **添加到轻刷区域/从轻刷区域中减去**：采用像套索工具绘制选区方法操作时，可以添加或从现有选区中减去绘制的选区。
- **大小**：可设置画笔大小。画笔应略大于要修复的区域，以便笔触能将其覆盖。
- **对所有图层取样**：勾选该选项，表示从所有可见图层中对数据进行取样。
- **每次笔触后移除**：修复大面积或复杂区域时，可勾选该选项，以便在完成单个描边（即移除操作）后立即应用填充。

6.4 基于人工智能的生成式填充

Photoshop 2024 版新增的生成式填充基于人工智能技术。进行填充时，Photoshop 会将相关数据上传到 Adobe 云端，由人工智能分析图像中的纹理、颜色和结构，然后生成与周围相匹配的内容。该功能对于修复图像、移除不需要的物体或填补空白区域非常有用。生成式填充功能还能根据用户的指令生成全新的图像。

6.4.1 课堂案例：扩展画面并生成图像

素材位置	素材 >6.4.1.jpg
效果位置	效果 >6.4.1.psd
视频位置	教学视频 >6.4.1 扩展画面并生成图像 .mp4
技术掌握	用生成式填充功能创造图像

本例首先扩展画布，然后使用生成式填充功能，根据原有图像生成新的图像来填充扩展后的空白区域，并更换背景，效果如图 6-60 所示。

图 6-60

01 打开素材，如图 6-61 所示。连续按 Ctrl+- 快捷键，将画布调小，让暂存区显示出来。选择裁剪工具，拖曳出裁剪框，如图 6-62 所示，按 Enter 键裁剪图像并向上扩展画布，如图 6-63 所示。

图 6-61

图 6-62

图 6-63

02 使用矩形选框工具创建选区，将空白区域（包含人物头顶的少部分区域）选取，如图 6-64 所示。在“窗口”菜单中打开“上下文任务栏”，如图 6-65 所示。

图 6-64

图 6-65

03 在“创成式填充”上单击，然后单击“生成”按钮，如图 6-66 所示，由人工智能生成图像。“属性”面板中会提供 3 种效果，如图 6-67~ 图 6-70 所示。前两种效果都很真实、自然。

图 6-66　　图 6-67

图 6-68　　图 6-69　　图 6-70

04 单击一种效果。选择套索工具，在人物内部靠近边缘处拖曳鼠标创建选区，如图 6-71 所示。按 Shift+Ctrl+I 快捷键反选，将背景选取，如图 6-72 所示。

图 6-71

图 6-72

05 在“创成式填充”上单击，显示文本框后输入关键词，如图 6-73 所示，单击“生成”按钮，生成图像，如图 6-74~ 图 6-77 所示。

图 6-73

图 6-74

图 6-75

图 6-76

图 6-77

06 第 1 种效果背景有点简单，第 2 种效果头发太凌乱，第 3 种效果很真实。单击第 3 种效果，然后单击“生成”按钮，如图 6-78 所示，在此基础上生成新的效果，选择第 2 种作为最终效果，如图 6-79 和图 6-80 所示。

图 6–78

图 6–79　　图 6–80

6.4.2 生成式填充介绍

生成式填充是 Photoshop 2024 版新增的功能，也是人工智能技术在 Photoshop 中应用的具体范例。

Adobe 的人工智能（Adobe Firefly）是基于深度学习和神经网络技术构建的，通过对大量图像数据进行训练，使其具备了学习并理解各种图像元素、纹理和风格的能力。因此，能够准确地模拟原始图像的特征，生成与之一致的内容，使新图像无缝地融入原图像中，并在细节、纹理、光照、场景等方面保持连贯性。这意味着它能根据用户的个性化需求和创意进行修图，可以快速修复照片中的缺陷，创造新的图像元素。这给平面设计、摄影等相关从业者带来了极大的便利。

生成式填充还有一个独特的优势——所创造的图像由单独的图层承载，因此可以进一步修改。相比之下，其他人工智能应用（如 Midjourney）不支持图层功能。然而其缺点也很明显，例如，生成自然景观（如山、水、天空、云、花草）时表现出色，但生成人物、动物及其他具体实物时效果还不太理想。

6.5 "液化"滤镜

"液化"滤镜是一项强大的扭曲功能，它就像高温烤箱，能把图像"烘焙"得柔软、妥帖，使其变得像橡皮泥一样，可以塑造成任何形状。

6.5.1 课堂案例：修正眼睛和脸形

素材位置	素材 >6.5.1.jpg
效果位置	效果 >6.5.1.psd
视频位置	教学视频 >6.5.1 修正眼睛和脸形 .mp4
技术掌握	用"液化"滤镜调整脸形和五官

"液化"滤镜非常适用于编辑人像照片，它能识别人的五官，可调整脸、眼睛、鼻子、嘴的形态。例如，能让脸形变窄、让眼睛变大、让嘴角上翘以展现微笑效果等，如图 6–81 所示。

图 6–81

01 执行"滤镜 >Neural Filters"命令，打开"Neural Filters"面板，在"智能肖像"右侧的滑块上单击，开启该滤镜，拖曳"眼睛方向"滑块，将人物的视线调整到正前方，如图 6–82 和图 6–83 所示。在"输出"下拉列表中选择"新图层"，单击"确定"按钮应用滤镜。

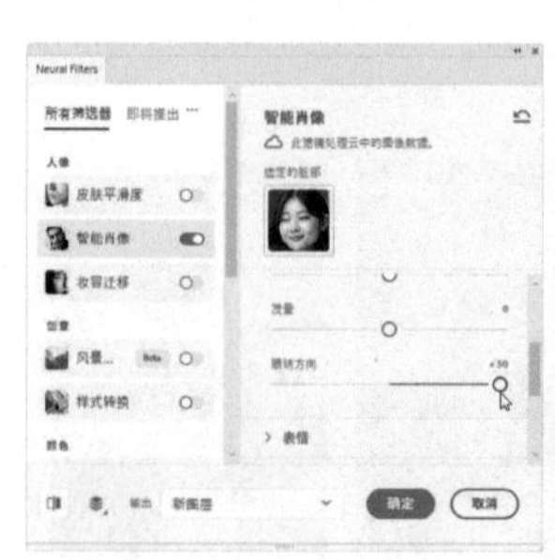

图 6–82

图 6–83

02 执行“滤镜>液化”命令，打开“液化”对话框。通过“眼睛大小”选项将双眼调大，由于左侧的眼睛是眯起来的，比右侧眼睛小，因此需要将左侧眼睛选项的参数调高，这样才能让双眼大小一致；调整“微笑”参数，让嘴角上扬；通过调整“下巴高度”参数，将下巴调短；将“下颌”参数设置为 -58，让下颚收窄；将“脸部宽度”参数设置为 -51，以改变脸形，如图 6-84 所示，效果如图 6-85 所示。

▼ 人脸识别液化
选择脸部：脸部 #1　复位(R)　全部
▼ 眼睛
眼睛大小：43　29
眼睛高度：0　0
眼睛宽度：0　0
眼睛斜度：0　0
眼睛距离：0
▶ 鼻子
▼ 嘴唇
微笑：29
上嘴唇：0
下嘴唇：0
嘴唇宽度：0
嘴唇高度：0
▼ 脸部形状
前额：0
下巴高度：100
下颌：-58
脸部宽度：-51

图 6-84

图 6-85

03 选择冻结蒙版工具，在耳朵周围绘制蒙版，如图 6-86 所示。选择向前变形工具，将鼠标指针移动到耳朵上，向左拖曳鼠标，将耳朵向左侧移动并调小一些，如图 6-87 所示。按 Enter 键关闭对话框。

图 6-86

图 6-87

> 小提示
>
> 使用“液化”滤镜时，如果操作失误，可以按Ctrl+Z快捷键撤销操作，连续按可依次向前撤销。如果要恢复被撤销的操作，可以按Shift+Ctrl+Z快捷键（可连续按）。

6.5.2 “液化”滤镜工具和选项

“液化”滤镜就像一个小型修图软件，它有自己独特的工具和选项，如图 6-88 所示。

图 6-88

“液化”滤镜工具介绍

- **向前变形工具**：用来推动像素，如图 6-89 所示。
- **重建工具**：使用该工具在变形区域单击或拖曳涂抹，可将其恢复为原状。
- **平滑工具**：用来对扭曲效果进行平滑处理。
- **顺时针旋转扭曲工具**：用来顺时针旋转像素，如图 6-90 所示。按住 Alt 键操作可逆时针旋转。

图 6-89

图 6-90

> 小提示
>
> “液化”滤镜的变形工具有3种用法：单击一下、单击并按住鼠标左键不放及拖曳鼠标。操作时，变形会集中在画笔区域中心，并会随着鼠标指针在某个区域的重复拖曳而增强。

• **褶皱工具 /膨胀工具** ：褶皱工具可以使像素向画笔区域的中心移动，产生收缩效果，如图6–91所示；膨胀工具可以使像素向画笔区域中心以外的方向移动，产生膨胀效果，如图6–92所示。使用其中一个工具时，按住Alt键可以切换为另一个工具。此外，按住鼠标左键不放，可以持续地应用扭曲。

图 6–91

图 6–92

• **左推工具** ：用来将画笔下方的像素向鼠标指针移动方向的左侧推动。按住Alt 键操作，可以反转图像的移动方向。

• **冻结蒙版工具 /解冻蒙版工具** ：如果想使图像某个区域不被修改，可以使用冻结蒙版工具在不想被修改的区域绘制蒙版，将图像保护起来，如图6–93所示。需要解除冻结时，可使用解冻蒙版工具将蒙版擦掉。

• **脸部工具** ：选择该工具后，将鼠标指针移动到人的面部，会显示相应的控件，如图6–94所示，拖曳控件可对人的面部做出调整。

图 6–93

图 6–94

“液化”滤镜选项介绍

• **大小**：用来设置各种变形工具，以及重建工具、冻结蒙版工具和解冻蒙版工具的画笔大小。画笔大小也可以通过按 [键和] 键来进行调整。

• **密度**：使用工具时，画笔中心的效果较强，并向画笔边缘逐渐衰减，因此，该值越小，画笔边缘的效果越弱。

• **压力/光笔压力**：“压力”用来设置工具的压力强度。如果计算机配置了数位板和压感笔，可以勾选“光笔压力”选项，用压感笔的压力控制画笔压力。

• **速率**：用于决定变形工具的应用速度。例如，使用顺时针旋转扭曲工具时，“速率”值越大，图像的旋转速度越快。

• **固定边缘**：勾选该选项，可以锁定图像边缘。

• **“人脸识别液化”选项组**：用来检测人像照片，调整人的五官。

• **“载入网格选项”选项组**：单击“存储网格”按钮，可以将当前图像中的网格保存为单独的文件（扩展名为.msh），编辑其他图像时，单击“载入网格”按钮，可加载网格并用它扭曲图像。

• **“蒙版选项”选项组**：用来对冻结图像所用蒙版进行设置，如反相蒙版、取消蒙版等。

• **“视图选项”选项组**：用来显示参考线、网格等辅助工具。图像中改动的区域较多时，变动小的区域不明显，很容易被忽视，这时显示网格，图像上任何一处微小的扭曲都会在网格上反映出来，如图6–95所示。

显示网格及图像

只显示网格

图 6–95

• **“画笔重建选项”选项组**：单击“重建”按钮，打开“恢复重建”对话框，拖曳“数量”滑块，可以减弱扭曲效果。如果要撤销所有扭曲，可单击“恢复全部”按钮，将图像恢复到最初状态。

6.6 课后习题

Photoshop 中的修图功能非常强大，用它修出的照片可以做到不留痕迹，甚至能达到以假乱真的效果。下面通过习题帮助读者巩固所学知识。

6.6.1 问答题

1. 修复画笔工具、污点修复画笔工具和修补工具是较为常用的照片修饰工具，这些工具基于怎样的原理工作？

2. 什么情况下适合使用内容感知移动工具修复图像？

6.6.2 案例题：用两种方法去除水印

素材位置	素材 >6.6.2-1.jpg、6.6.2-2.jpg
效果位置	效果 >6.6.2-1.psd、6.6.2-2.psd
视频位置	教学视频 >6.6.2 用两种方法去除水印 .mp4
技术掌握	用“内容识别填充”命令和生成式填充去除水印文字

本例介绍两种去除照片水印的方法。第一种方法是使用“内容识别填充”命令处理，如图 6-96 所示。该命令能从选区周围的图像中取样，然后生成新的图像并填充到选区内，融合效果较好。但处理人像时效果欠佳。在处理人像等特别精细和复杂的内容时，最好使用第二种方法，即使用基于人工智能的生成式填充来进行处理，效果如图 6-97 所示。

图 6-96

图 6-97

01 打开花朵素材。使用矩形选框工具创建选区，如图 6-98 所示。

图 6-98

02 执行“内容识别填充”命令，切换到这一工作区。在“颜色适应”下拉列表中选择“高”选项，让 Photoshop 自动调整对比度和亮度，使填充图像与周围内容更好地匹融合。在“预览”面板中可查看填充效果，如图 6-99 所示。

图 6-99

03 单击“确定”按钮进行确认，即可去除水印，如图 6-100 所示。

图 6-100

04 打开人像素材。使用矩形选框工具将文字选取，如图 6-101 所示。执行“编辑 > 生成式填充”命令，或在“窗口”菜单中打开“上下文任务栏”，在“创成式填充”上单击，显示文本框及“生成”按钮，如图 6-102 所示，单击“生成”按钮，由人工智能生成图像，将文字覆盖住，如图 6-103 所示。

图 6-101

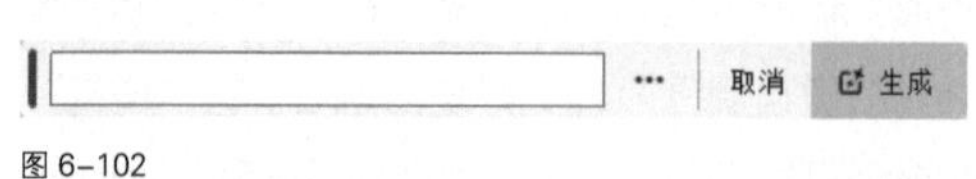

图 6-102

图 6-103

6.6.3 案例题：替换照片中的天空

素材位置	素材 >6.6.3.jpg
效果位置	效果 >6.6.3.psd
视频位置	教学视频 >6.6.3 替换照片中的天空 .mp4
技术掌握	“天空替换”命令

本例使用“天空替换”命令进行换天操作，如图 6-104 所示。

图 6-104

01 执行“编辑 > 天空替换”命令，打开“天空替换”面板。在“天空”下拉列表中选取天空来替换现有天空，如图 6-105 和图 6-106 所示。Photoshop 会将原始图像中的天空区域自动选取并用蒙版遮盖住，让新天空与图像无缝衔接。

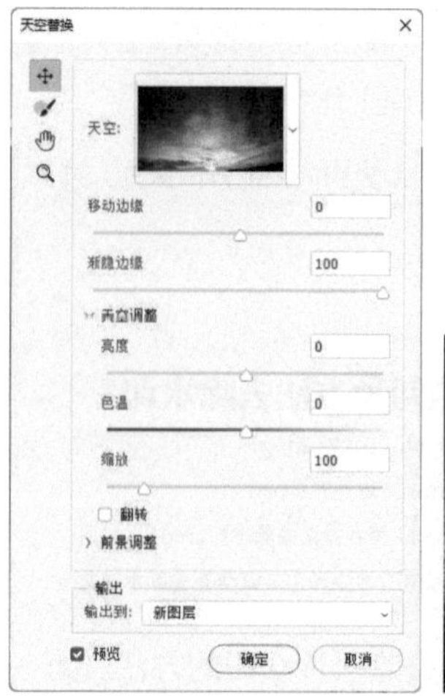

图 6-105

图 6-106

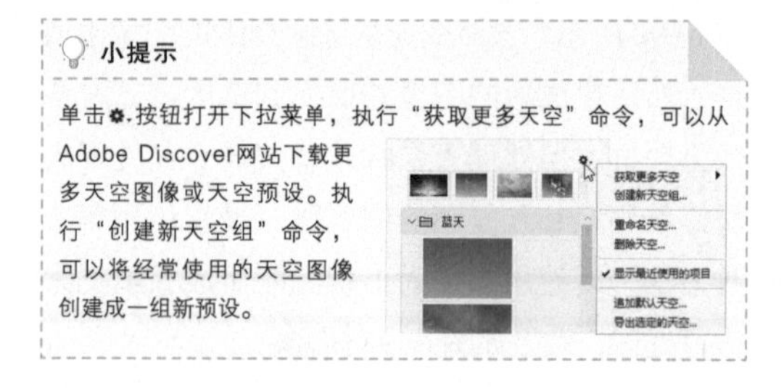

小提示

单击⚙按钮打开下拉菜单，执行“获取更多天空”命令，可以从Adobe Discover网站下载更多天空图像或天空预设。执行“创建新天空组”命令，可以将经常使用的天空图像创建成一组新预设。

02 单击“天空替换组”，如图 6-107 所示，单击“调整”面板中的 ▣ 按钮，创建“可选颜色”调整图层并使用图 6-108 所示的预设增强色彩，使画面呈现油画质感。

图 6-107

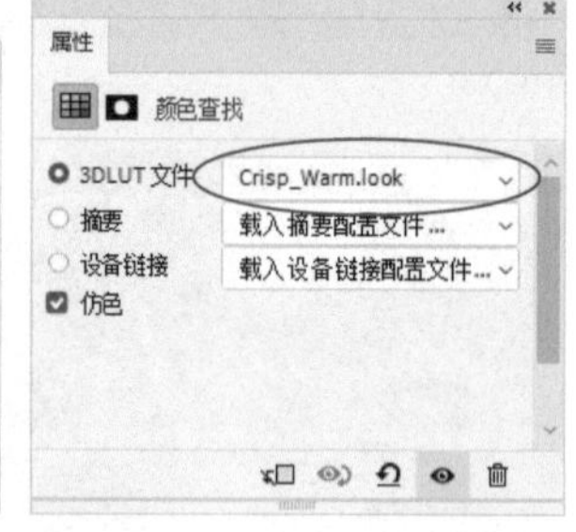

图 6-108

第7章

图像调色

本章导读

Photoshop 的调色命令可以分为色调调整和色彩调整两大类。要学好调色，先要知道色彩的组成要素，以及色调范围的概念，掌握色彩的识别方法和直方图的用法，这样在学习调色命令时才能做到有的放矢。

本章学习要点

- 调整命令与调整图层。
- 直方图与色调关系。
- 色阶。
- 曲线。
- 色相 / 饱和度。

Photoshop

7.1 认识色彩

调色是一门调控色彩的专业技术，在学习之前，我们需要对色彩有一个基本的认识。

7.1.1 课堂案例：用图像制作彩色印章

素材位置	素材 >7.1.1.psd
效果位置	效果 >7.1.1.psd
视频位置	教学视频 >7.1.1 用图像制作彩色印章 .mp4
技术掌握	“阈值”命令，图层蒙版及混合模式

本例使用“阈值”命令将彩色图像转换为黑白效果并简化细节，用以制作彩色印章，如图 7–1 所示。

图 7–1

01 单击“图层 1”，单击“调整”面板中的 按钮，创建“阈值”调整图层，将图像转换为黑白效果，如图 7–2 和图 7–3 所示。

图 7–2　图 7–3

02 选择椭圆工具 ，在工具选项栏中选择“形状”选项，设置描边粗细为 19.5 像素，如图 7–4 所示，按住 Shift 键拖曳鼠标，创建黑色圆环，如图 7–5 所示。

图 7–4　图 7–5

03 单击“图层 1”，单击“图层”面板中的 按钮添加图层蒙版，如图 7–6 所示。使用画笔工具 在圆环外的图像上涂黑色，通过蒙版隐藏图像，如图 7–7 所示。

图 7–6　图 7–7

04 显示“图层 2”，设置混合模式为“滤色”，如图 7–8 和图 7–9 所示。

图 7–8　图 7–9

05 单击“调整”面板中的 按钮，创建一个“亮度 / 对比度”调整图层，提高对比度，如图 7–10 和图 7–11 所示。

图 7–10　图 7–11

7.1.2 色彩三要素

现代色彩学将色彩分为无彩色和有彩色两大类。无彩色是指黑色、白色和各种明度的灰色。有彩色是指红色、橙色、黄色、绿色、蓝色、紫色这 6 种颜色，以及由它们混合得到的颜色。

色相、明度和饱和度是色彩的三要素。色相是指色彩的“相貌”，也是人们对色彩的称谓，如红色、橙色、黄色等。明度是指色彩的明亮程度。色彩明度越高，越接近白色，越低则越接近黑色，如图 7–12 所示（红色的明度从高到低变化）。饱和度是指色彩的鲜艳程度，也称纯度，如图 7–13 所示（红色的饱和度从高到低变化）。当一种颜色中混入灰色或其他颜色时，其饱和度会降低。饱和度越低，颜色越接近灰色；饱和度最低时，颜色就变成了无彩色。

图 7–12

图 7–13

7.1.3 互补色

在 Photoshop 中用通道调色及使用某些命令调色时，颜色会基于互补关系变化。

什么是互补色呢？在光学领域中，如果两种色光以适当的比例混合能产生白光，那么这两种颜色就称为“互补色”。为了方便研究，科学家将可见光谱围成一个环，制作出色轮（也称色相环），如图 7–14 所示。在色轮中，处于对角线位置的颜色即互补色，如红色与青色、洋红色与绿色。

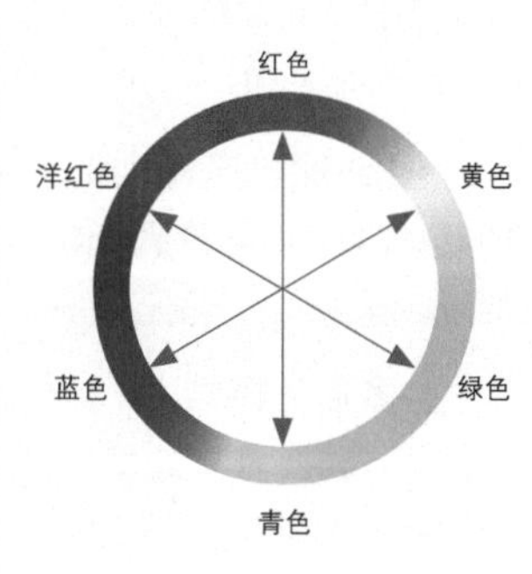

图 7–14

7.1.4 识别色彩，追踪色彩变化

将某种颜色放在其他颜色上，该颜色受到周围颜色的影响，看起来会与之前不同，这就是颜色的对比现象。图 7–15 所示是麻省理工学院视觉科学家泰德・艾德森设计的亮度幻觉图形，请判断，A 点和 B 点所处的方格哪一种颜色更深？

图 7–15

几乎所有人都认为 A 点颜色更深。但真实情况是 A 点和 B 点的颜色没有任何差别。为了验证这个结论，可以打开 Photoshop 中的“信息”面板，将鼠标指针放在 A 点所处的方格上，记下面板中的颜色值，如图 7–16 所示；再将鼠标指针移动到 B 点所处的方格上，如图 7–17 所示。可以看到，颜色值完全一样。那为什么浅色方格（B 点）不显黑呢？是因为我们的视觉系统（眼睛）认为“黑”是阴影造成的，而不是方格本身就有的。

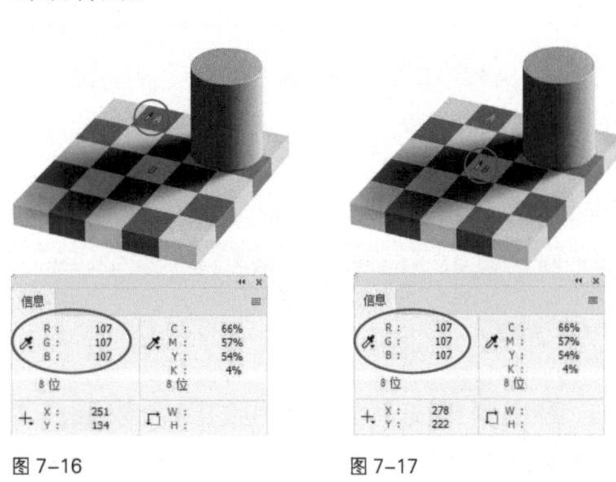

图 7–16　图 7–17

“信息”面板不仅能让颜色现出“真身”，还能实时反馈其变化情况。要使用此功能，需在调色之前使用颜色取样器工具在需要观察的位置单击，建立取样点，如图 7-18 所示，再进行调整。例如，使用“色相 / 饱和度”命令修改颜色时，“信息”面板会同时显示调整前后的两组颜色值，以供参考，如图 7-19 所示。

图 7-18

图 7-19

7.1.5 颜色模式

人眼看到的颜色是通过眼、脑和生活经验所产生的一种对光的视觉效应。而 Photoshop 等软件，以及显示器、数码相机、电视机、打印机等硬件设备中的颜色是由数学模型生成的，并具有不同的模式。

> **小提示**
>
> 颜色模型是描述颜色的数学模型，可以将现实世界的颜色数字化，这样就能在数码相机、扫描仪、计算机显示器、打印机等设备上获取和呈现颜色了。

颜色模式决定了图像中的颜色数量、通道数量和文件大小，以及某些功能能否使用。Photoshop 中常用的颜色模式包括位图、灰度、RGB、CMYK 和 Lab 等，此外，还有双色调、索引颜色和多通道等基于特殊色彩空间的颜色模式，它们主要用于特殊色彩的输出，如图 7-20 所示。

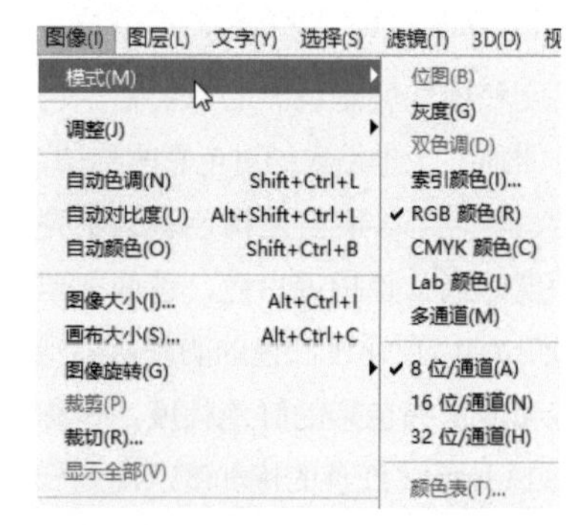

图 7-20

- **位图模式**：只有亮度，即黑和白。该模式适合制作丝网印刷、艺术样式和单色图形。
- **灰度模式**：灰度模式是转换成双色调和位图模式时使用的中间模式。彩色图像转换为该模式后，色相和饱和度信息会被删除，只保留明度信息。
- **双色调模式**：可以使用 1~4 种油墨为黑白图像上色。
- **索引颜色模式**：GIF 文件默认的颜色模式，只支持单通道的 8 位图像，常用于 Web 和多媒体动画。
- **RGB 颜色模式**：RGB 颜色模式使用 RGB 模型，并为每个像素分配一个强度值。RGB 图像使用 3 种颜色在屏幕上重现颜色。
- **CMYK 颜色模式**：在 CMYK 颜色模式下，可以为每个像素的每种印刷油墨指定一个百分比值。制作要用印刷色打印的图像时，应使用该模式。
- **Lab 颜色模式**：Lab 颜色模式基于人对颜色的感觉，Lab 中的数值描述正常视力的人能够看到的所有颜色，与设备无关。
- **多通道模式**：一种减色模式，RGB 颜色模式的图像转换为该模式时，原有的红色、绿色和蓝色通道会变为青色、洋红色和黄色通道。该模式不支持图层，只适合特殊打印。

7.2 调整色调

色调范围够不够宽广，决定了图像中的信息能否充足，也影响着亮度和对比度，而亮度和对比度又决定着图像的清晰度，因此，色调调整对图像至关重要。

7.2.1 课堂案例：让眼睛焕发神采

素材位置	素材 >7.2.1.jpg
效果位置	效果 >7.2.1.psd
视频位置	教学视频 >7.2.1 让眼睛焕发神采 .mp4
技术掌握	曲线，用画笔工具绘制放射线

眼睛美化的关键在虹膜，如果强化其放射形状，并适当提亮，就能丰富眼球细节、增强立体感，使眼睛看上去清澈而有神采，如图 7-21 所示。

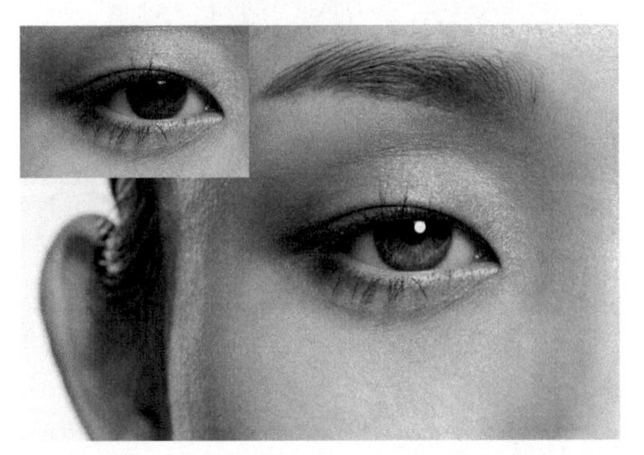

图 7-21

01 单击“调整”面板中的 按钮，创建“曲线”调整图层，拖曳曲线，将其调整为图 7-22 所示的形状。按 Alt+Delete 快捷键在蒙版中填充黑色，如图 7-23 所示。

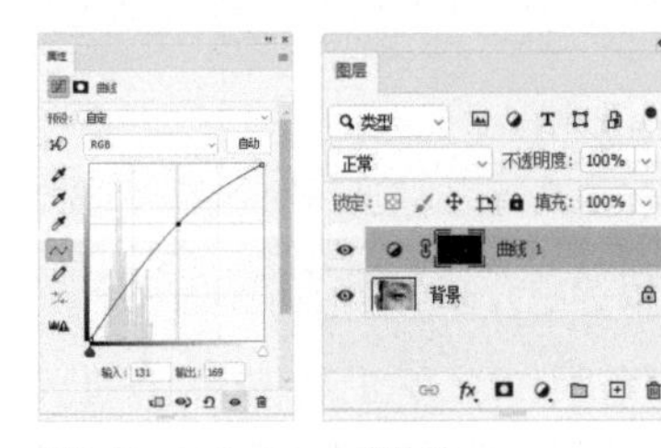

图 7-22　　图 7-23

02 按 X 键将前景色切换为白色。选择画笔工具 并设置笔尖大小，如图 7-24 所示。在虹膜上绘制放射线，如图 7-25 所示。所绘之处会应用“曲线”调整图层，以提亮色调，如图 7-26 所示。

8　模式：正常　不透明度：100%

图 7-24

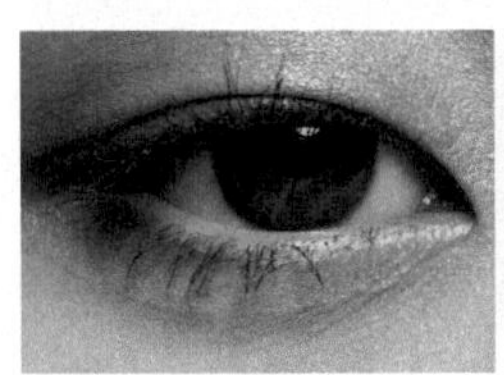

图 7-25

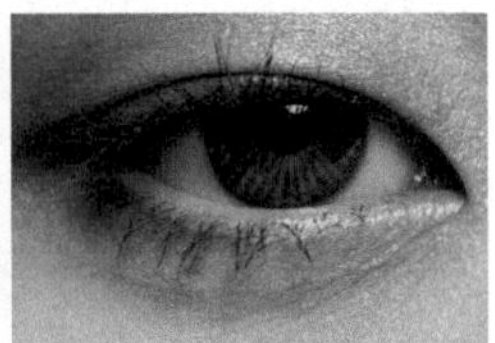

图 7-26

> **小提示**
>
> 用鼠标画直线不太容易，可以这样操作：在画面上单击后，按住 Shift键并在另一位置单击，这样两点之间就会以直线段连接。

03 将调整图层的不透明度设置为 30%，如图 7-27 所示，效果如图 7-28 所示。

图 7-27

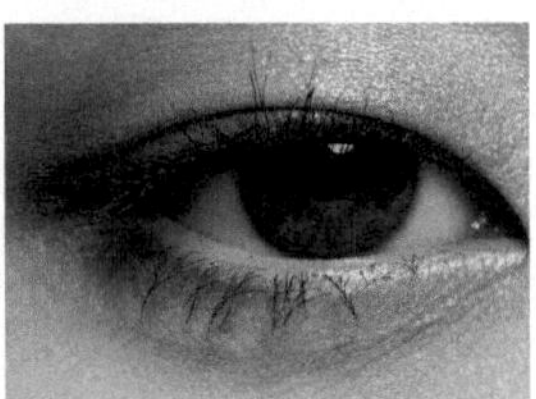

图 7-28

04 再创建一个“曲线”调整图层，提高虹膜的亮度，如图 7-29 所示。操作时同样先将该调整图层的蒙版填充为黑色，再使用画笔工具 在虹膜上涂抹白色，如图 7-30 所示。

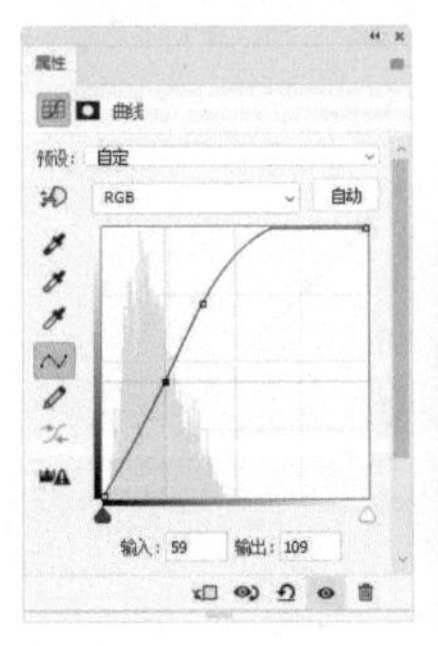

图 7-29

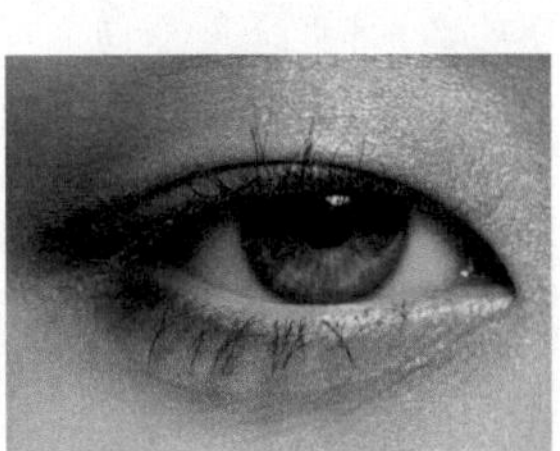

图 7-30

05 新建一个图层。选择硬边圆笔尖，如图 7-31 所示，在瞳孔上点出一个白点，如图 7-32 所示。

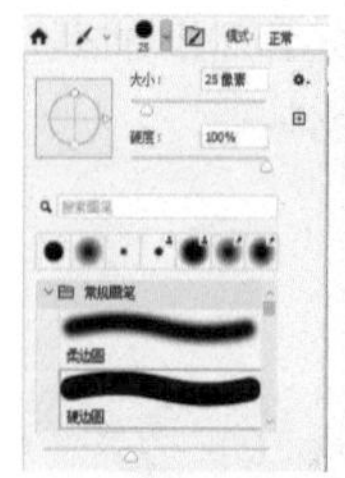

图 7-31

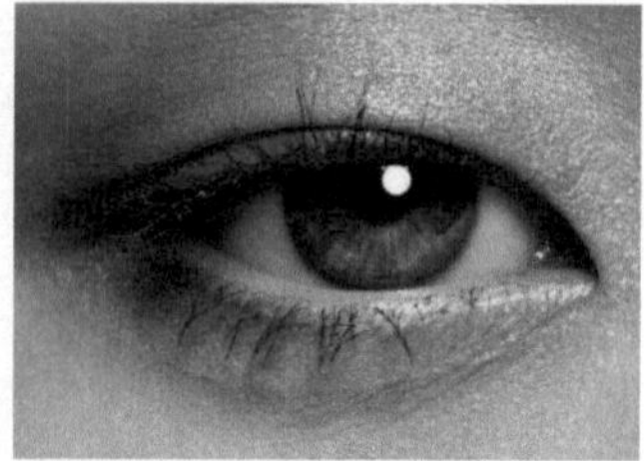

图 7-32

7.2.2 调整命令与调整图层

Photoshop 中的调整命令在“图像”菜单中，如图 7-33 所示。其中的常用命令都可通过调整图层来使用。

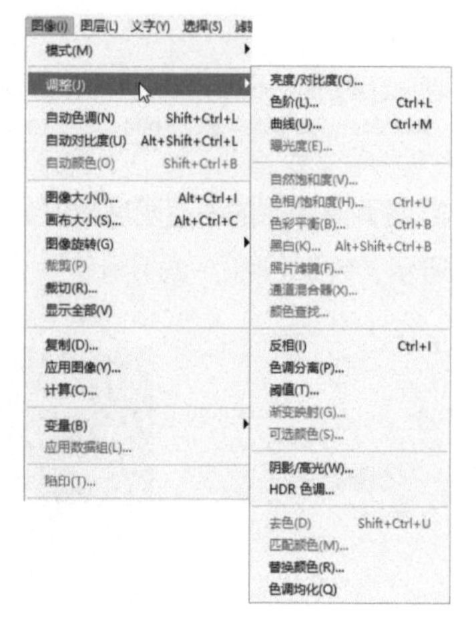

图 7-33

1. 调整图层

调整图层可以存储调整命令参数，并对其下方的所有图层产生影响，但不会真正修改图像，属于非破坏性编辑功能，如图 7-34 和图 7-35 所示。

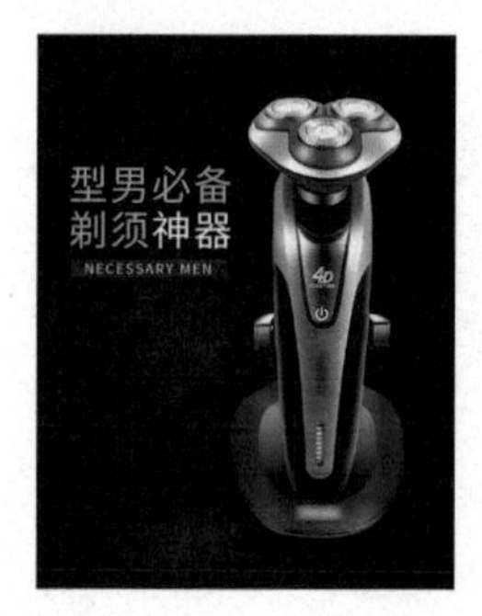

原图
图 7-34

“渐变映射”调整图层未修改“背景”图像
图 7-35

调整图层包含图层蒙版，可以使用画笔工具、渐变工具等修改蒙版，控制调整范围和调整强度，如图 7-36 所示。

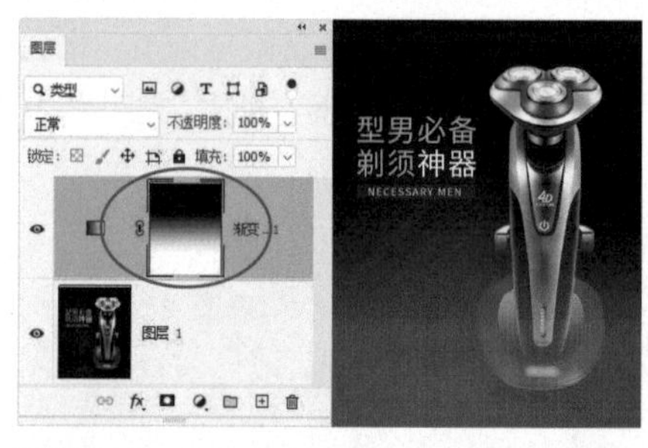

图 7-36

2. “属性”面板

创建调整图层后，可在“属性”面板中设置选项，修改参数，如图 7-37 所示。

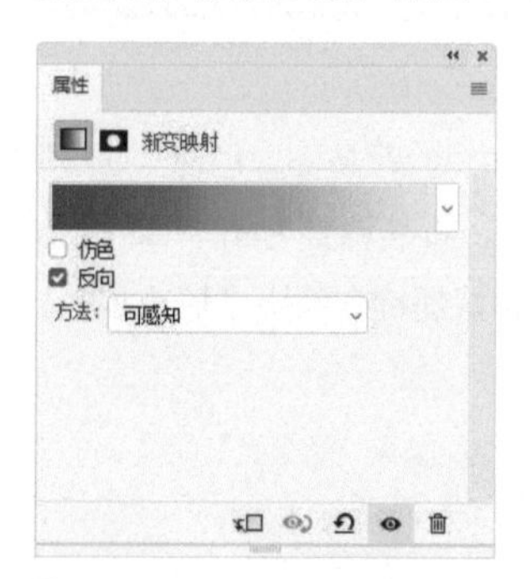

图 7-37

“属性”面板选项介绍

- **创建剪贴蒙版** ：单击该按钮，可以将当前调整图层与其下方的图层创建为剪贴蒙版组。这样调整图层仅影响其下方的第一个图层，否则调整图层会影响其下方的所有图层。

• **查看上一状态** ：调整参数后，单击该按钮，窗口中会显示图像的上一次调整状态，通过对比可以判断出当前效果是否合适。

• **复位到调整默认值** ：将调整参数恢复为默认值。

• **切换图层可见性** ：单击该按钮，可以隐藏或重新显示调整图层。隐藏调整图层后，图像可恢复为原状。

• **删除调整图层** ：选择一个调整图层，单击该按钮可将其删除。

7.2.3 色调范围

一般情况下，图像的色调范围为 0（黑色）~255（白色），共 256 级色阶，并可划分出阴影、中间调和高光 3 个区域，如图 7–38 所示。

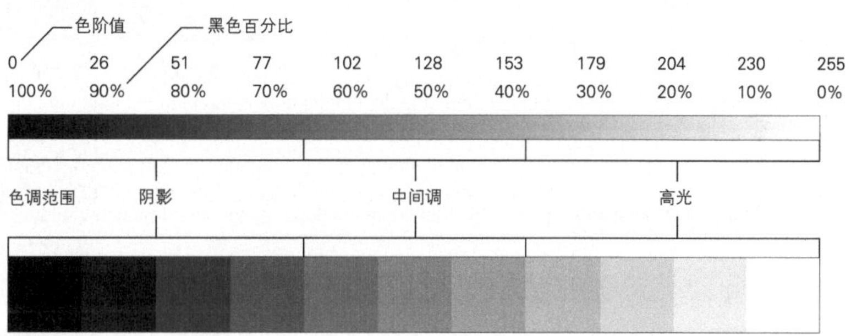

图 7–38

图像的色调范围完整，则画质细腻、层次丰富、色彩鲜艳生动，如图 7–39 所示。色调范围不完整，即小于 256 级色阶，则会缺少黑色和白色，或者接近于黑色和白色的色调，进而导致对比度偏低、细节减少，色彩也会变得比较灰暗，如图 7–40 所示。因此，只有在色调范围完整的情况下，才能展现丰富的细节。

图 7–39

图 7–40

7.2.4 直方图与色调关系

直方图是一种统计图形，它描述了图像的亮度信息如何分布，以及每个亮度级别中的像素数量。观察直方图，可以准确判断阴影、中间调和高光中包含的细节是否充足，以便做出有针对性的调整。

直方图从左（色阶为 0）至右（色阶为 255）共 256 级色阶，它的“山峰”和“峡谷”反映了像素数量的多少。例如，如果图像中某一个色阶的像素较多，该色阶所在处的直方图就会较高，形成“山峰”；如果“山峰”坡度平缓，或者形成凹陷的“峡谷”，则表示该区域的像素较少，如图 7–41 所示。

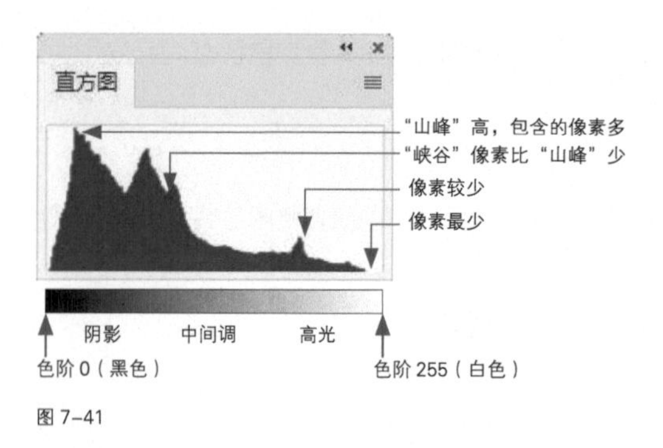

图 7-41

当直方图中的像素数量较多、分布也比较细密时，说明图像的细节丰富，能够承受较大强度的编辑处理。一般情况下，图像尺寸越大，信息也就越多。图像尺寸过小或分辨率过低，画质会非常差，不利于编辑处理。

7.2.5 自动对比度调整

"图像 > 自动色调"命令可快速校正曝光不足或不够清晰的图像，如图 7-42 所示。调整时，Photoshop 会将每个颜色通道中最暗的像素映射为黑色（色阶 0），最亮的像素映射为白色（色阶 255），中间像素按照比例重新分布，使图像具备完整的色调范围，以提高对比度。

图 7-42

> 小提示
>
> 如果出现偏色，可以使用"图像>自动对比度"命令调整。它只调整色调，不会影响色彩。

7.2.6 色调均化

"色调均化"命令可以使最暗的像素变为黑色，最亮的像素变为白色，其他像素在整个亮度色阶内均匀地分布。用它处理色调偏亮的图像时，能增强高光和中间调的对比，如图 7-43 和图 7-44 所示。用它处理色调偏暗的图像，则可提高阴影区域的亮度。

原图：色调偏亮的图像，直方图中的"山峰"偏右

图 7-43

处理后：直方图中的"山峰"向中间调区域偏移，说明中间调得到了改善，像素的分布更加均匀。高光区域（天空）和中间调区域（建筑群）的色调对比得到增强，清晰度明显提升

图 7-44

7.2.7 亮度 / 对比度

"亮度 / 对比度"命令既能提高亮度和对比度（向右拖曳滑块），如图 7-45 和图 7-46 所示，也能降低亮度和对比度（向左拖曳滑块）。勾选"使用旧版"选项后，可进行线性调整，但调整强度较大，具有一定的破坏性。

原图

图 7-45

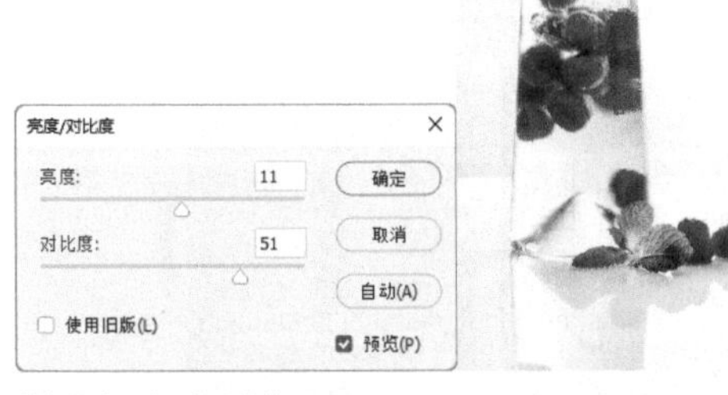

增加亮度 / 对比度后的效果
图 7-46

7.2.8 阴影 / 高光

在逆光照片的场景中，亮的区域特别亮，暗的区域特别暗，如图 7-47 所示。调整时如果照顾亮调区域，使其不过曝，就会造成暗调区域过暗，漆黑一片，看不清内容。“阴影 / 高光”命令非常适合调整此类照片，它能基于阴影或高光中的局部相邻像素来校正每个像素，当调整阴影区域时，对高光区域的影响很小；当调整高光区域时，也不会让阴影区域出现过多的改变，如图 7-48 所示。图 7-49 所示为“阴影 / 高光”对话框。

图 7-47

图 7-48

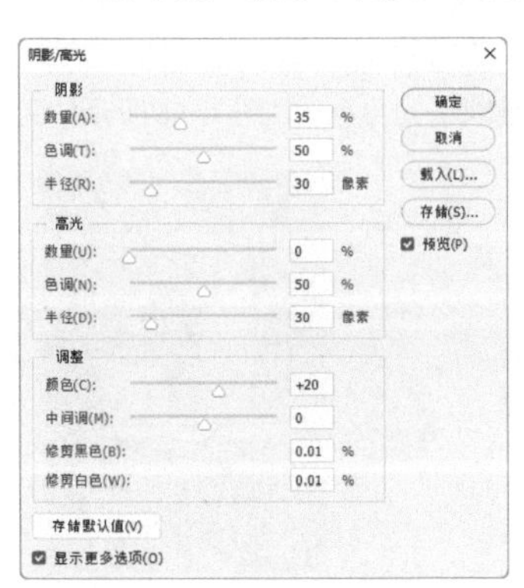

图 7-49

阴影 / 高光选项介绍

- **“阴影”选项组**：用于将阴影区域调亮。“数量”选项控制调整强度，该值越大，阴影区域越亮；“色调”选项控制色调的修改范围，较小的值表示只对较暗的区域进行校正，较大的值会影响更多的色调；“半径”选项控制每个像素周围的局部相邻像素的大小，相邻像素决定了像素是在阴影中还是在高光中。
- **“高光”选项组**：用于将高光区域调暗。“数量”选项控制调整强度，该值越大，高光区域越暗；“色调”选项控制色调的修改范围，较小的值表示只对较亮的区域进行校正；“半径”选项控制每个像素周围的局部相邻像素的大小。
- **“调整”选项组**：“颜色”选项用于调整所修改区域的颜色，如提高“阴影”选项组中的“数量”值，使图像中较暗的颜色显示出来以后，再提高“颜色”值，可以使这些颜色更加鲜艳；“中间调”选项用于提高或降低中间调的对比度；“修剪黑色”/“修剪白色”选项用于指定在图像中将多少阴影和高光剪切到新的极端阴影（色阶为 0）和高光（色阶为 255）颜色，该值越大，色调的对比效果越强。
- **存储默认值**：单击该按钮，可以将当前的参数设置存储为预设，再次打开“阴影 / 高光”对话框时，会显示存储的参数。

7.2.9 色阶

“色阶”命令可以用来调整阴影、中间调和高光的强度级别，扩展或收窄色调范围，还可以改变色彩平衡（即调整色彩）。打开图像，如图 7-50 所示。执行“图像 > 调整 > 色阶”命令，可以打开“色阶”对话框，如图 7-51 所示。

图 7-50

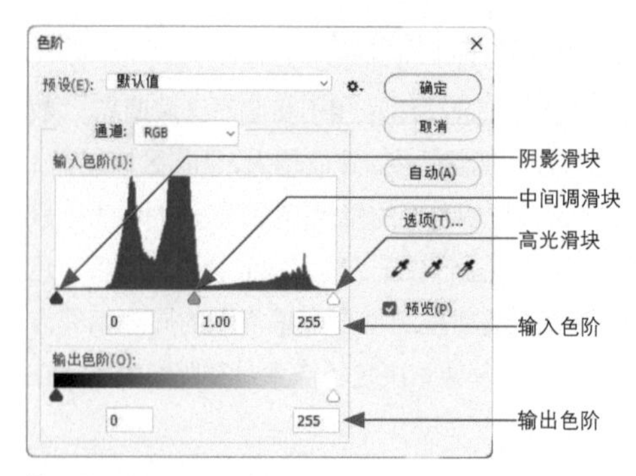

图 7–51

色阶选项介绍

● **预设**：用于选择Photoshop提供的预设色阶。

● **通道**：用于选择一个颜色通道，改变其亮度，进而影响颜色，如图7–52所示。

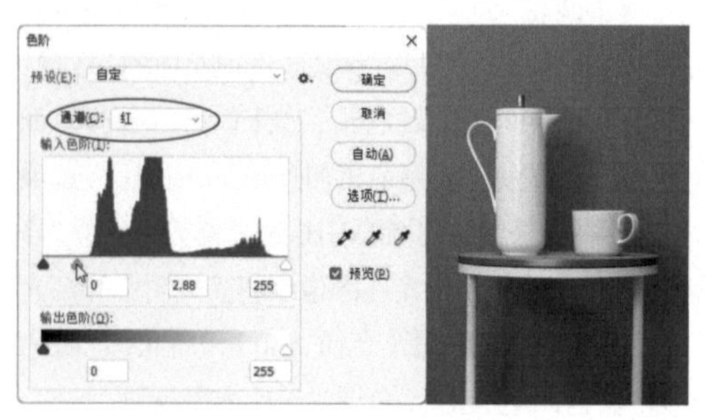

图 7–52

● **输入色阶**：用来调整图像的阴影（左侧滑块）、中间调（中间滑块）和高光（右侧滑块）区域。可以拖曳滑块或在滑块下面的文本框中输入数值进行调整。

● **输出色阶**：用于限制图像的亮度范围，其结果是色调对比变弱、颜色变灰。

● **设置黑场 / 设置灰场 / 设置白场**：通过在图像上单击的方法使用。设置黑场用于将单击点的像素调整为黑色，比该点暗的像素也变为黑色，如图7–53所示。设置灰场用于校正偏色，Photoshop会根据单击点像素的亮度调整其他中间色调的平均亮度。设置白场用于将单击点的像素调整为白色，比该点亮度值高的像素也变为白色，如图7–54所示。

● **自动/选项**：单击"自动"按钮，可以使用当前的默认设置应用自动颜色校正；如果要修改默认设置，可单击"选项"按钮，在打开的"自动颜色校正选项"对话框中操作。

图 7–53　　图 7–54

色阶调整方法

1. 阴影滑块

阴影滑块位于色阶0处，对应的是图像中最暗的色调（黑色）。将其向右拖曳时，会将滑块当前位置的像素映射为色阶0，即滑块所在位置及其左侧的所有像素都会变为黑色，如图7–55所示。

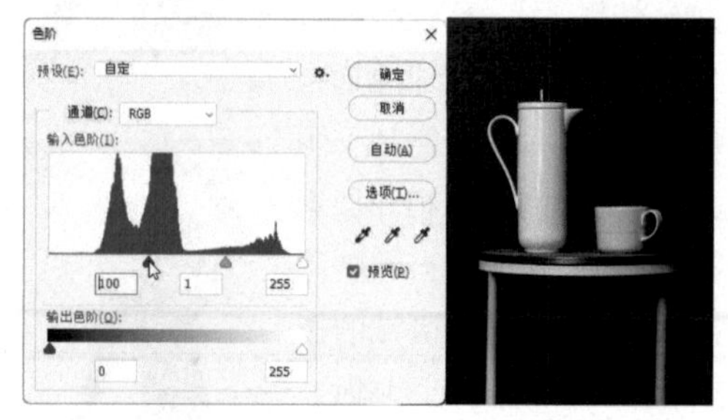

图 7–55

2. 高光滑块

高光滑块位于色阶255处，对应的是图像中最亮的色调（白色）。将其向左拖曳，滑块当前位置及其右侧的像素会被映射为白色，如图7–56所示。

图 7–56

3. 中间调滑块

中间调滑块对应的色阶是128（50%灰色），向左拖曳时，会将低于50%灰色的深灰色映射为50%灰色，中间调的范围向深色调区域扩展，色调变亮，效果如图7-57所示。向右拖曳，则会收缩浅色调区域，色调变暗，效果如图7-58所示。

图 7-57

图 7-58

7.2.10 曲线

打开图像，如图7-59所示。执行“图像 > 调整 > 曲线”命令，可以打开“曲线”对话框，如图7-60所示。“自动”“选项”及吸管工具与“色阶”命令的相同。

图 7-59

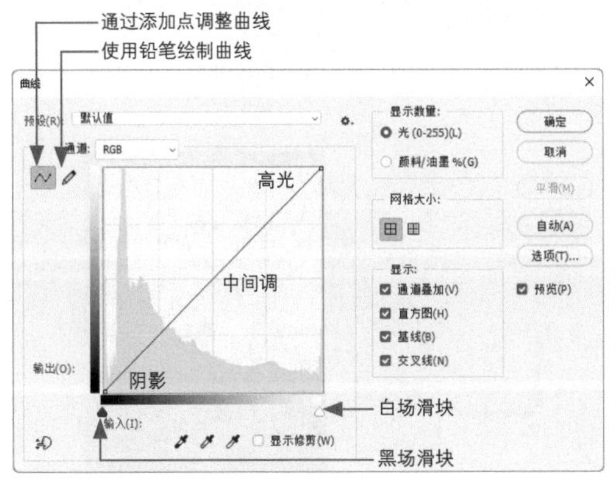

图 7-60

曲线选项介绍

● **通道**：用于选择要调整的颜色通道。

● **输入/输出**：“输入”显示调整前的像素值，“输出”显示调整后的像素值。

● **显示修剪**：调整阴影和高光控制点时，勾选该选项，可临时切换为阈值模式，显示高对比度的预览图像。

● **显示数量**：可以反转强度值和百分比的显示。默认选择“光（0-255）”选项。

● **网格大小**：单击田按钮，会以 25% 的增量显示曲线背后的网格，这是默认的显示状态；单击▦按钮，则以 10% 的增量显示网格，在这种状态下，更容易将控制点对齐到直方图上。

● **通道叠加**：在“通道”选项中选择颜色通道并进行调整时，可在复合曲线上叠加各个颜色通道的曲线。

● **直方图/基线/交叉线**：可在曲线上叠加直方图，显示以 45° 角绘制的基线，以及调整曲线时显示十字参考线。

曲线调整方法

方法 1

在曲线上单击以添加控制点，拖曳控制点改变曲线形状即可调整图像。水平渐变条是输入色阶，体现的是原始色调；垂直渐变条是输出色阶，即调整后的色调。当曲线向上弯曲时，可将被调整的色调映射为更浅的色调，如图7-61所示；曲线向下弯曲，则所调整的色调会被映射为更深的色调，如图 7-62 所示。

图 7-61

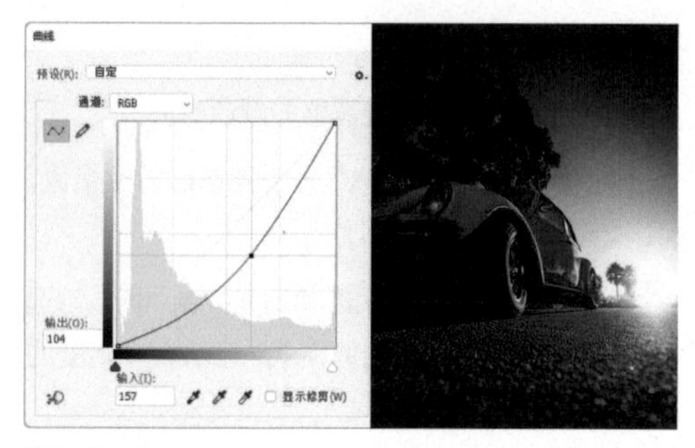

图 7-62

方法 2

选择调整工具，将鼠标指针移动到图像上，此时曲线上会出现一个空心方块，它代表了鼠标指针处的色调在曲线上的位置，拖曳鼠标，可添加控制点并调整相应的色调，如图 7-63 所示。

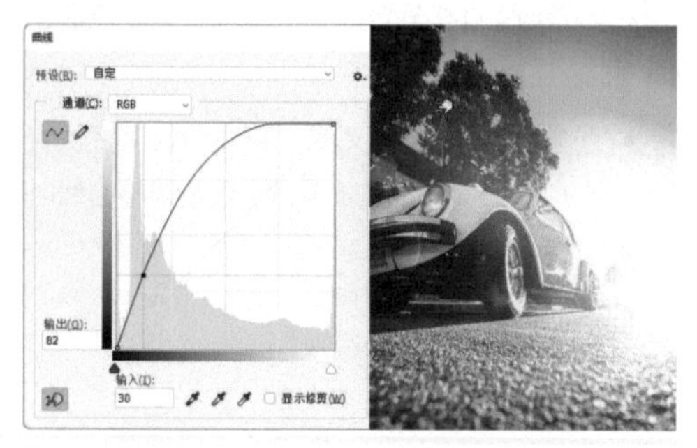

图 7-63

方法 3

使用铅笔工具可以绘制曲线，如图 7-64 所示。单击“平滑”按钮，可对曲线进行平滑处理。单击按钮，曲线上会显示控制点，如图 7-65 所示。

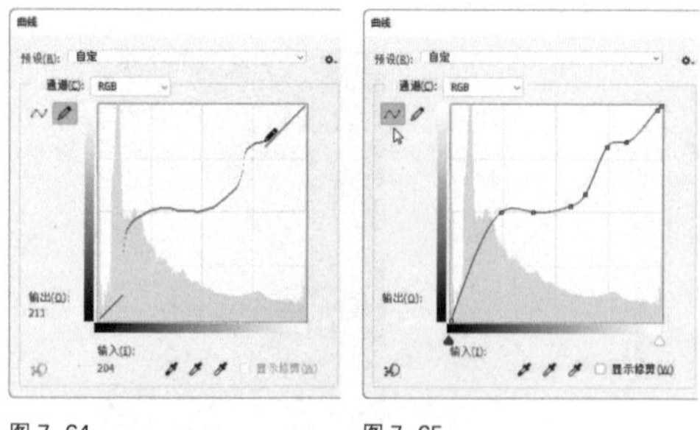

图 7-64　　图 7-65

小提示

单击控制点后，按↑键和↓键，可将其向上、向下轻移。如果要选择多个控制点，可按住Shift键并单击它们。如果要删除控制点，可将其拖出曲线，或者单击控制点后按Delete键，也可按住Ctrl键并单击控制点进行删除。

典型曲线形态

● S形曲线能将高光区域调亮、阴影区域调暗，提高对比度，如图 7-66 所示。这种曲线可以替代“亮度 / 对比度”命令。反S形曲线会降低对比度。

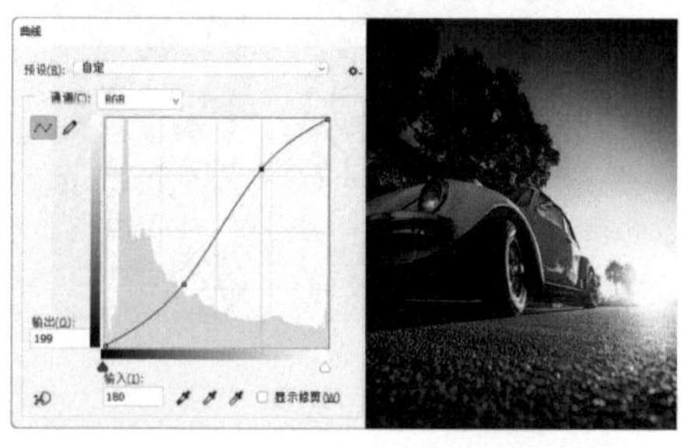

图 7-66

● 垂直向上拖曳底部的控制点，黑色会映射为灰色，阴影区域变亮，如图 7-67 所示；垂直向下拖曳顶部的控制点，白色会映射为灰色，高光区域变暗，如图 7-68 所示。将两个控制点同时向中间拖曳，色调反差变小，色彩会变得灰暗。

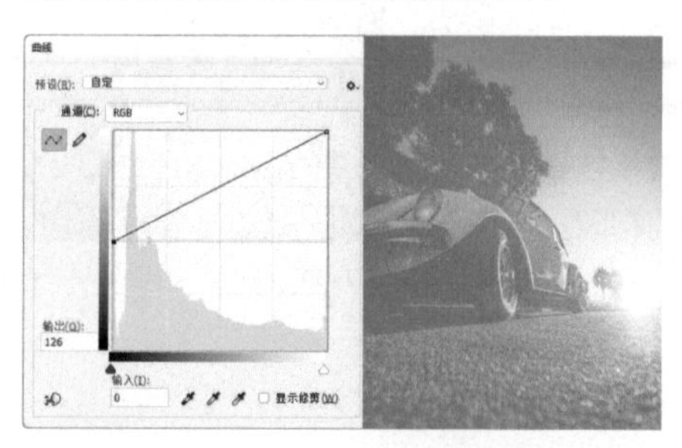

图 7-67

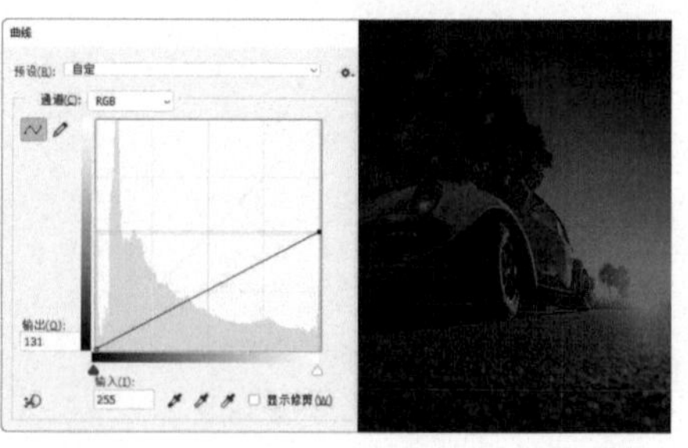

图 7-68

● 向左拖曳顶部的控制点，可将高光滑块（白色三角滑块）处的灰色映射为白色，高光区域会丢失细节，如图 7-69 所示；向右拖曳底部的控制点，可将阴影滑块（黑色三角滑块）处的灰色映射为黑色，阴影区域会丢失细节，如图 7-70 所示。

图 7-69

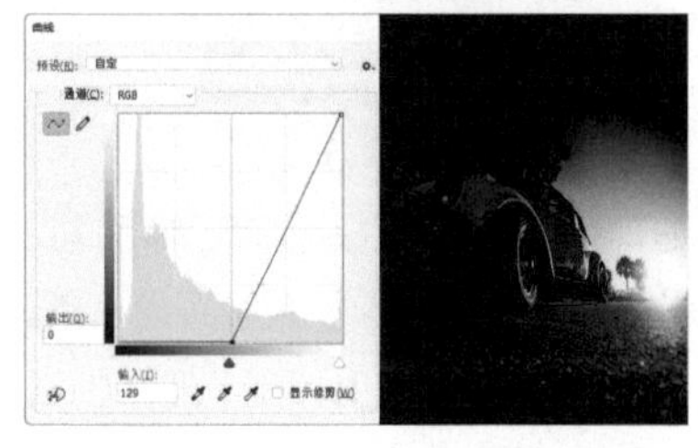

图 7-70

● 将顶部和底部的控制点拖曳到中间，可以创建与"色调分离"命令相似的效果，如图 7-71 所示。

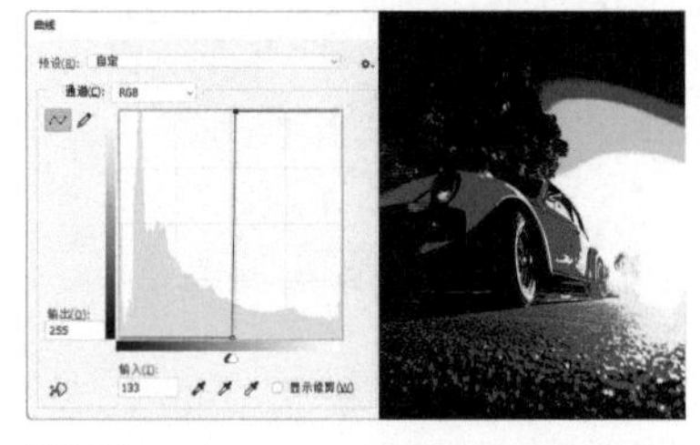

图 7-71

● 将顶部和底部的控制点拖曳到相反位置，可将图像反相，创建与"反相"命令相同的效果，如图 7-72 所示。N 形曲线能让部分图像反相。

图 7-72

7.2.11 调整高动态范围图像

高动态范围图像又称 HDR 图像，是由多幅同一场景下拍摄的不同曝光度的照片合成的，色调信息和图像细节比普通图像丰富，主要用于影片、特殊效果、3D 作品及高端图片，如图 7-73 所示。

普通图像　　HDR 图像

图 7-73

HDR 图像可以按比例表示和存储真实场景中的所有明度值，所以调整 HDR 图像曝光度的方式与在真实环境（即拍摄场景）中调整曝光度的方式类似。一般调整命令处理不好，需要用专门编辑 HDR 图像的命令才行。要调整 HDR 图像的色调，可使用"图像 > 调整 >HDR 色调"命令操作。要调整 HDR 图像的曝光，则使用"图像 > 调整 > 曝光度"命令效果更好。

7.3 调整色彩

Photoshop 中有丰富的颜色调整命令，可以增强、改变和校正图像中的颜色。这些调整命令的工作方式本质上是相同的，即都将现有的像素映射到新的像素值。

7.3.1 课堂案例：网点纸动漫

素材位置	素材 >7.3.1.jpg
效果位置	效果 >7.3.1.psd
视频位置	教学视频 >7.3.1 网点纸动漫 .mp4
技术掌握	通过转换颜色模式制作网点纸效果

本例使用"黑白"命令及模式转换等方法，让彩色动漫插画变为黑白网点纸效果，

如图 7-74 所示。

图 7-74

01 打开素材，如图 7-75 所示。执行“图像 > 调整 > 黑白”命令，打开“黑白”对话框。在“预设”下拉列表中选择“绿色滤镜”选项，如图 7-76 所示，效果如图 7-77 所示。按 Enter 键关闭对话框。按 Ctrl+A 快捷键全选，按 Ctrl+C 快捷键复制图像。

图 7-75

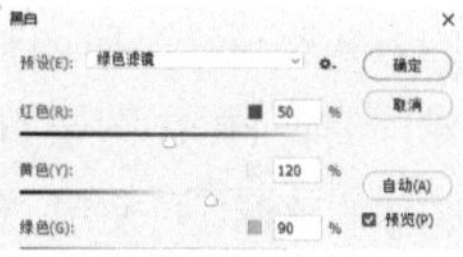

图 7-76

图 7-77

02 执行“图像 > 模式 > 灰度”命令及“图像 > 模式 > 位图”命令，打开“位图”对话框，参数设置如图 7-78 所示，单击“确定”按钮，打开“半调网屏”对话框，如图 7-79 所示。单击“确定”按钮关闭对话框，即可将图像转换为网点效果，如图 7-80 所示。

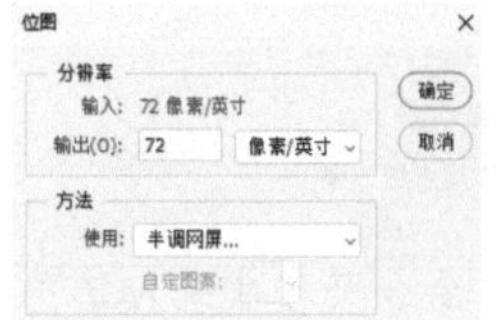

图 7-78

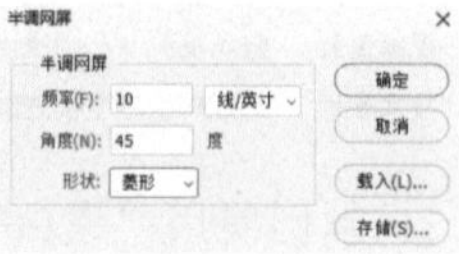

图 7-79

图 7-80

03 执行“图像 > 模式 > 灰度”命令，打开“灰度”对话框，如图 7-81 所示，单击“确定”按钮，将图像转换为灰度模式。按 Ctrl+V 快捷键粘贴黑白图像，如图 7-82 所示。

图 7-81　　图 7-82

04 按住 Alt 键单击“图层”面板底部的 按钮，添加反相（黑色）的蒙版。将前景色设置为白色。选择画笔工具 及柔边圆笔尖，在卡通人物面部涂抹白色，让此处显示未经网点化处理的黑白图像，如图 7-83 和图 7-84 所示。

图 7-83

图 7-84

7.3.2 替换颜色

“替换颜色”命令是“色彩范围”命令与“色相/饱和度”命令的结合体，它采用与“色彩范围”命令相同的方法，即使用吸管工具 拾取颜色，之后用与“色相/饱和度”命令相同的方法修改所选颜色。

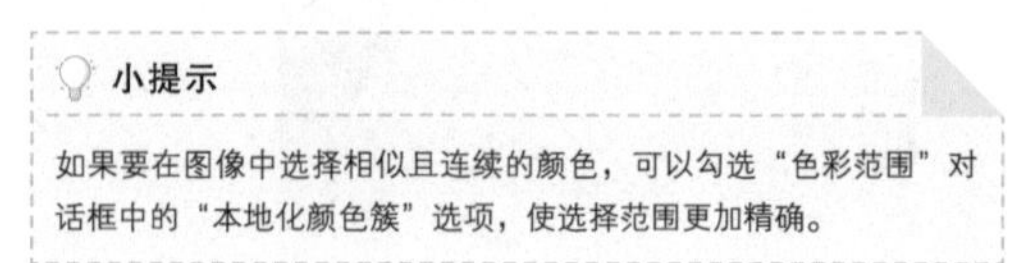

小提示

如果要在图像中选择相似且连续的颜色，可以勾选“色彩范围”对话框中的“本地化颜色簇”选项，使选择范围更加精确。

7.3.3 色相 / 饱和度

“色相 / 饱和度” 命令可以针对色彩三要素（色相、饱和度和明度）进行调整。这种调整，既可应用于整幅图像，也能针对单一颜色，如只增加红色的饱和度，其他颜色的饱和度不变。

打开一幅图像，如图 7–85 所示。执行 “图像 > 调整 > 色相 / 饱和度” 命令，可以打开 “色相 / 饱和度” 对话框，如图 7–86 所示。

图 7–85

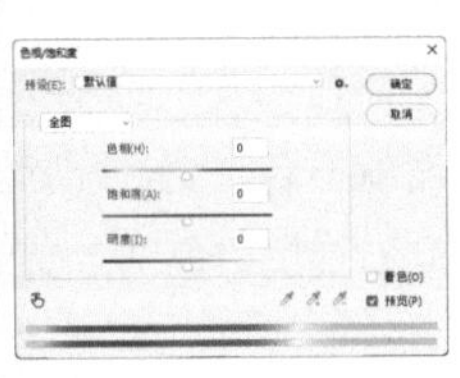

图 7–86

色相/饱和度选项介绍

● **预设**：包含预设的调整项目。

● **调整范围**：“预设” 下方的 “全图” 表示调整将应用于整幅图像。如果想针对某种颜色进行单独调整，可单击 ⌄ 按钮，打开下拉列表进行选择。

● **色相/饱和度/明度**：“色相” 选项可以改变颜色，“饱和度” 选项可以使颜色变得鲜艳或暗淡，“明度” 选项可以使色调变亮或变暗。操作时可在 “色相 / 饱和度” 对话框底部的渐变颜色条上查看颜色的变化，其中上面的颜色条代表图像原色，下面的颜色条则显示修改后的颜色，图 7–87 和图 7–88 所示是将红色调整为蓝色的步骤与效果。

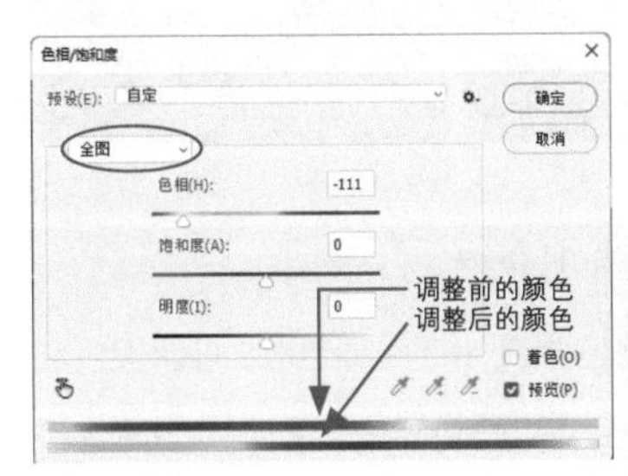

图 7–87

图 7–88

小提示

选择一种颜色进行调整时，两个渐变颜色条中会出现小滑块，其中两个中间的小滑块定义了将要修改的颜色范围，调整所影响的区域会由此开始向两个三角形滑块处衰减，三角形滑块以外的颜色不受影响。拖曳中间的小滑块，可以扩展和收缩所影响的颜色范围；拖曳三角形滑块，则可扩展和收缩衰减范围。颜色条上的4个数字分别代表当前选择的颜色和其外围颜色的范围。

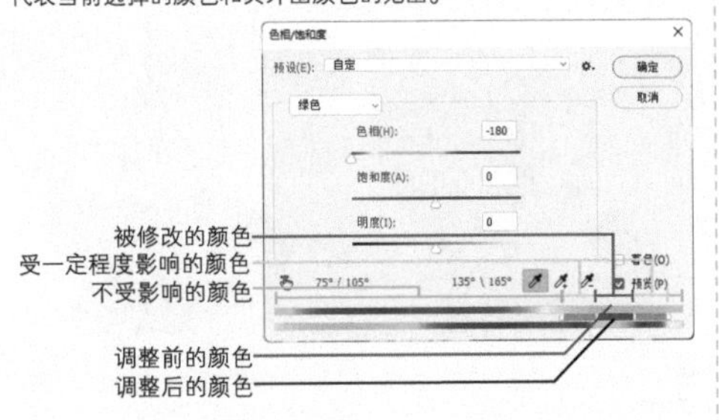

● **吸管工具**：用 工具单击图像，可拾取要调整的颜色；用 工具单击某种颜色，可将其添加到选取范围中；用 工具单击，则可将颜色排除出去。

● **图像调整工具** ：选择该工具后，在想要修改的颜色上向左拖曳鼠标，可以降低颜色的饱和度，如图 7–89 所示；向右拖曳鼠标，则提高饱和度，如图 7–90 所示。如果想要修改色相，可以按住 Ctrl 键操作。

图 7–89

图 7–90

● **着色**：勾选该选项后，图像的颜色会变为单一颜色。

7.3.4 自然饱和度

虽然提高饱和度可以让色彩看起来赏心悦目，但在肤色处理上，就不太适用了。肤色的调整空间比较小，如果用 “色相 / 饱和度” 命令处理，极易出现颜色过度饱和的情况，此时肤色会变得很难看，也不自然，如图 7-91 和图 7-92 所示。使用“自然饱和度”命令的效果更好，如图 7-93 和图 7-94 所示。该命令能给饱和度设置上限，避免出现溢色，因此，非常适合处理人像照片和印刷用的图像。

原图
图 7-91

用“色相 / 饱和度”命令处理的效果
图 7-92

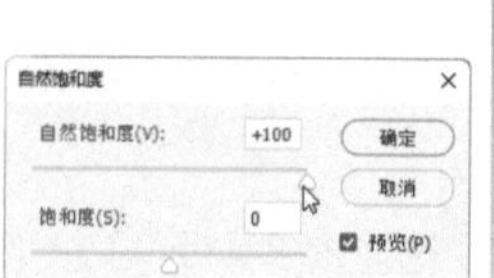

图 7-93

图 7-94

7.3.5 色彩平衡

打开图像，如图 7-95 所示。执行“图像 > 调整 > 色彩平衡”命令，打开“色彩平衡”对话框。对话框中有 3 个颜色条，颜色条两端是互补色，滑块向哪个颜色端移动，便增加相应的颜色，同时减少其补色，如图 7-96 和图 7-97 所示。

图 7-95

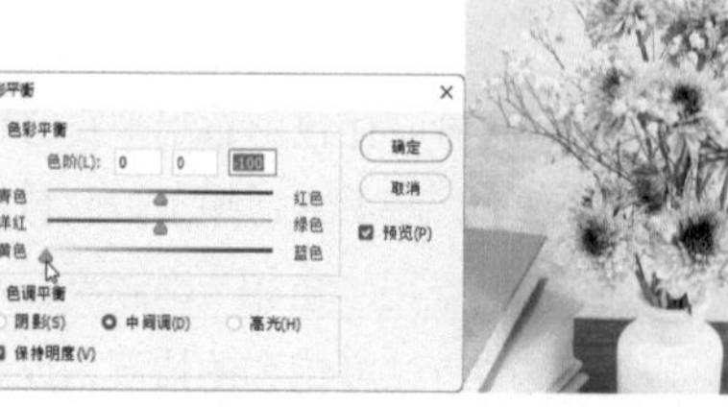
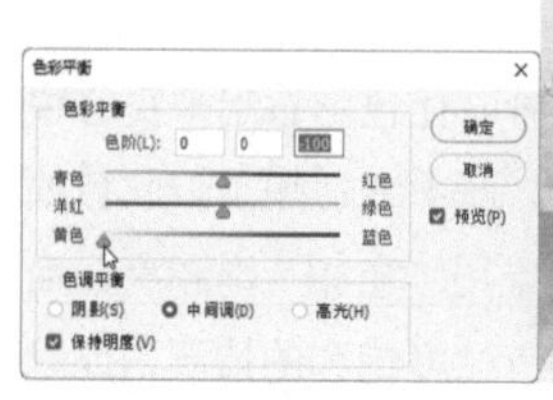

图 7-96

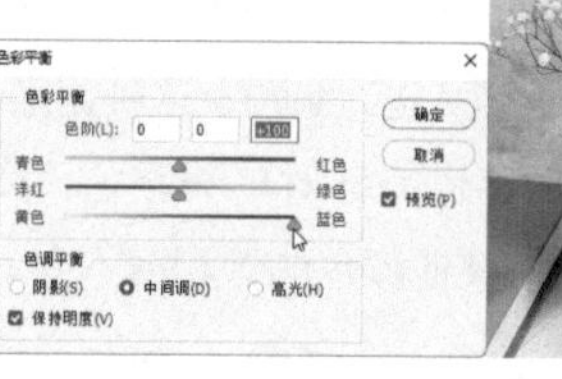
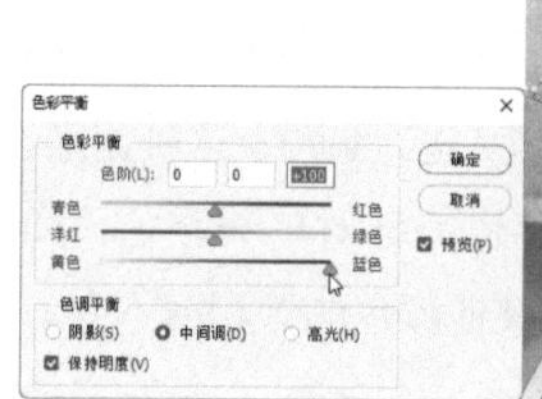

图 7-97

“色彩平衡”命令能识别图像中的阴影、中间调和高光。操作时，可在“阴影”“中间调”“高光”选项中选取一个色调区域，再进行有针对性的调整，以减少对其他色调的影响。“保持明度”选项很重要，调色时勾选它，亮度就不会改变。否则滑块向左拖曳，色调会变暗；向右拖曳，色调会变亮。

7.3.6 匹配颜色

摄影时经常会出现云层遮挡太阳、拍摄角度不同或客观环境变化等状况，使得拍摄的一组照片的影调、色彩和曝光不一致。有些照片效果很好，如图 7-98 所示，有些则不尽如人意，如图 7-99 所示。“匹配颜色”命令可以用效果好的照片去校正效果较差的照片，效果如图 7-100 所示。

图 7-98

图 7-99

图 7-100

匹配颜色选项介绍

- **明度 / 颜色强度**：匹配颜色时，可调整色彩的明度和饱和度。当“颜色强度”为 1 时，则会生成灰度图像。

● **渐隐**：用来减弱调整强度。

● **中和**：勾选该选项，可消除偏色。

● **载入统计数据 / 存储统计数据**：单击“存储统计数据”按钮，可将当前的设置保存；单击“载入统计数据”按钮，可以载入已存储的设置。使用载入的统计数据时，无须在 Photoshop 中打开源图像就能完成匹配图像的操作。

● **使用源选区计算颜色**：如果源图像上有选区，勾选该选项，会使用选区中的图像匹配当前图像的颜色；取消勾选，则会使用整幅图像进行匹配。

● **使用目标选区计算颜色**：在被匹配颜色的目标图像上创建选区后，将使用选区内的图像来计算调整；取消勾选，则使用整个图像中的颜色来计算调整。

● **源 / 图层**：在“源”选项中可以选择源图像，即当前图像的颜色与之匹配的图像。如果该图像包含多个图层，可在“图层”选项中指定图层。

7.3.7 通道混合器

图像的色彩信息保存在颜色通道中（参见 185 页），“通道混合器”可以用来调整通道的明暗，进而改变颜色。

打开一幅图像，如图 7-101 所示。执行“图像 > 调整 > 通道混合器”命令，打开“通道混合器”对话框。在“输出通道”下拉列表中选择要调整的颜色通道（如红通道），之后拖曳滑块。例如，拖曳蓝色滑块时，Photoshop 会用该滑块所代表的蓝通道与所选的输出通道——红通道混合。向左拖曳滑块，两个通道以“减去”模式混合，如图 7-102 所示；向右拖曳滑块，则以“相加”模式混合，如图 7-103 所示。

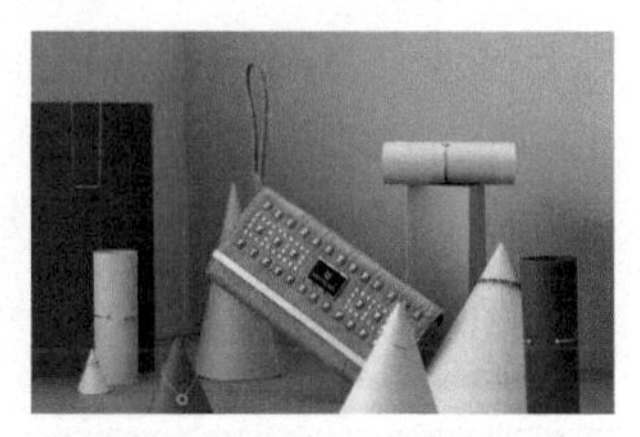
图 7-101

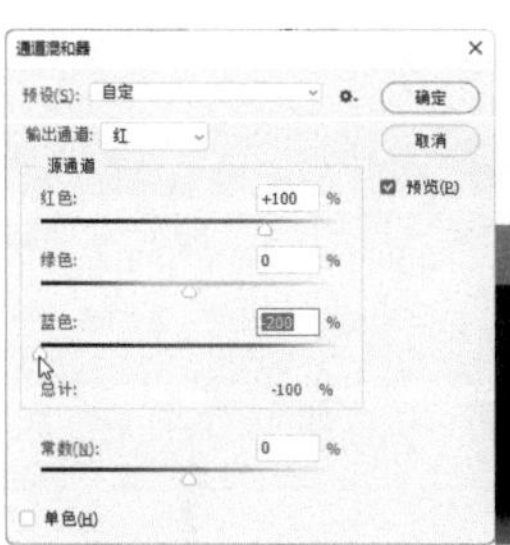

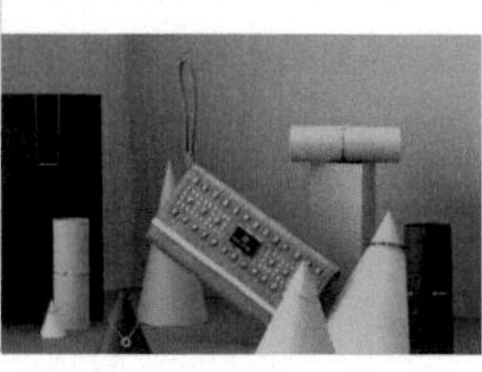
图 7-102

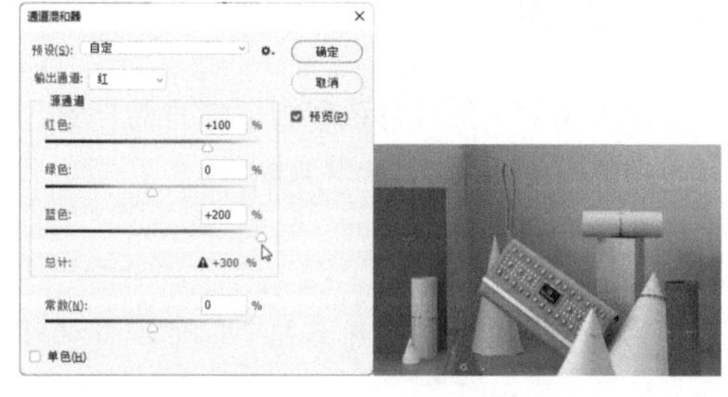

图 7-103

通道混合器选项介绍

● **输出通道**：用来选择要调整的颜色通道。

● **“源通道”选项组**：用来设置输出通道中源通道所占的百分比，为负值可以使源通道在被添加到输出通道之前反相。“总计”选项显示了源通道的总计值。如果合并的通道值高于 100%，会在“总计”右侧显示一个警告图标 ▲，并且，该值超过 100% 有可能会损失阴影和高光细节。

● **常数**：只调整“常数”时，会直接调整输出通道的亮度。“常数”为正值时，可在通道中增加白色；为负值时，则增加黑色。

● **单色**：勾选后可将彩色图像转换为黑白效果。

7.3.8 照片滤镜

摄影器材中有一种彩色滤镜，可以改变色彩平衡和色温，营造特殊的色彩效果。“照片滤镜”命令能模拟此类滤镜。图 7-104 所示为原图，图 7-105

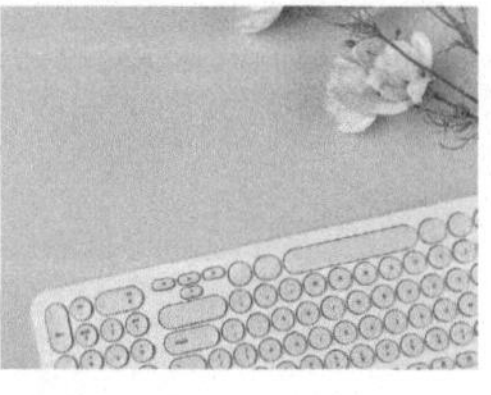
图 7-104

所示为应用“照片滤镜”命令的参数设置和效果。

图 7-105

7.3.9 彩色转黑白

黑白图像虽然没有色彩，但高雅而朴素、纯粹而简约，具有独特的艺术魅力。

1. “去色”命令

执行“图像 > 调整 > 去色”命令，可以将图像转换为黑白效果。

2. “黑白”命令

打开一幅图像，如图 7-106 所示。执行“图像 > 调整 > 黑白”命令，打开“黑白”对话框，如图 7-107 所示。使用该命令可以调整红色、黄色、绿色、青色、蓝色和洋红色等颜色的色调深浅，使色调层次更丰富、更鲜明。

图 7-106

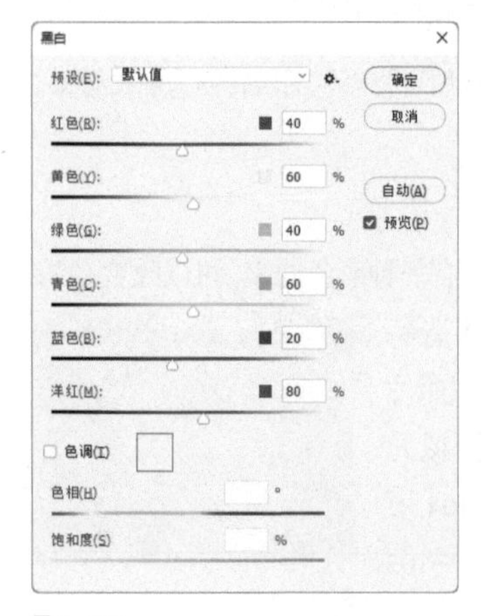

图 7-107

操作时拖曳各个颜色滑块，即可调整图像中特定颜色的灰色调。例如，向左拖曳黄色滑块，能让图像中由黄色转换而来的灰色调变暗，如图 7-108 所示；向右拖曳，灰色调会变亮，如图 7-109 所示。

图 7-108

图 7-109

黑白选项介绍

● **自动**：使用“黑白”命令时，可先单击“自动”按钮，让灰度值的分布最大化，在此基础上处理细节，通常能产生更好的效果。

● **预设**：可以选择一个预设文件调整图像。图 7-110 所示为使用“红外线”预设创建的效果。它模拟的是红外摄影技术——利用红外感光设备与红外滤镜配合进行的特殊摄影，能使画面呈现出一种超乎现实的意境。

图 7-110

● **色调 / 色相 / 饱和度**：将图像转换为黑白效果后，勾选“色调”选项，然后单击颜色块，打开“拾色器”对话框设置颜色，可以创建单色图像，并可调整其“色相”和“饱和度”。

7.4 对图像应用特殊颜色效果

Photoshop 中的调色命令可以用来对颜色进行替换、查找、映射、分离、反相等，总之能让颜色发生神奇的改变。

7.4.1 课堂案例：浪漫樱花季

素材位置	素材 >7.4.1.jpg
效果位置	效果 >7.4.1.psd
视频位置	教学视频 >7.4.1 浪漫樱花季 .mp4
技术掌握	用曲线调整颜色通道，“可选颜色”命令

本例使用“曲线”调整颜色通道，再用“可选颜色”命令针对特定的颜色进行修改，以使色彩更纯粹、干净，如图 7-111 所示。

图 7-111

01 单击“调整”面板中的 按钮，创建“曲线”调整图层，分别调整 RGB、红、绿和蓝通道曲线，如图 7-112 ~ 图 7-115 所示。

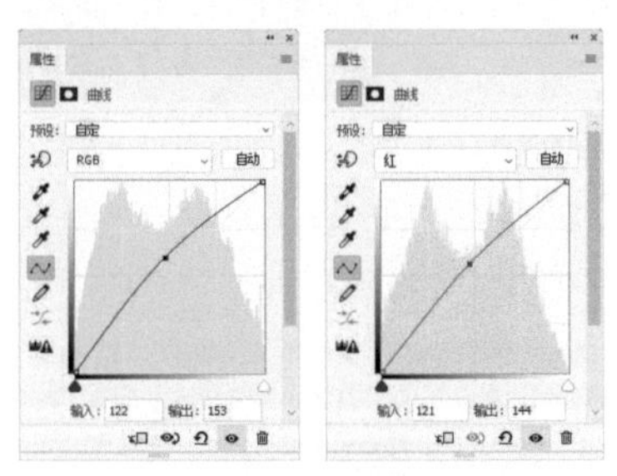

图 7-112　　图 7-113

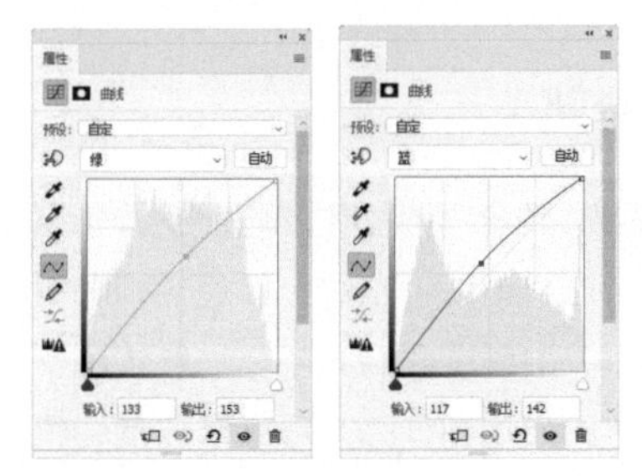

图 7-114　　图 7-115

02 单击“调整”面板中的 按钮，创建“可选颜色”调整图层，调整“青色”和“中性色”，如图 7-116 ~ 图 7-118 所示。

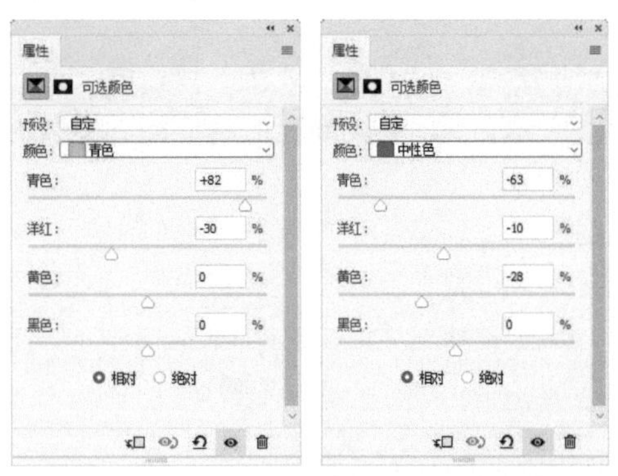

图 7-116　　图 7-117

图 7-118

7.4.2 可选颜色

使用“可选颜色”命令调整颜色称为“可选颜色校正”，这是高端扫描仪和分色程序使用的一种技术，能修改某一主要颜色中的印刷色数量，而不影响其他主要颜色。例如，可以增加或减少绿色中的青色，同时保留蓝色中的青色。

来看图 7-119 所示的图片。晚霞很美，但还不够瑰丽。天空的主要颜色是黄色，选择“黄色”进行调整，增加其中的洋红色和黄色，将青色降到最低，如图 7-120 所示，即可调出金灿灿的晚霞，如图 7-121 所示。

图 7-119

可选颜色

预设(E)：自定

确定

取消

颜色(O)：黄色

青色(C)：-100 %

洋红(M)：+100 %

黄色(Y)：+100 %

黑色(B)：0 %

预览(P)

方法：相对(R) 绝对(A)

图 7-120

图 7-121

> **小提示**
>
> 选择“相对”选项，可以按照总量的百分比修改现有的青色、洋红色、黄色和黑色的含量。例如，如果为50%的洋红色像素添加10%，结果为55%（50%＋50%×10%= 55%）的洋红色。选择“绝对”选项，则采用绝对值调整颜色。例如，如果为50%的洋红色像素添加10%，则结果为60%的洋红色。

7.4.3 颜色查找

“颜色查找”命令能将原始颜色通过 LUT 的颜色查找表映射到新的颜色上，如图 7-122 所示。用该命令处理的图像具有较强的电影质感，如图 7-123 所示。因为这是一种来自电影后期调色的技术——调色师利用 LUT 查找颜色数据，确定特定图像所要显示的颜色和强度，将索引号与输出值建立对应关系，确保影片在不同显示设备上表现出来的颜色一致。

图 7-122

原图

“颜色查找”命令的调整效果

图 7-123

> **小提示**
>
> LUT是Look Up Table的缩写，意为“查找表”，有1D LUT、2D LUT和3D LUT几种类别。其中，3D LUT的色彩控制能力最强，它的每一个坐标方向都有RGB通道，能够同时影响色域、色温和伽马值，映射和处理所有色彩信息，甚至是不存在的色彩。

7.4.4 渐变映射

用“渐变映射”命令调色时，渐变的起始（左端）颜色、中点和结束（右端）颜色分别映射到图像的阴影、中间调和高光中。一般情况下都是通过调整图层使用，因为可以修改混合模式，使图像细节得以保留，如图 7-124 所示。

原图

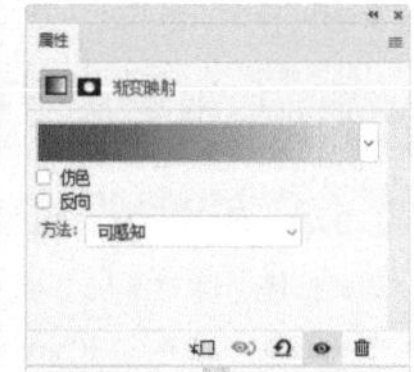

渐变映射

修改混合模式

调色效果

图 7-124

单击⌄按钮打开下拉面板，可以选择预设的渐变。如果要自定义渐变颜色，可单击渐变颜色条，打开“渐变编辑器”对话框进行设置。如果图像用于打印，可勾选“仿色”选项，这样可以在渐变中添加随机的杂色，让渐变效果更加平滑。勾选“反向”选项，则会反转渐变颜色的填充方向。

7.4.5 色调分离

“色调分离”命令可以指定图像中每个通道的色调级数目（或亮度值），之后将像素映射到最接近的匹配级别。在减少色彩的同时，简化图像细节，如图 7-125 和图 7-126 所示。

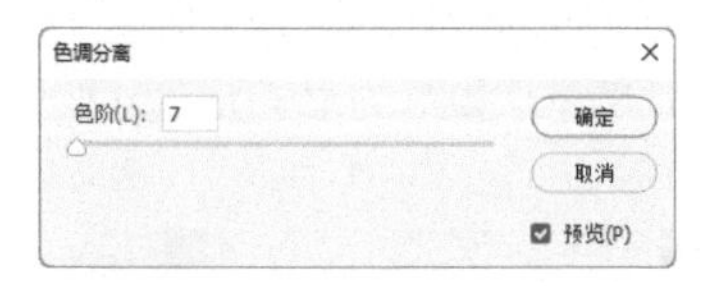

图 7-125

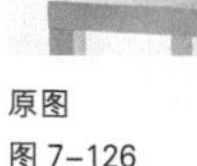

原图

“色调分离”命令调整效果

图 7-126

7.4.6 阈值

“阈值”命令可以简化彩色图像的细节，并将其转换为高对比度的黑白效果，适合制作单色照片或模拟类似手绘效果的线稿，以及制作木版画、图章等特效，如图 7-127 所示。

原图

“阈值”命令调整效果

图 7-127

图 7-128 所示为“阈值”对话框。将一个亮度值定义为阈值后，比阈值亮的像素会转换为白色，比阈值暗的像素则转换为黑色。对话框中的直方图显示了像素的亮度级别和分布情况，调整时可作为参照。

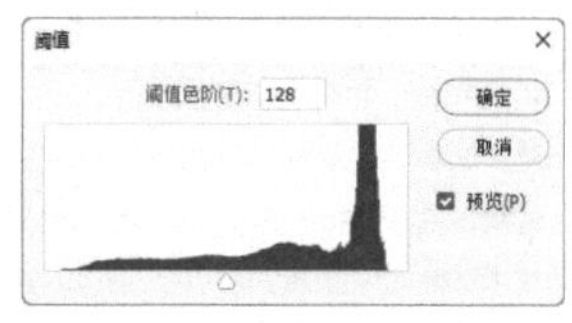

图 7-128

小提示

如果用“图像>调整>阈值”命令分别处理各个颜色通道，可生成与用“色调分离”命令处理效果极为相似的彩色图像。

7.4.7 反相

“反相”命令可以将图像中的每种颜色都转换为其互补色（黑色、白色则相互转换），如图 7-129 所示。这是一种可逆的操作，因为再次执行该命令，就能将原有的颜色转换回来。

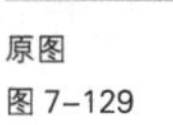

原图

“反相”命令调整效果

图 7-129

7.5 课后习题

本章介绍了色彩知识和调色方法。先了解色彩原理，再学调色方法，才能知其所以然。下面通过课后练习帮助读者巩固所学知识。

7.5.1 问答题

1. 调色时为什么要用调整图层，而不是直接使用调整命令？

2. 在直方图中，“山峰”整体向右偏移时，照片的曝光情况如何？如果有“山峰”紧贴直方图右端，照片的曝光又是什么情况？

3. 使用“色阶”命令调整照片时，怎样操作能增加对比度？怎样操作可降低对比度？

7.5.2 案例题：修改商品颜色

素材位置	素材 >7.5.2.psd
效果位置	效果 >7.5.2.psd
视频位置	教学视频 >7.5.2 修改商品颜色 .mp4
技术掌握	“色相 / 饱和度”命令，剪贴蒙版

本例针对“色相 / 饱和度”命令进行练习，用来快速修改耳机颜色，如图 7-130 所示。

图 7-130

01 单击“调整”面板中的 按钮，创建一个“色相 / 饱和度”调整图层，选择红色，拖曳“色相”滑块，调整耳机颜色，如图 7-131 所示。

图 7-131

02 单击“属性”面板中的 按钮，创建剪贴蒙版，以限定调整区域。

7.5.3 案例题：修改服装颜色

素材位置	素材 >7.5.3.jpg
效果位置	效果 >7.5.3.psd
视频位置	教学视频 >7.5.3 修改服装颜色 .mp4
技术掌握	用“替换颜色”命令修改颜色

“替换颜色”命令有其独到之处，在使用时，用户能够直接看到所选的颜色范围，因此，调色更有把握。本例主要针对该命令进行调色练习，如图 7-132 所示。

图 7-132

01 执行“图像 > 调整 > 替换颜色”命令，打开“替换颜色”对话框。选择吸管工具，在红色面料上单击，拾取颜色，如图 7-133 所示（在图像缩览图中，白色代表选中的区域，灰色代表被部分选取的区域，即带有羽化效果的选区）。

02 拖曳“颜色容差”滑块，扩展选取范围，拖曳“色相”滑块调整所选颜色，如图 7-134 所示。

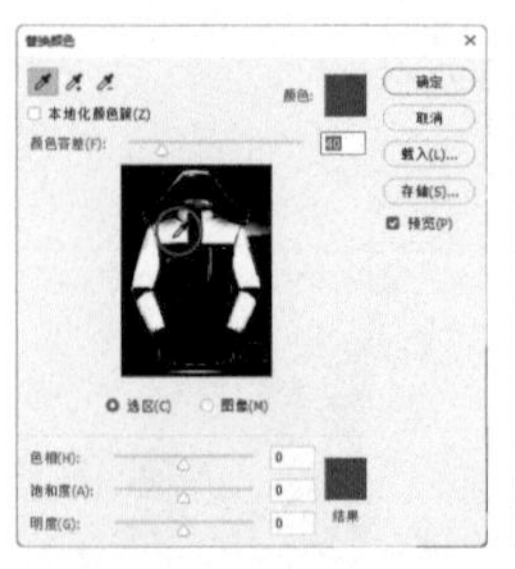

图 7-133

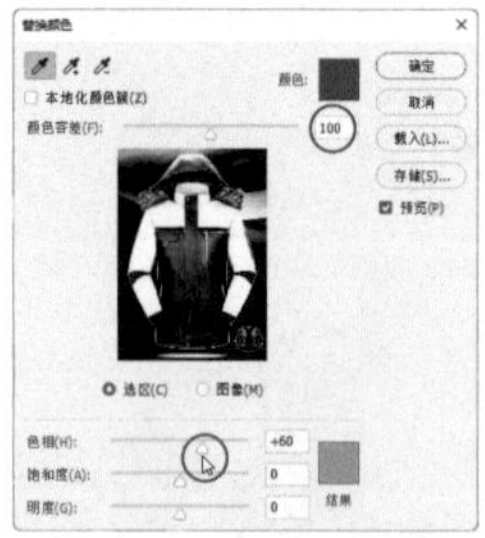

图 7-134

第8章

滤镜

本章导读

滤镜是用于制作特效的，它能改变像素的位置和颜色，生成各种特殊效果。滤镜还可以校正照片中的镜头缺陷，模拟各种绘画效果，也常用来编辑图层蒙版、快速蒙版和通道。

本章学习要点

- 遮盖智能滤镜。
- 功能区样式直方图。
- 创建多重效果。
- 蒙版编辑工具。

Photoshop

8.1 智能滤镜

Photoshop 的滤镜家族有 100 多个成员，它们都在“滤镜”菜单中。除“液化”“消失点”等少数滤镜外，其他滤镜都可作为智能滤镜使用。智能滤镜具有非破坏性和可修改等特点，用处非常大。

8.1.1 课堂案例：地球全景特效

素材位置	素材 >8.1.1-1.jpg、8.1.1-2.psd
效果位置	效果 >8.1.1.psd
视频位置	教学视频 >8.1.1 地球全景特效 .mp4
技术掌握	调整素材图像，将图像转换为智能对象并添加滤镜

本例使用智能滤镜制作地球全景效果，如图 8-1 所示。

图 8-1

01 打开素材，如图 8-2 所示。

图 8-2

02 执行“图像 > 图像大小”命令，打开“图像大小”对话框，单击 8 按钮，解除宽度和高度之间的关联。设置“宽度”为 60 厘米，使之与“高度”相同，如图 8-3 所示，效果如图 8-4 所示。

03 执行“图像 > 图像旋转 >180 度”命令，将图像旋转 180°，如图 8-5 所示。

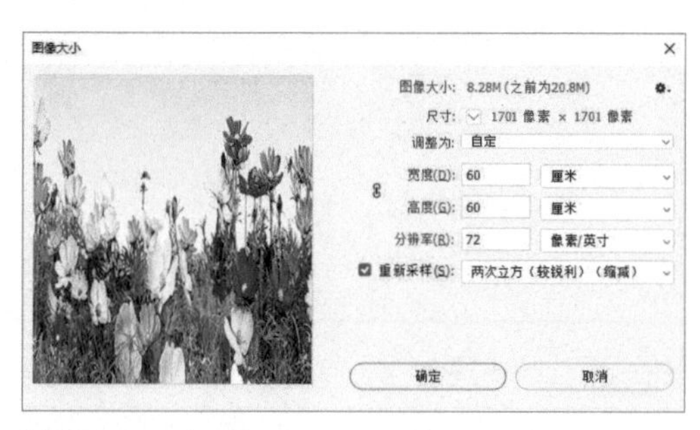

图 8-3

图 8-4

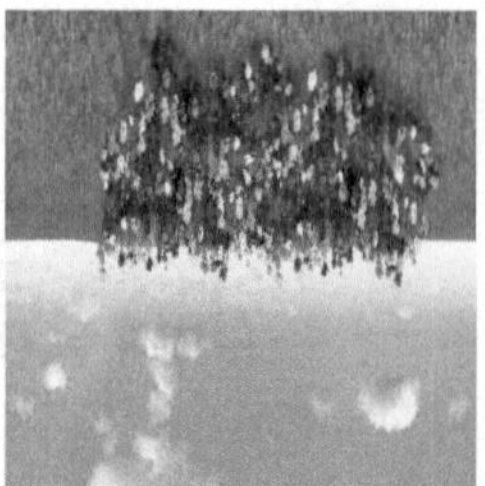

图 8-5

04 执行“滤镜 > 转换为智能滤镜”命令，将当前图层转换为智能对象。执行“滤镜 > 扭曲 > 极坐标”命令，在打开的对话框中选中“平面坐标到极坐标”选项，如图 8-6 所示，效果如图 8-7 所示。

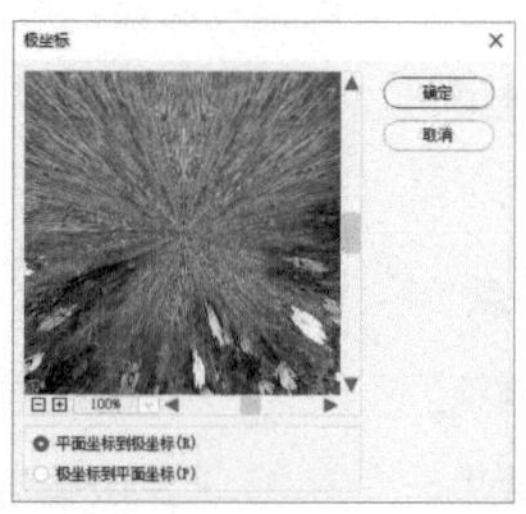

图 8-6

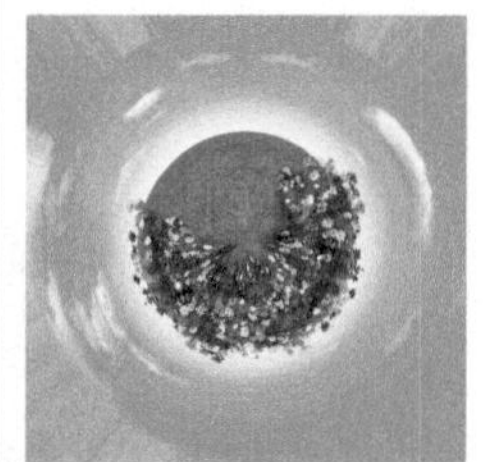

图 8-7

小提示

如果创建了选区，则滤镜只处理选中的图像。滤镜的处理效果是以像素为单位进行计算的，因此，用相同的参数处理不同分辨率的图像，效果会出现差异。

05 打开素材，将极地效果拖入该文件中。按 Ctrl+T 快捷键显示定界框，单击鼠标右键打开快捷菜单，执行“水平翻转”命令，再将图像放大并调整其角度，如图 8-8 所示，按 Enter 键确认。新建一个图层，设置混合模式为“柔光”。使用画笔工具在球形边缘涂抹黄色，绘制出发光效果，如图 8-9 所示。新建一个图层，在画面上方涂抹蓝色，在下方涂抹橘黄色，如图 8-10 所示。

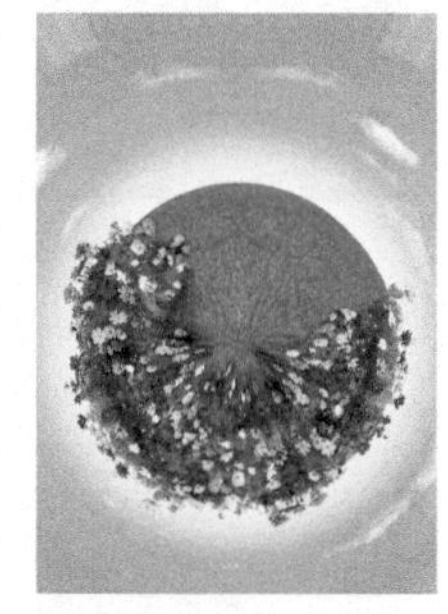

图 8-8

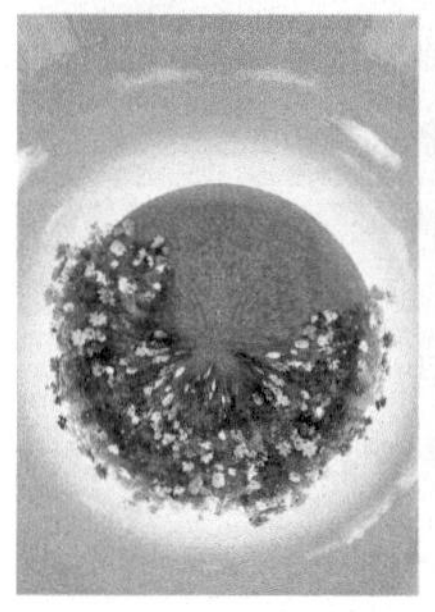

图 8-9

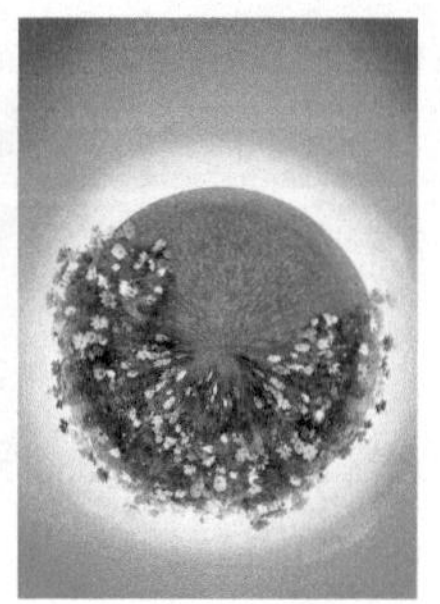

图 8-10

06 在“组 1”左侧单击，显示该图层组，如图 8-11 和图 8-12 所示。

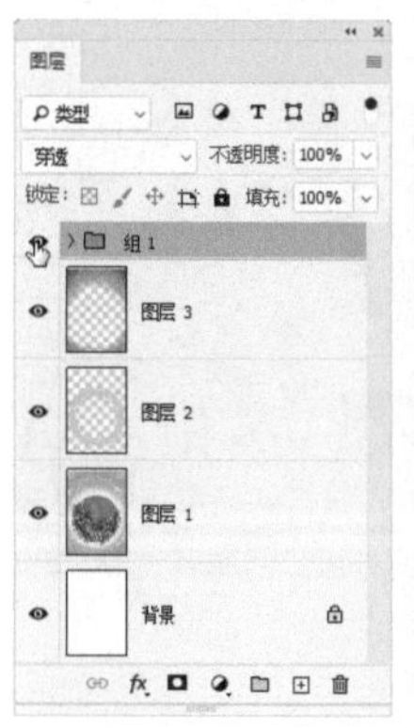

图 8-11

图 8-12

8.1.2 修改智能滤镜

应用智能滤镜后，如图 8-13 所示，双击它，如图 8-14 所示，可以打开相应的对话框来修改滤镜参数，如图 8-15 所示。

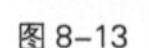

图 8-13

图 8-14

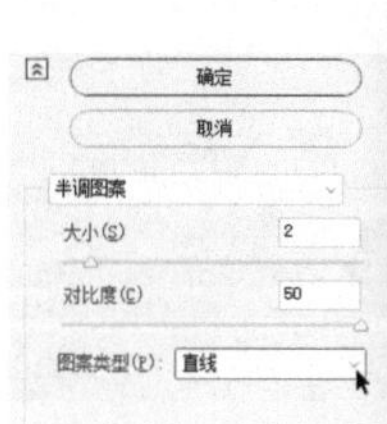

图 8-15

双击智能滤镜旁边的图标，如图 8-16 所示，会弹出“混合选项（滤镜库）”对话框，在其中可修改滤镜的不透明度和混合模式，如图 8-17 所示，效果如图 8-18 所示。

图 8-16

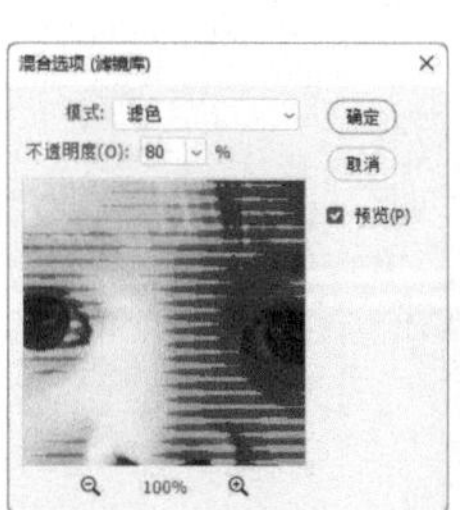

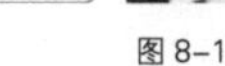

图 8-17

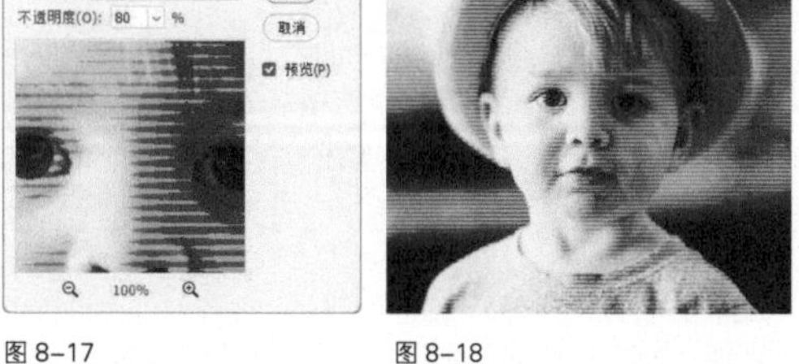

图 8-18

小提示

如果要缩放添加了智能滤镜的对象，要注意滤镜效果不会做出相应的改变。例如，在添加了“模糊”智能滤镜后，当缩小智能对象时，模糊范围并不会自动减小，需要修改参数让滤镜效果与缩小后的对象匹配。

8.1.3 遮盖智能滤镜

智能滤镜就像图层样式一样，是附加在智能对象所在的图层上的，因此，滤镜效果与图层中的对象完全分离。编辑它的蒙版可以控制智能滤镜的作用范围，使其只影响部分对象，如图 8-19 和图 8-20 所示。

图 8-19

图 8-20

8.1.4 复制智能滤镜

按住 Alt 键，将一个智能滤镜拖曳到其他智能对象上（或拖曳到智能滤镜列表中的新位置），释放鼠标左键，可复制智能滤镜，如图 8-21 和图 8-22所示。按住 Alt 键拖曳智能对象旁边的图标，则可复制所有智能滤镜。

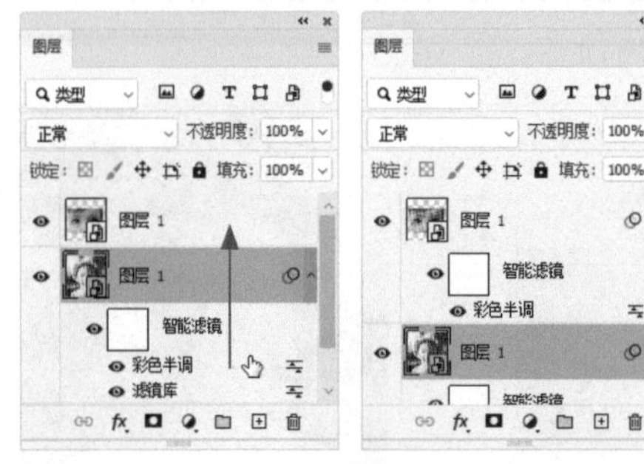

图 8-21　　图 8-22

8.1.5 显示、隐藏和重排智能滤镜

单击某个滤镜的眼睛图标，可以隐藏该滤镜，如图 8-23 和图 8-24 所示。在原眼睛图标处单击，则重新显示滤镜，如图 8-25 和图 8-26 所示。

图 8-23

图 8-24

图 8-25

图 8-26

单击智能滤镜左侧的眼睛图标，或执行“图层 > 智能滤镜 > 停用智能滤镜”命令，可隐藏当前智能对象的所有智能滤镜。向上或向下拖曳智能滤镜，可以调整其顺序。由于滤镜是按照自下而上的顺序应用的，因此，调整顺序后效果会发生改变，如图 8-27 和图 8-28 所示。

图 8-27

图 8-28

8.1.6 删除智能滤镜

将某个智能滤镜拖曳到“图层”面板中的按钮上，可将其删除。如果要删除应用于智能对象的所有智能滤镜，可以将图标拖曳到按钮上，或执行“图层 > 智能滤镜 > 清除智能滤镜”命令。

8.2 滤镜库

滤镜库是一个特效宝库，它包含“画笔描边”“素描”“纹理”“艺术效果”等滤镜组，每个滤镜组中又有不同的滤镜，效果非常丰富。

8.2.1 课堂案例：墙面贴画

素材位置	素材 >8.2.1.psd
效果位置	效果 >8.2.1.psd
视频位置	教学视频 >8.2.1 墙面贴画 .mp4
技术掌握	滤镜库，用混合颜色带调整上层或下层图像的显示程度

本例制作墙面贴画，如图 8-29 所示。制作时会使用滤镜库，以及一种特殊的图像合成工具——混合颜色带。

图 8-29

01 本实例的素材包含两个图层，如图 8-30 所示。单击人像所在的图层，执行“选择 > 主体”命令，将人像选中，如图 8-31 所示。

图 8-30

图 8-31

02 单击“图层”面板中的 ◘ 按钮，添加蒙版，效果如图 8-32 所示。设置图层的混合模式为“明度”，并在图 8-33 所示的位置双击，打开“图层样式”对话框，添加“描边”效果，如图 8-34 所示，效果如图 8-35 所示。

图 8-32

图 8-33

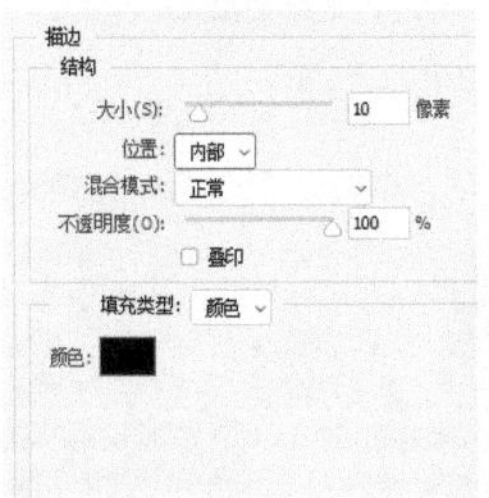

图 8-34

图 8-35

03 执行“滤镜 > 转换为智能滤镜”命令，将当前图层转换为智能对象。执行“滤镜 > 滤镜库”命令，打开“滤镜库”对话框，添加“壁画”滤镜，如图 8-36 所示。

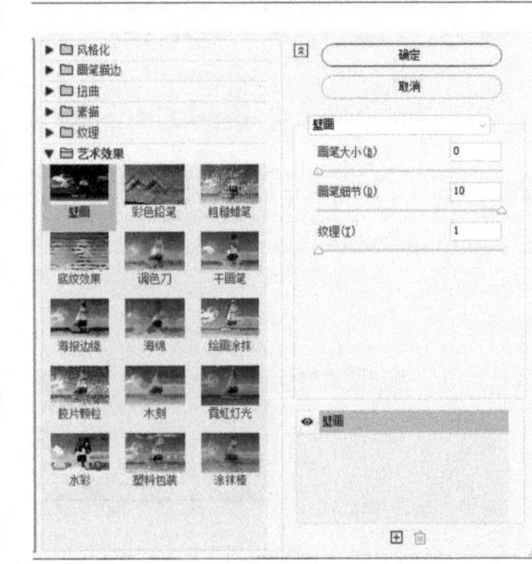

图 8-36

04 双击“图层 1”，打开“图层样式”对话框。将鼠标指针移动到图 8-37 所示的白色滑块上，按住 Alt 键单击，将滑块分开，然后分别对其进行拖曳，让底层砖墙透出来，如图 8-38 和图 8-39 所示。

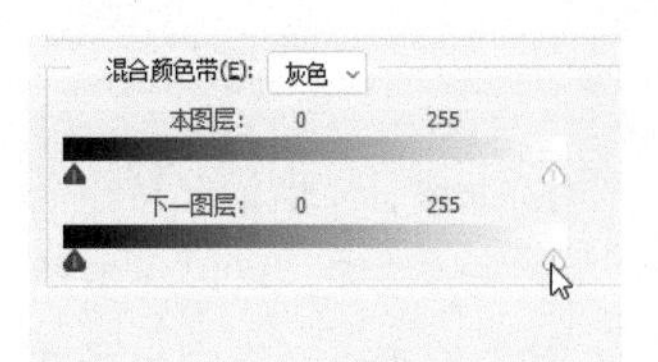

图 8-37

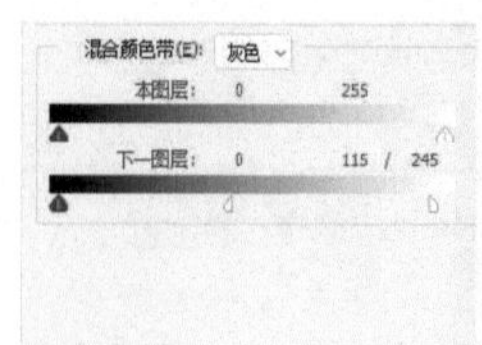

图 8-38

图 8-39

05 按 Ctrl+J 快捷键复制图层，修改混合模式为“颜色”，如图 8-40 和图 8-41 所示。

图 8-40

图 8-41

8.2.2 “滤镜库”对话框

执行“滤镜 > 滤镜库”命令，打开“滤镜库”对话框，如图 8-42 所示。左侧可预览滤镜效果，中间是 6 个滤镜组，右侧可设置参数。

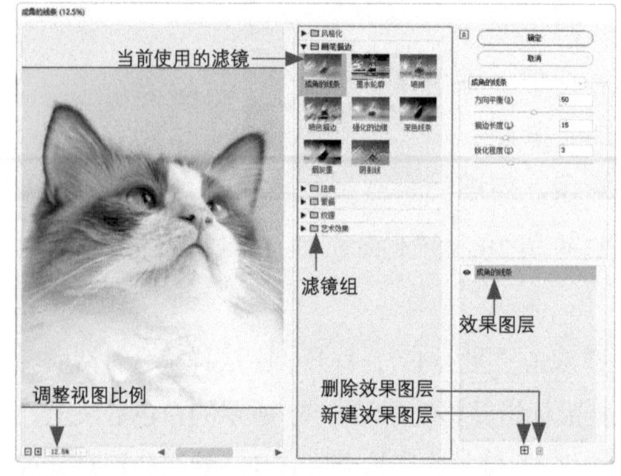

图 8-42

单击对话框底部的⊞和⊟按钮，可以放大和缩小画面的显示比例，拖曳预览框内的图像，则可移动其显示位置。

调整参数后，按住 Alt 键，“取消”按钮会变成“复位”按钮。单击该按钮，可以将参数恢复至初始状态。在其他滤镜对话框中也可按此方法操作。

小提示

执行“编辑>首选项>增效工具”命令，打开“首选项”对话框，勾选“显示滤镜库的所有组和名称”选项，可以让“画笔描边”“素描”“纹理”“艺术效果”滤镜组出现在“滤镜”菜单中。

8.2.3 创建多重效果

在“滤镜库”对话框中单击⊞按钮，可以创建效果图层，之后可单击其他滤镜，创建多重滤镜效果，如图 8-43 和图 8-44 所示。单击🗑按钮，可删除效果图层。

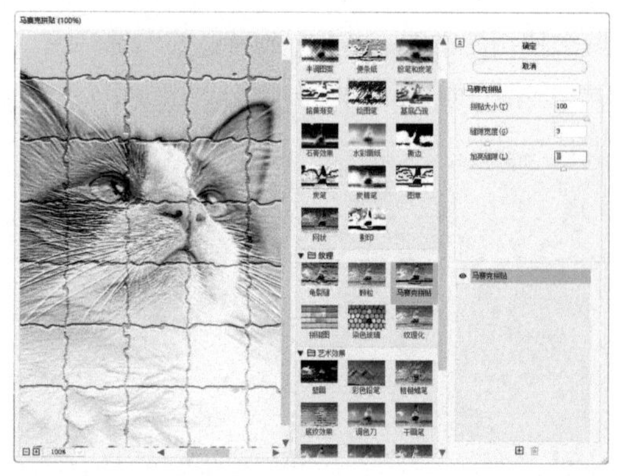

图 8-43

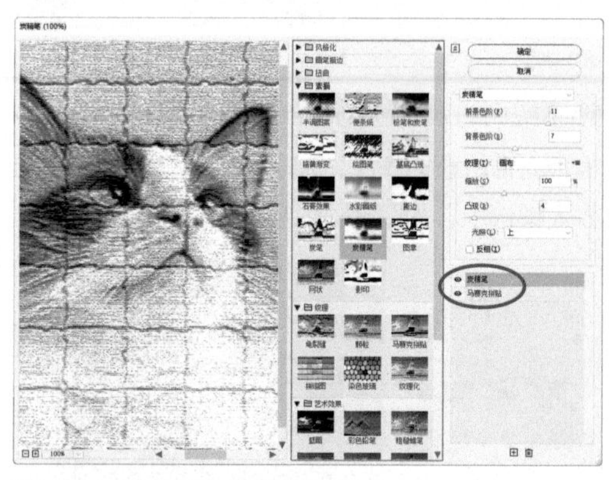

图 8-44

8.3 “Neural Filters”滤镜

Neural Filters（神经网络）是一种 AI 滤镜，需要下载才能使用。操作时可先打开 Adobe 官网，创建 Adobe ID 并登录，之后在 Photoshop 中执行“滤镜 >Neural Filters”命令，打开“Neural Filters”面板，单击按钮从云端下载滤镜插件。

8.3.1 课堂案例：磨皮

素材位置	素材 >8.3.1.jpg
效果位置	效果 >8.3.1.psd
视频位置	教学视频 >8.3.1 磨皮 .mp4
技术掌握	使用“Neural Filters”滤镜磨皮

磨皮是人像照片最重要的编辑环节之一，它是指对人的皮肤进行美化处理，如去除色斑、痘痘、皱纹等，让皮肤变得白皙、细腻、光滑，使人显得更年轻、更漂亮。本例使用“Neural Filters”滤镜磨皮，它能快速移除色斑和各种瑕疵，如图 8-45 所示。

图 8-45

01 图 8-46 所示为素材。执行“滤镜 >Neural Filters”命令，打开“Neural Filters”面板。开启“皮肤平滑度”滤镜，将参数调到最大，在“输出”下拉列表中选择“新图层”选项，如图 8-47 所示。单击“确定”按钮进行磨皮，效果如图 8-48 所示。

图 8-46

图 8-47

图 8-48

02 新建一个图层。选择污点修复画笔工具，在工具选项栏中选择“对所有图层取样”选项，如图 8-49 所示。在残留的亮点上单击，将其清除，如图 8-50 和图 8-51 所示。

图 8-49

图 8-50

图 8-51

03 处理眉毛上方的色块。较大的色块可以通过拖曳鼠标的方法抹除，如图 8-52 所示。

图 8-52

8.3.2 “Neural Filters”滤镜项目

“Neural Filters”与“滤镜库”类似，也包含多个滤镜，如图 8-53 所示。除专题滤镜外，测试版滤镜和即将推出的滤镜表示还在测试中或者目前还不太成熟。

图 8-53

“Neural Filters”滤镜项目介绍

- **皮肤平滑度**：可以去除皮肤上的痘痘、色斑和瑕疵，让皮肤变得细腻、光滑。

- **智能肖像**：可以修改人像的年龄、眼神、表情、面部朝向及光照方向等，如图 8-54 所示。

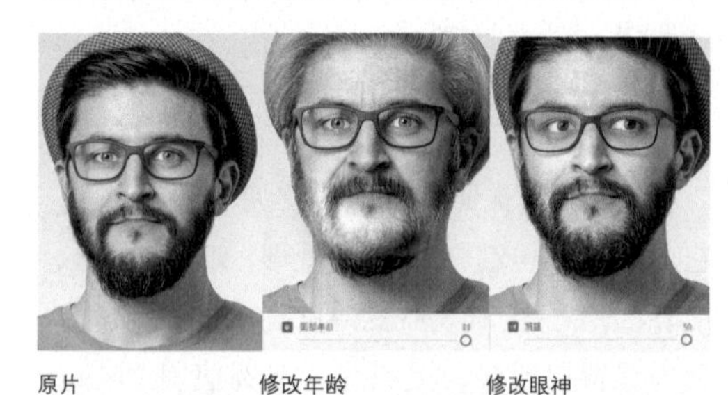

原片　修改年龄　修改眼神

修改表情　修改面部朝向　修改光照方向

图 8-54

- **妆容迁移**：可以将眼部和嘴部的妆容从一幅图像应用于另一幅图像，如图 8-55 所示。

图 8-55

● **风景混合器**：可以增强风景照片的视觉效果，让四季更加分明，甚至能让季节发生转换，如图8-56和图8-57所示。

原图
图8-56

夏季转换为冬季
图8-57

● **样式转换**：可以将预设的艺术风格应用于图像，如图8-58所示。

预设样式及转换效果

预设样式及转换效果
图8-58

● **协调**：可以处理抠好的图像，使其与另一幅图像的色调相匹配，得到完美的合成效果，如图8-59所示。

未进行协调处理的合成图像　　协调效果
图8-59

● **色彩转移**：可以转换图像的整体色彩，如图8-60所示。

图8-60

● **着色**：可以快速为黑白照片上色，如图8-61所示。

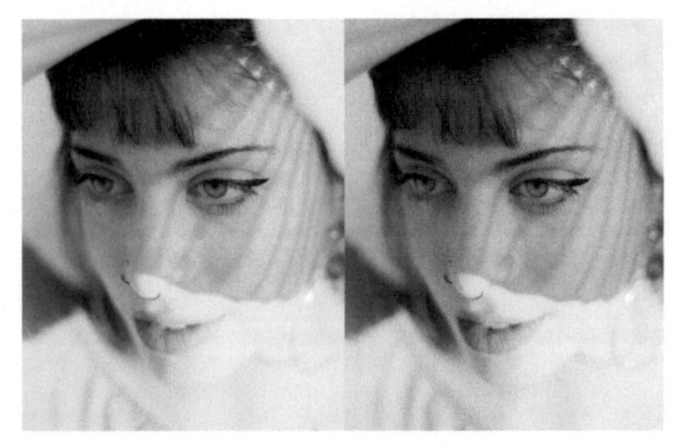
图8-61

● **超级缩放**：可以放大和裁剪图像，再通过Photoshop添加细节。

● **深度模糊**：可以在主体对象周围添加环境薄雾，如图8-62所示，也可调整环境色温，使其更暖或更冷。

图8-62

● **移除JPEG伪影**：使用JPEG格式保存图像时会进行压缩，导致图像品质下降，有时还会出现伪影，影响图像的美观。该滤镜可移除压缩时产生的伪影。

● **照片恢复**：可快速修复旧照片，提高对比度，增强细节，消除划痕。

8.4 “消失点”滤镜

“消失点”滤镜可以用来在包含透视平面（如建筑物侧面或任何矩形对象）的图像中进行透视绘画、复制和粘贴操作。操作时，Photoshop 能将对象调整到透视平面中，使其符合透视要求，效果非常真实。

8.4.1 课堂案例：制作化妆品包装盒

素材位置	素材 >8.4.1–1.jpg、8.4.1–2.jpg
效果位置	效果 >8.4.1.psd
视频位置	教学视频 >8.4.1 制作化妆品包装盒 .mp4
技术掌握	“消失点”滤镜

本例使用“消失点”滤镜将插画贴在化妆品包装盒上，如图 8–63 所示。

图 8–63

01 打开素材。将包装插画设置为当前文件，如图 8–64 所示，按 Ctrl+A 快捷键全选，按 Ctrl+C 快捷键复制图像。切换到包装盒文件，如图 8–65 所示。新建一个图层。

图 8–64　　图 8–65

02 执行“滤镜 > 消失点”命令，打开“消失点”对话框。使用创建平面工具 在图像上单击，确定平面的 4 个角点，进而得到一个蓝色的矩形网格图形，即透视平面，如图 8–66 所示。如果透视平面为黄色，则代表无效透视平面，需要调整角点位置，使网格变为蓝色。

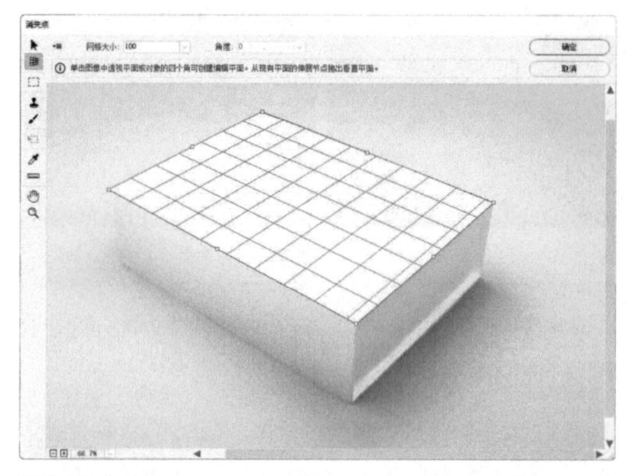

图 8–66

> **小提示**
>
> 拖曳角点时按住X键，可临时放大窗口的视图，便于准确定位角点。放置角点时，按BackSpace键，可以删除最后一个角点。创建好透视平面后按BackSpace键，则可将其删除。另外，按Ctrl++、Ctrl+–快捷键分别可以放大、缩小窗口。如需移动画面位置，可按住空格键拖曳鼠标。

03 按 Ctrl+V 快捷键粘贴图像，如图 8–67 所示。

图 8–67

04 选择变换工具 ，按住 Shift 键并拖曳控制点，将图像等比缩小，如图 8–68 所示。

05 将图像拖曳到透视平面中，可以在透视状态下移动图像。拖曳控制点，使图像边缘与包装盒边缘对齐，如图 8–69 所示。单击“确定”按钮，完成贴图操作，如图 8–70 所示。

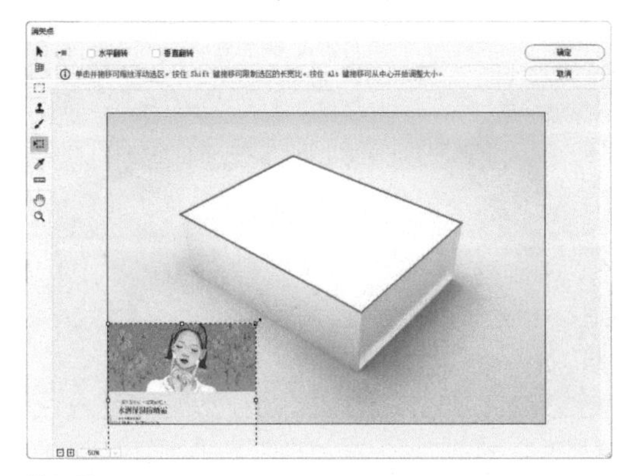

图 8-68

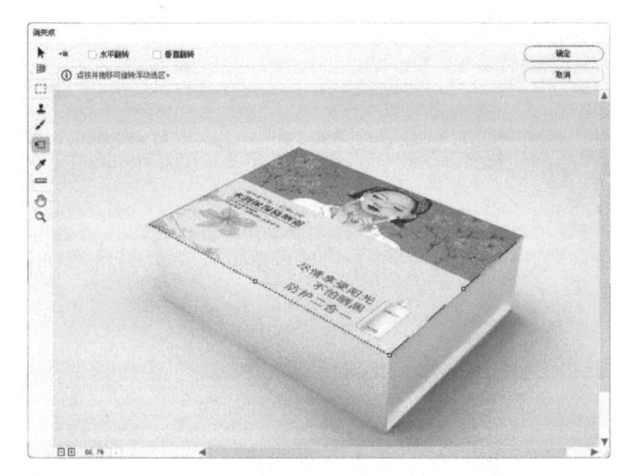

图 8-69

图 8-70

8.4.2 透视平面

要想让“消失点”滤镜发挥作用，需要创建正确的透视平面。图像中有直线的区域，如门、窗、建筑立面、向远处延伸的道路等可作为参照创建透视平面。创建透视平面，如图 8-71 所示，使用编辑平面工具 拖曳定界框上的控制点，可拉伸透视平面，如图 8-72 所示。按住 Ctrl 键并拖曳鼠标，可拉出新的透视平面，如图 8-73 所示。

图 8-71

图 8-72

图 8-73

可以调整新平面的角度，操作方法是按住 Alt 键并拖曳定界框上的控制点，如图 8-74 所示，或者在“角度”文本框中输入数值。将鼠标指针放在网格内进行拖曳，则可移动整个透视平面。如果想修改网格间距，可在“网格大小”选项中进行调整。

图 8-74

> 💡 **小提示**
>
> 使用“消失点”滤镜时，如果出现失误，可以按Ctrl+Z快捷键，依次向前撤销操作；按Shift+Ctrl+Z快捷键，可恢复被撤销的操作（可连续按）。

8.4.3 透视工具

图 8-75 所示为“消失点”滤镜包含的工具，可以选择、移动、变换或修复图像。

图 8-75

工具介绍

- **编辑平面工具** ：用来选择、编辑、移动平面，以及调整平面的大小。选择该工具后，还可在对话框顶部的选项中输入“网格大小”值，调整透视平面网格的间距。

- **创建平面工具** ：使用该工具可以定义透视平面的4个角点，调整平面的大小和形状，并拖出新的平面，如图8-76所示。

- **选框工具** ：用来创建正方形和矩形选区，按住Alt键并拖曳选中的图像，可进行复制。这与Photoshop中用移动工具复制选区内的图像一样，但图像会呈现透视扭曲。图8-77所示为采用这种方法增加楼的高度。选框工具设定的选区既可以用来选取图像，也能用来限定仿制图章工具和画笔工具的操作范围。在“消失点”滤镜中，不管跨越几个透视平面，选区都会依照透视平面变形。

图 8-76

图 8-77

- **仿制图章工具** ：使用该工具时，按住Alt键并在图像上单击可以设置取样点，在其他区域拖曳鼠标可复制图像；单击某一点，然后按住Shift键并单击另一点，可以在透视平面中绘制出一条直线段。

- **画笔工具** /**吸管工具** ：使用“消失点”滤镜中的画笔工具时，只要将“修复”设置为“关”，就可以像使用Photoshop中的画笔工具那样绘制出颜色。但颜色需要预先设置，可单击“画笔颜色”右侧的颜色块，打开“拾色器”对话框设置；也可使用吸管工具拾取图像中的颜色。画笔大小可以通过] 键和 [键来调整，画笔硬度可以用Shift+] 和Shift+[快捷键进行调整。

- **变换工具** ：使用该工具时，可以通过拖曳定界框上的控制点来缩放、旋转和移动选区，类似于在矩形选区上使用“自由变换”命令。拖曳定界框或控制点，则可以变换图像。

- **测量工具** ：用来测量对象的距离和角度。

8.5 “Camera Raw”滤镜

Adobe Camera Raw（简称 ACR）能解析相机原始数据文件，即 RAW 格式文件。这种格式的文件可以记录感光元件上获取的所有信息，如 ISO、光圈值、曝光度等，而且不做调整和压缩。Camera Raw 也可以编辑 JPEG 格式和 TIFF 格式的文件。Camera Raw 中的调色功能不像 Photoshop 那样能把颜色调得很极端、很夸张，它在调整强度方面控制得很细腻、很柔和，更适合编辑摄影作品。

8.5.1 课堂案例：春光变秋色

素材位置	素材 >8.5.1.jpg
效果位置	效果 >8.5.1.psd
视频位置	教学视频 >8.5.1 春光变秋色 .mp4
技术掌握	“Camera Raw”滤镜的调色方法

下面是一个调色案例，如图 8-78 所示。

图 8-78

01 在 Photoshop 中打开素材，如图 8-79 所示。执行“滤镜 > 转换为智能滤镜”命令，将图像转换为智能对象。

图 8-79

02 执行“滤镜 >Camera Raw”命令，打开“Camera Raw”对话框。展开“混色器”选项组，单击“点颜色”选项卡并选择点颜色取样器工具，如图 8-80 所示。

图 8-80

小提示

如果要编辑RAW格式文件，可以在Photoshop中执行“文件>打开”命令。弹出“打开”对话框后，选择文件并单击“确定”按钮，运行Camera Raw并将文件打开。

03 在图 8-81 所示的树叶上单击，拾取颜色。

图 8-81

04 调整参数，如图 8-82 所示。单击“混色器”选项卡，调整黄色和绿色的“色相”和“饱和度”参数，如图 8-83~ 图 8-85 所示。

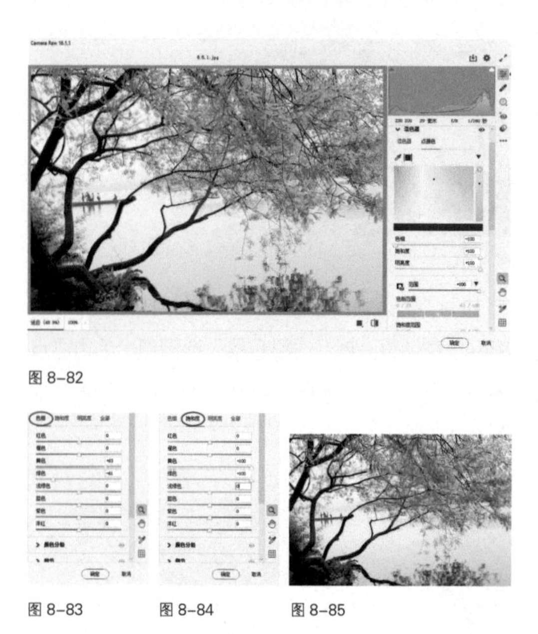

图 8-82

图 8-83　图 8-84　图 8-85

05 图 8-85 展示的是初秋的树木颜色。如果想调出深秋效果，即让色彩更加浓重、艳丽，可以采用图 8-86 所示的参数进行设置。执行"文件 > 存储为"命令，将文件保存为 PSD 格式。

图 8-86

8.5.2 Camera Raw 的界面

Camera Raw 的界面中包含工具、按钮和选项卡，如图 8-87 所示。其裁剪工具 、红眼工具 、缩放工具 、抓手工具 与 Photoshop 的相同，污点去除工具 则与 Photoshop 中的修补工具 类似。

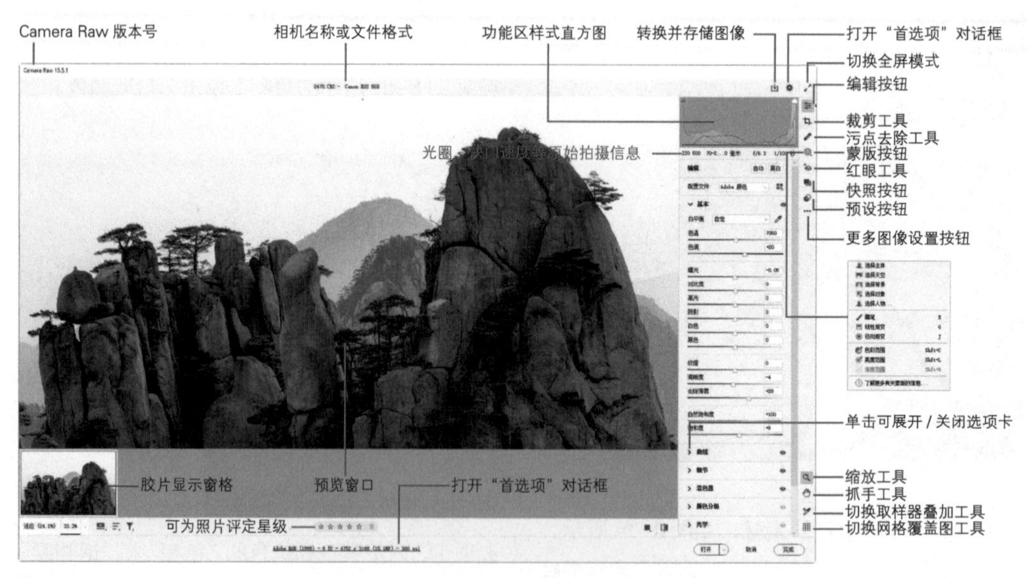

图 8-87

显示类按钮介绍

如果打开的是 RAW 格式的文件，在“相机名称或文件格式”处会显示照片是用什么型号的相机拍摄的。非 RAW 格式的文件，则显示图像的文件格式。其他显示类按钮如下。

- **按钮**：单击该按钮可隐藏胶片显示窗格。
- **按钮**：单击该按钮打开菜单，可以根据拍摄日期、文件名、星级和颜色标签等对图像进行排序。
- **按钮**：打开多张照片时，单击该按钮打开菜单，可以选择根据星级评定和色标等对照片进行排序。
- **按钮**：单击该按钮，可在原图和调整效果之间切换。
- **按钮**：单击该按钮，可切换到默认设置状态，即照片打开时的未编辑状态。再次单击，可恢复到当前设置。

8.5.3 功能区样式直方图

Camera Raw 使用的是与 Lightroom 类似的功能区样式直方图，即红、绿和蓝通道的直方图。当两个通道的直方图重叠时，会显示黄色、洋红色和青色，3 个通道重叠处则为白色，如图 8-88 所示。

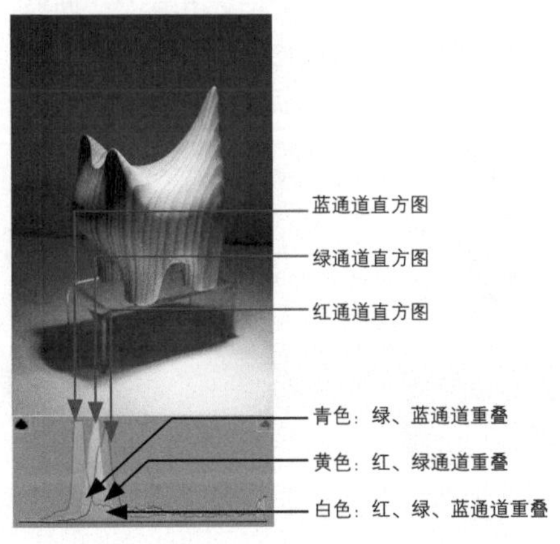

图 8-88

调整图像时，直方图会实时更新。如果其端点处出现竖线，就要格外注意，这是它发出的警告，即高光溢出或阴影缺失，表示高光或阴影区域的细节受损。如果想了解具体哪里受损，可单击直方图上方的图标进行查看，受损区域会覆盖蓝色或红色，如图 8-89 和图 8-90 所示。再次单击相应的图标，可以取消颜色显示。

色调调暗导致阴影缺失
图 8-89

色调调亮导致高光溢出
图 8-90

8.5.4 选项卡

单击“Camera Raw ”对话框中的编辑按钮，展开“编辑”面板，可以看到各个选项组，如图 8-91 所示。

图 8-91

选项组介绍

- **“基本”选项组**：用来调整白平衡、色温、色调、曝光、清晰度、饱和度等，如图 8-92所示。

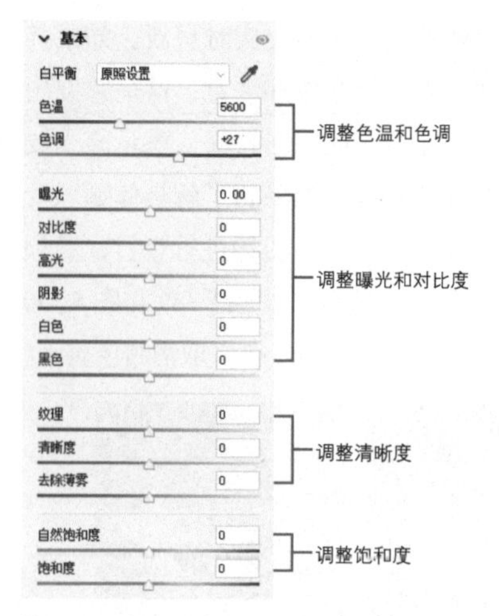

图 8-92

● **“曲线”选项组**：其预置的“高光”“亮调”“暗调”“阴影”选项可以针对特定色调进行微调，如图8-93所示。单击○按钮，可显示与Photoshop中相同的曲线。单击○ ○ ○按钮，则可调整各个颜色通道。

调整前　　将高光区域调亮

将亮调区域调亮（范围更广）　　将暗调区域调亮

图 8-93

● **“细节”选项组**：可用来锐化图像，让细节更加清晰，如图8-94所示，也可用来减少噪点和杂色。

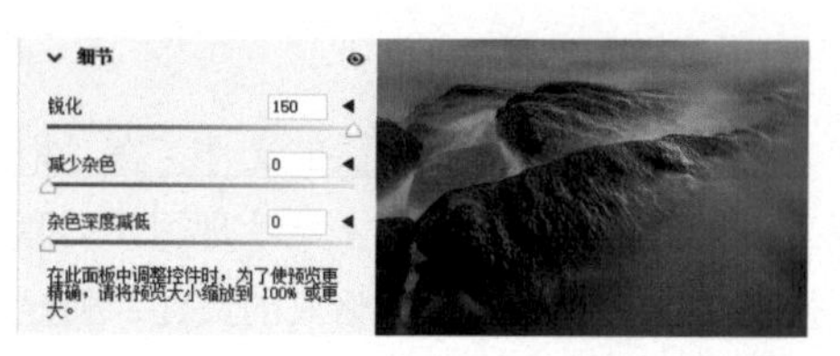

图 8-94

● **“混色器”选项组**：“混色器”选项组中嵌套了4个选项组，可以用来对红色、黄色、蓝色等基本颜色的色相、饱和度和明度进行单独调整。图8-95~图8-97所示为对蓝色色相、饱和度、明度进行调整的效果。

修改蓝色的色相

图 8-95

降低蓝色的饱和度

图 8-96

降低蓝色的明度

图 8-97

● **“颜色分级”选项组**：“颜色分级”选项组中包含3个色轮，如图8-98所示，可用来对中间调、阴影和高光的颜色进行精确控制，如图8-99所示。

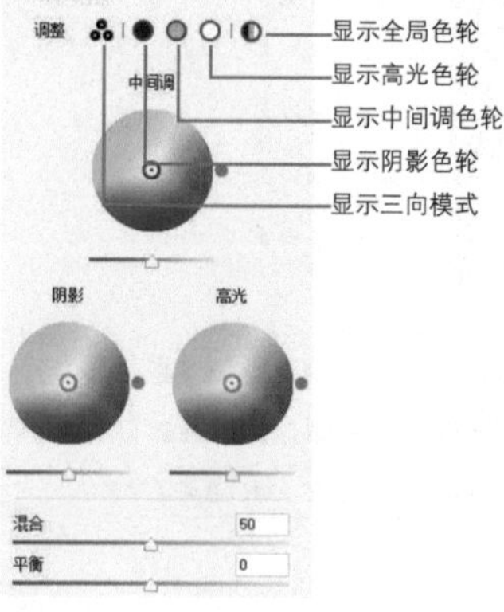

图 8-98

中间调向红色转换

阴影向红色转换

高光向红色转换

图 8-99

● “光学”选项组：可用来解决镜头缺陷导致的色差、几何扭曲和晕影问题，也能对图像中的紫色或绿色色相进行采样和校正，效果如图 8-100 所示。

画面向外膨胀

画面向中心收缩调亮

给画面加暗角

将画面 4 个角调亮

图 8-100

● “几何”选项组：可用来校正倾斜或扭曲的照片，如调整照片的垂直、水平透视，对其进行旋转、修改长宽比（即不等比拉伸）、等比缩放，以及进行横向和纵向补正，如图 8-101 所示。

垂直扭曲

水平扭曲

调整角度

不等比缩放

等比缩放

横向裁剪画面

纵向裁剪画面

图 8-101

• **“效果”选项组**：可用来模拟胶片颗粒，获得特定的电影艺术效果，如图8-102所示。也可用来在图像四周添加晕影，将四周调暗，以更好地突出视觉焦点，如图8-103所示。

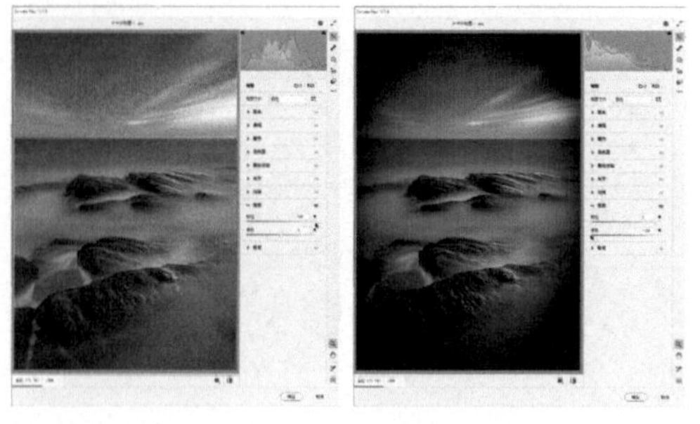

图 8-102　　图 8-103

• **“校准”选项组**：如果相机出现色偏，可通过该选项组对相机的红原色、绿原色和蓝原色（模拟不同类型的胶卷）进行调整。

8.5.5 蒙版编辑工具

单击蒙版按钮可以显示蒙版编辑工具，如图8-104所示。这些工具可以用来创建蒙版，实现对图像的局部编辑。

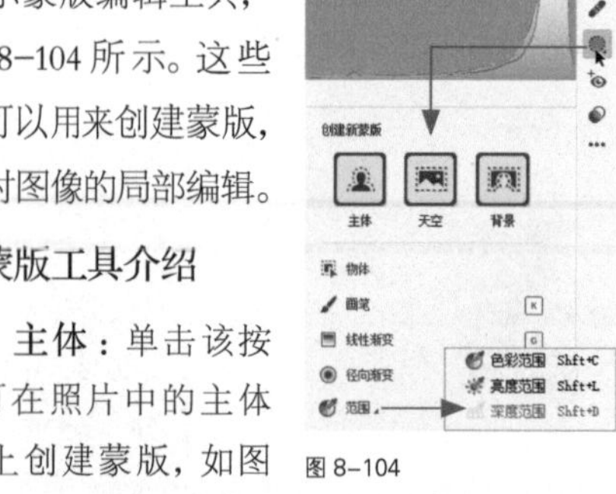

图 8-104

蒙版工具介绍

• **主体**：单击该按钮，可在照片中的主体对象上创建蒙版，如图8-105所示。图8-106所示为将船只调亮。

图 8-105

图 8-106

• **天空**：单击该按钮，可在天空上创建蒙版，如图8-107所示。图8-108所示为将天空颜色调蓝。

图 8-107

图 8-108

小提示

在Camera Raw中编辑图像时，如果操作失误，可切换到英文输入法，之后连续按Ctrl+Z快捷键，依次向前撤销操作。进行撤销后，如果需要将效果恢复，可以连续按Shift+Ctrl+Z快捷键。

• **背景**：单击该按钮，可在背景上创建蒙版。

• **物体**：与对象选择工具类似，在图像上拖曳鼠标，可自动识别对象并创建蒙版，如图

8-109和图8-110所示。

图8-109

图8-110

● **画笔**：可以像Photoshop中的画笔工具一样绘制蒙版，如图8-111所示。

图8-111

● **线性渐变**：拖曳鼠标可创建具有线性渐变效果的蒙版，如图8-112所示，且可调整大小和旋转角度。该工具对平衡明亮的天空和较暗的前景非常有用。图8-113所示为增加曝光的效果。

图8-112

图8-113

● **径向渐变**：拖曳鼠标可创建椭圆形蒙版，如图8-114所示。图8-115所示为增加曝光的效果。

图8-114

图8-115

● **色彩范围**：使用该工具在需要调整的颜色上单击，便可用蒙版将此颜色覆盖，如图8-116所示。图8-117所示为提高所选颜色的饱和度的效果。当需要针对某个亮度或某种颜色进行局部调整时，该工具及亮度范围比画笔更有针对性，使用起来也更方便。

图8-116

图 8-117

• **亮度范围** ：可基于图像的亮度变化，在特定的亮度区域创建蒙版。图 8-118 所示为在阴影区域单击时创建的蒙版，图 8-119 所示为将阴影调亮的效果。

图 8-118

图 8-119

• **深度范围**：仅适用于具有嵌入深度图信息的照片，即使用 iPhone 7 Plus、8 Plus 和 X、XS、XS Max 及 XR 内置的 iOS 相机应用程序中的肖像模式所拍摄的HEIC格式的照片。

8.5.6 用增强功能放大图像

普通图像用于大型显示屏显示或进行大尺寸打印时，可以使用增强功能进行放大。该功能能提高图像的质量，生成清晰的细节，图像的尺寸可调整为原始图像的 2 倍，像素总量为原来的 4 倍。

操作时，先执行“编辑 > 首选项 >Camera Raw”命令，打开“Camera Raw 首选项(16.1.1.1733 版）”对话框，在“JPEG 和 TIFF 处理”下拉列表中选择图 8-120 所示的选项。设置完成后，关闭并重新启动 Photoshop。

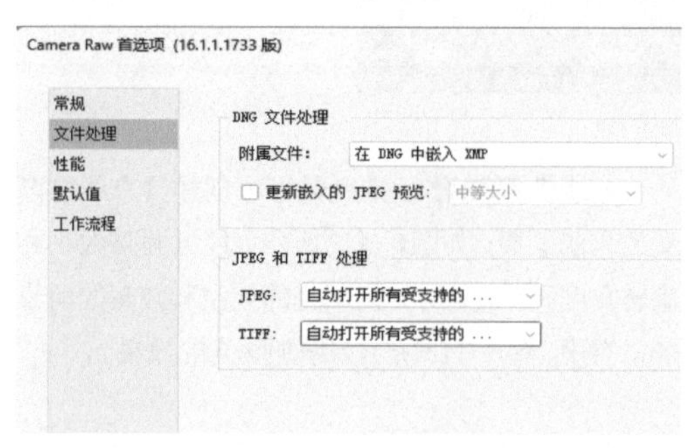

图 8-120

在 Photoshop 中打开图像时，会自动运行 Camera Raw。在图像上单击鼠标右键并执行“增强”命令，如图 8-121 所示，弹出“增强预览”对话框。勾选“超分辨率”选项，便会显示增强效果，如图 8-122 所示。在窗口中单击或进行拖曳，可查看原始效果。

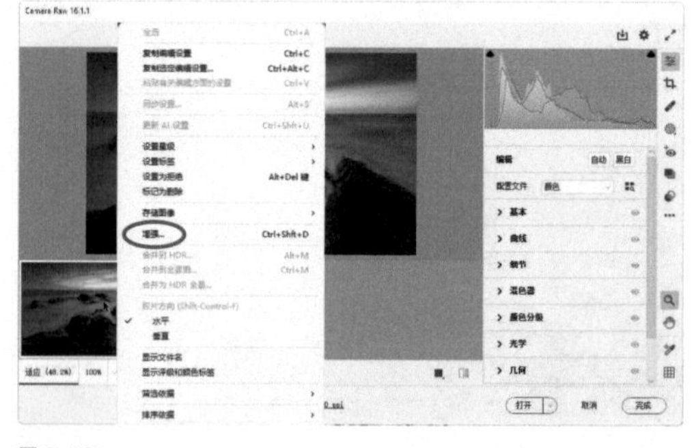

图 8-121

图 8-122

增强后，图像不仅尺寸变大，清晰度也得到明显提升。单击“增强”按钮后，单击“完成”按钮即可。

8.6 课后习题

滤镜就像魔法师，随手一变就能让图像呈现神奇的视觉效果，是值得用户花时间研究的。下面的课后习题有助于读者巩固本章所学知识。

8.6.1 问答题

1. 滤镜是基于什么原理生成特效的？

2. 编辑 CMYK 颜色模式的图像时，有些滤镜无法使用该怎么办？

3. 智能滤镜有哪些优点？

8.6.2 案例题：素描画

素材位置	素材 >8.6.2.psd
效果位置	效果 >8.6.2.psd
视频位置	教学视频 >8.6.2 素描画 .mp4
技术掌握	学会使用“影印”滤镜和“纹理化”滤镜

本例使用“影印”滤镜从人物照片中提取主要轮廓，用简练的线条刻画人物形象，制作出一张素描画，如图 8-123 所示。

图 8-123

01 按 D 键将前景色恢复为黑色。执行“滤镜 > 滤镜库”命令，打开“滤镜库”对话框，添加“影印”滤镜，如图 8-124 和图 8-125 所示。

图 8-124　图 8-125

02 按 Ctrl+J 快捷键复制图层，设置混合模式为“正片叠底”，加深线条，使轮廓更加清晰，如图 8-126 和图 8-127 所示。

图 8-126　图 8-127

03 按 Alt+Shift+Ctrl+E 快捷键盖印图层。打开“滤镜库”对话框，添加“纹理化”滤镜，如图 8-128 所示，制作素描纸效果。将隐藏的文字图层显示出来，效果如图 8-129 所示。

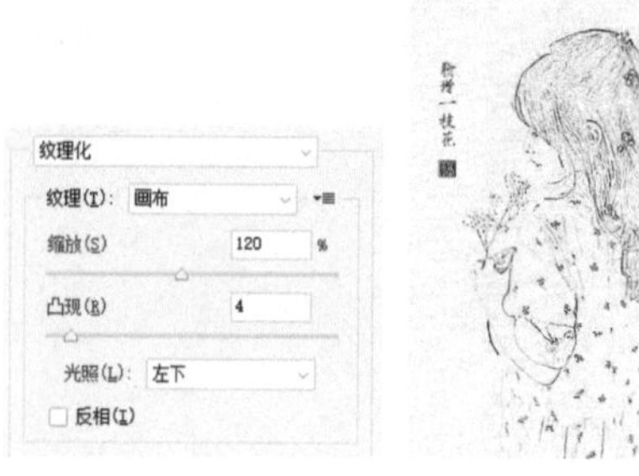

图 8-128

图 8-129

图 8-133

8.6.3 案例题：放射状光束

素材位置	素材 >8.6.3.jpg
效果位置	效果 >8.6.3.psd
视频位置	教学视频 >8.6.3 放射状光束 .mp4
技术掌握	提取高光，用“径向模糊”滤镜将其制作成放射状光束

本例制作放射状光束，如图 8-130 所示。从树林的高亮区域提取高光，再用滤镜将其制作成发散效果。

图 8-130

01 打开素材，如图 8-131 所示。单击红通道，如图 8-132 所示。执行“选择 > 色彩范围”命令，打开“色彩范围”对话框，在天空最亮处单击，选中天空，如图 8-133 所示。

图 8-131

图 8-132

02 新建一个图层并填充白色，之后取消选择，如图 8-134 和图 8-135 所示。

图 8-134

图 8-135

03 执行“滤镜 > 模糊 > 径向模糊”命令，制作放射状光束，如图 8-136 和图 8-137 所示。

图 8-136

图 8-137

04 单击 按钮添加图层蒙版。使用画笔 将人物身体后方的光线擦掉（涂抹黑色）。按 Ctrl+J 快捷键复制图层，设置“不透明度”为 50%，增强光束，如图 8-138 和图 8-139 所示。

图 8-138

图 8-139

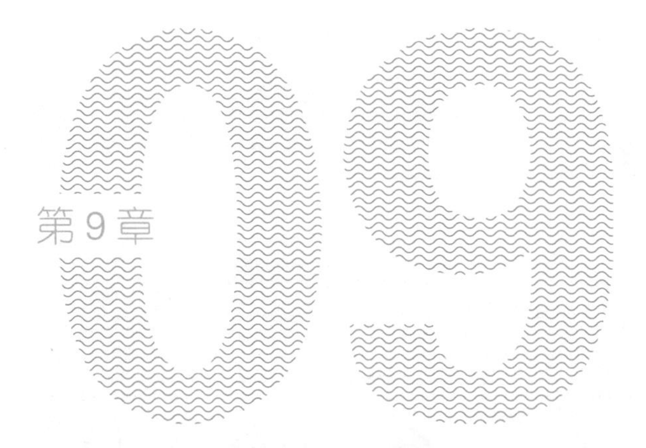

第 9 章

路径与矢量工具

本章导读

进行 UI 设计、VI 设计、网页设计等工作时，所涉及的图形和界面大多是用矢量工具绘制的，原因在于使用矢量工具绘图方便，图形容易修改且可无损缩放；矢量工具与图层样式及滤镜等结合使用，可以表现不同的材质、质感和特效。学好矢量工具的关键是掌握绘图方法，尤其是用钢笔工具绘图，需要经过大量练习才能得心应手。

本章学习要点

- 绘图模式。
- 路径及形状运算。
- 创建自定义形状。
- 用钢笔工具绘图。
- 修改曲线形状。

Photoshop

9.1 认识矢量图形

矢量图形也叫矢量形状或矢量对象，是由被称作矢量的数学对象定义的直线和曲线构成的。在 Photoshop 中，主要是指用钢笔工具 和形状工具绘制的路径和各种形状。

9.1.1 课堂案例：制作首页图标

效果位置	效果 >9.1.1.psd
视频位置	教学视频 >9.1.1 制作首页图标 .mp4
技术掌握	形状工具，形状运算

本例制作一个扁平化主页图标，如图 9-1 所示，在此过程中着重练习形状运算。扁平化图标造型简单、易识别，是界面和菜单栏的主导形式。

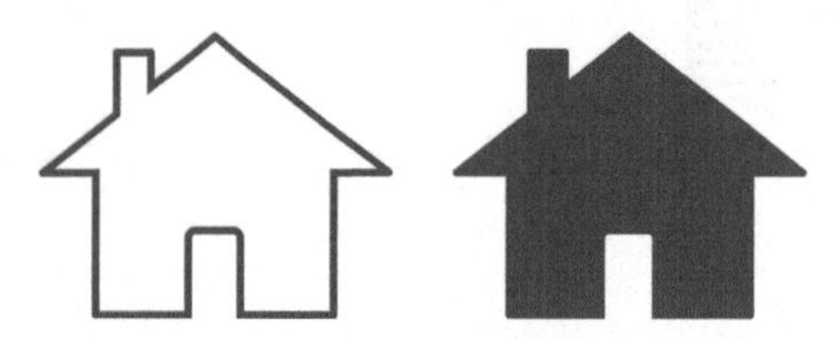

图 9-1

01 按 Ctrl+N 快捷键打开“新建文档”对话框，使用预设创建 Mac 图标文件，如图 9-2 所示。

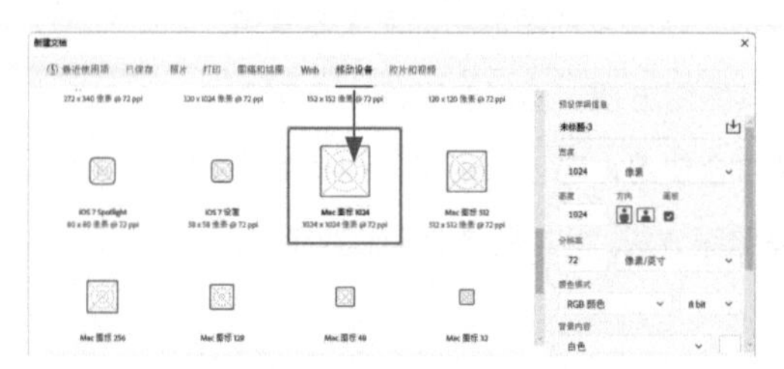

图 9-2

02 选择三角形工具 及“形状”选项并单击路径运算按钮 ，在弹出的下拉菜单中选择“新建图层”命令，设置描边颜色为红色、描边粗细为 20 像素，绘制三角形，在“属性”面板中设置圆角半径为 10 像素，如图 9-3 所示。

03 选择矩形工具 ，参数设置与三角形工具 相同，在工具选项栏的路径运算下拉菜单中选择“合并形状”命令，创建矩形，两个图形会进行相加运算，构成房顶。在“属性”面板中将圆角半径也设置为 10 像素，如图 9-4 所示。

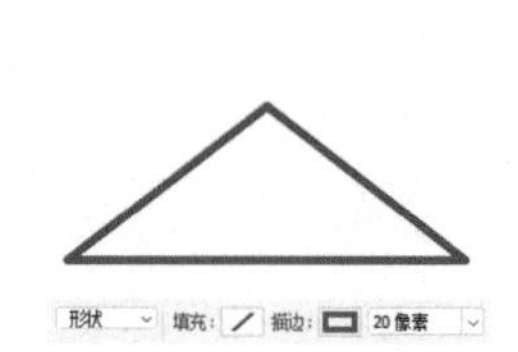

图 9-3

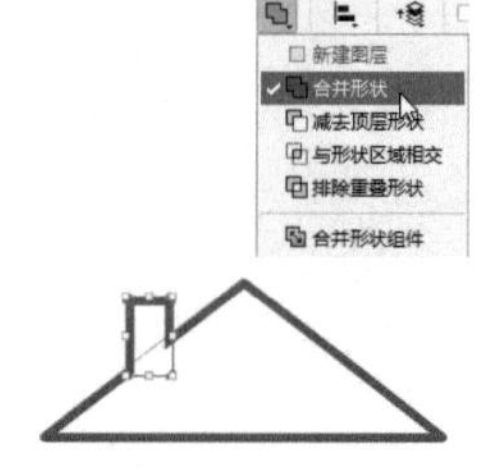

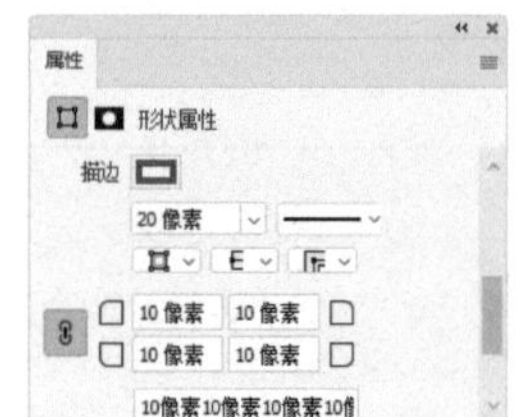

图 9-4

04 创建一个矩形（圆角半径为 10 像素），如图 9-5 所示。再创建一个矩形作为房门，如图 9-6 所示。

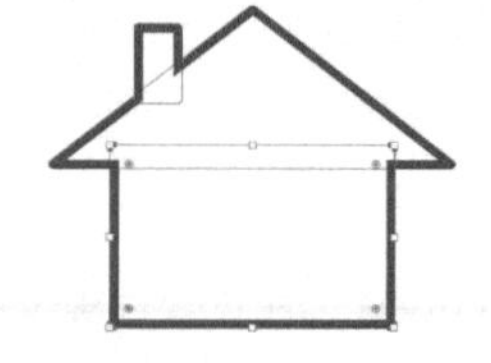

图 9-5

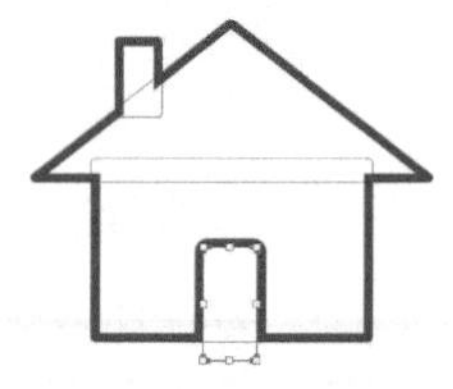

图 9-6

05 在工具选项栏中设置路径运算方式为“减去顶层形状”，进行相减运算，如图 9-7 所示。在空白处单击，取消选择，如图 9-8 所示。

图 9-7　　图 9-8

> **小提示**
>
> 完成所有绘图工作后才能取消选择，绘图过程中不能这样做，否则无法进行形状运算。

9.1.2 矢量图形与位图区别

矢量图形的最大优点是任意缩放和旋转，清晰度都保持不变，而且容易修改，因此常用于绘图，以及制作不同尺寸或不同分辨率的对象，如图标、Logo 等，如图 9-9 和图 9-10 所示。此外，矢量图形占用的存储空间也较小。

图 9-9　　图 9-10

位图（即图像）可以展现颜色的细微变化、色调的细腻过渡及清晰的细节，矢量图形与之相比效果就要差一些。但位图受分辨率和像素的制约，旋转或缩放后，清晰度会变差，如图 9-11 所示，这是其最大的缺点。不过绝大多数软件和输出设备都支持位图，矢量图形只在少数领域使用。

原图

放大到 400% 后，图像变得模糊
图 9-11

9.1.3 路径与锚点

1. 锚点的用途

从外观上看，路径是一段一段的线条状轮廓，各个路径段由锚点连接，锚点也标记了开放式路径的起点和终点。

锚点有两种，即平滑点和角点。平滑点连接平滑的曲线，如图 9-12 所示；角点连接直线和转角曲线，如图 9-13 和图 9-14 所示。

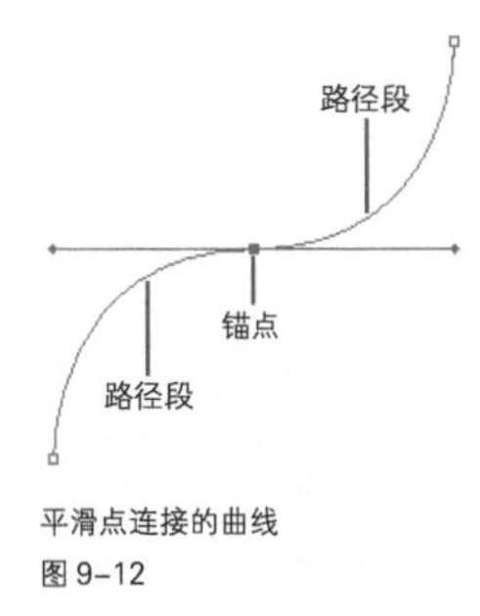

平滑点连接的曲线
图 9-12

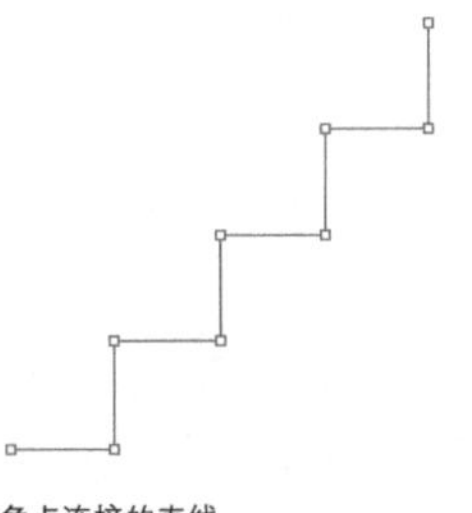

角点连接的直线
图 9-13

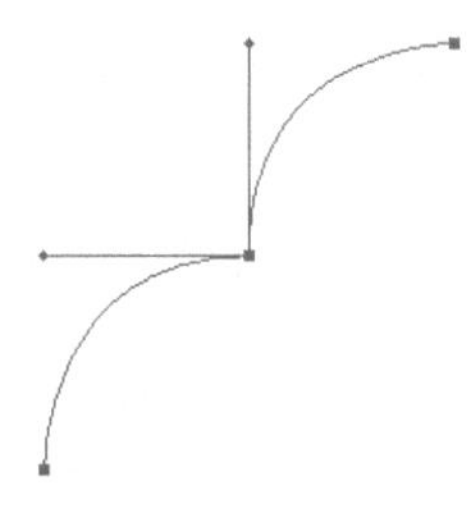

角点连接的转角曲线
图 9-14

曲线路径段的锚点上有方向线，其端点为方向点，拖曳方向点可以拉动方向线，进而改变曲线的形状，如图 9-15 所示。

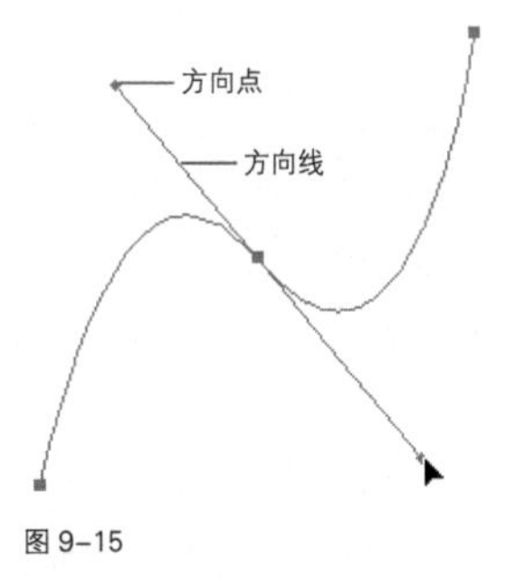

图 9-15

2. 路径的用途

路径可以转换生成 6 种对象，即选区、形状图层、矢量蒙版、文字基线、填充颜色的图像、用颜色描边的图像，如图 9-16 所示。通过转换，可完成绘图、抠图、合成图像、创建路径文字等任务。

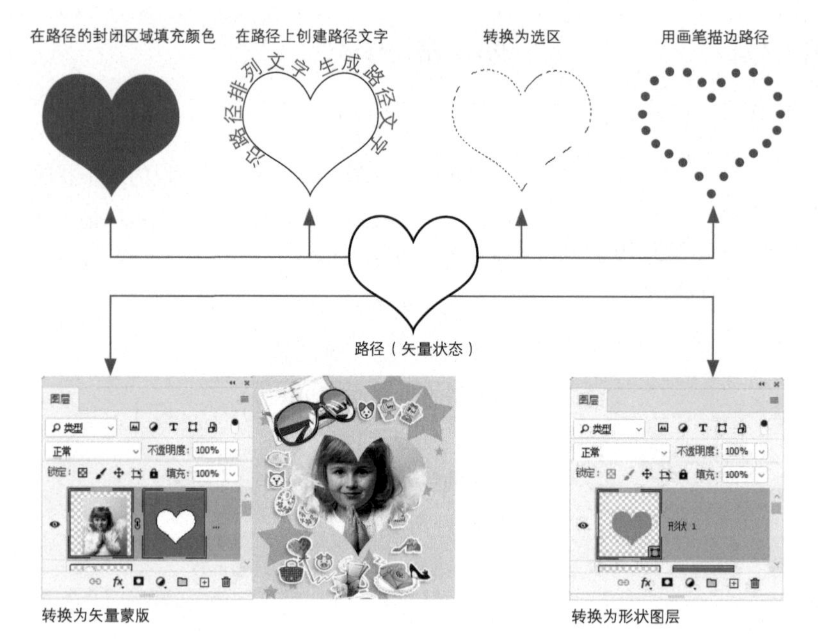

图 9-16

9.1.4 “路径”面板

“路径”面板用于保存和管理路径。面板中显示了存储的路径、当前工作路径、当前矢量蒙版的名称和缩览图，如图 9-17 所示。

图 9-17

“路径”面板选项介绍

- **用前景色填充路径** ●：用前景色填充路径围合的区域。
- **用画笔描边路径** ○：用画笔工具描边路径轮廓。
- **将路径作为选区载入**：将当前选择的路径转换为选区。
- **从选区生成工作路径**：将当前选区的边缘生成为工作路径。
- **添加蒙版**：单击该按钮，可以从路径中生成图层蒙版，再次单击可生成矢量蒙版。
- **删除当前路径**：删除当前选择的路径。

> **小提示**
>
> 使用钢笔工具和各种形状工具绘图时，先新建路径（单击“路径”面板中的 ⊞ 按钮）再绘图，创建的是路径，否则创建的是工作路径。工作路径是一种临时路径，稍有不慎就会被删除。将工作路径拖曳到面板中的 ⊞ 按钮上，可转换为路径。

9.1.5 绘图模式

选择矢量工具后，可以在工具选项栏中设置绘图模式，如图 9-18 所示。

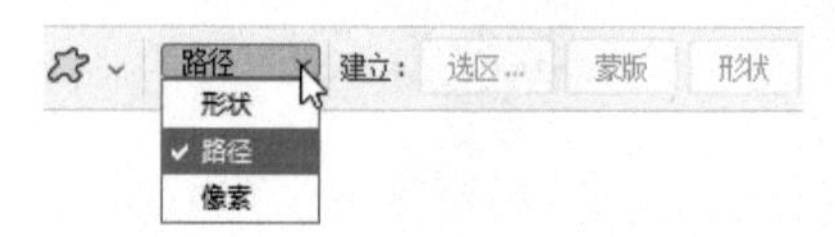

图 9-18

1. 形状

选择“形状”选项，可创建形状图层（包含填充区域和矢量图形），形状同时出现在“图层”和“路径”面板中，如图 9-19 所示。

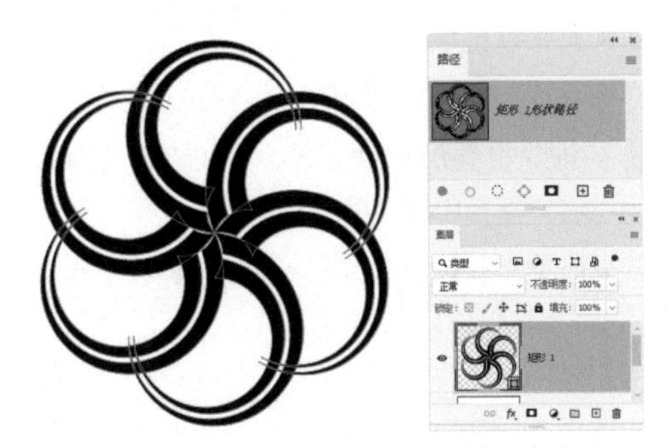

图 9-19

单击工具选项栏中的“填充”和“描边”按钮，打开下拉面板，可以使用渐变和图案等对形状进行填充和描边，如图 9-20 所示。

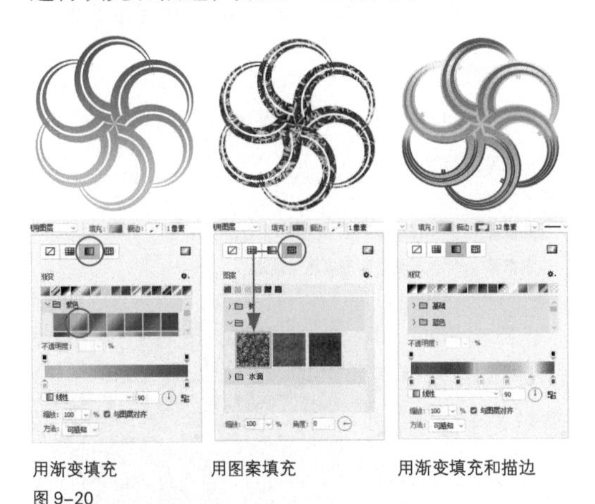

用渐变填充　用图案填充　用渐变填充和描边

图 9-20

“描边”右侧的选项用于调整描边粗细。单击第 2 个 按钮，打开图 9-21 所示的下拉面板，在其中可以修改描边样式和其他参数。

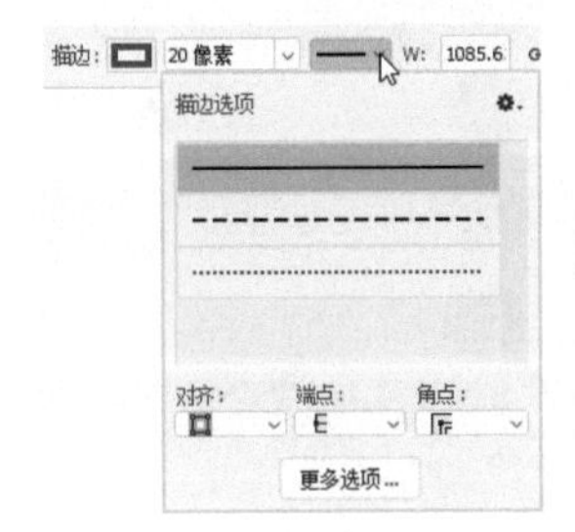

图 9-21

- **描边样式**：可以使用实线、虚线和圆点等不同样式描边路径，如图 9-22 所示。

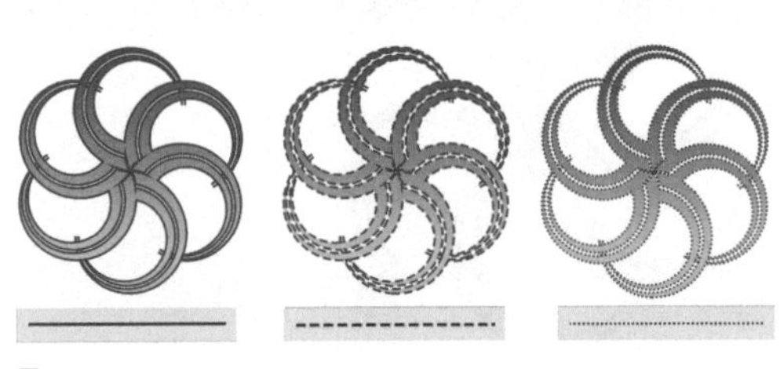

图 9-22

- **对齐**：单击 按钮，可在打开的下拉列表中选择描边与路径的对齐方式，包括内部、居中和外部。
- **端点**：单击 按钮，可在打开的下拉列表中选择路径端点的样式，包括端面、圆形和方形。
- **角点**：单击 按钮，可以在打开的下拉列表中选择路径转角处的转折样式，包括斜接、圆形和斜面。
- **更多选项**：单击该按钮，可以打开“描边”对话框，该对话框中除包含前面的选项外，还包含用于调整虚线间隙的选项。

2. 路径

选择“路径”选项，可创建工作路径，它会出现在“路径”面板中，如图 9-23 所示。

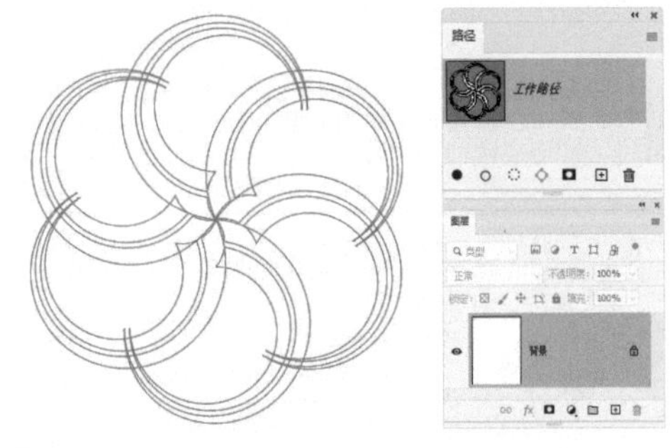

图 9-23

3. 像素

选择“像素”选项，可以在当前图层上绘制用前景色填充的图像（位图），如图 9-24 所示。

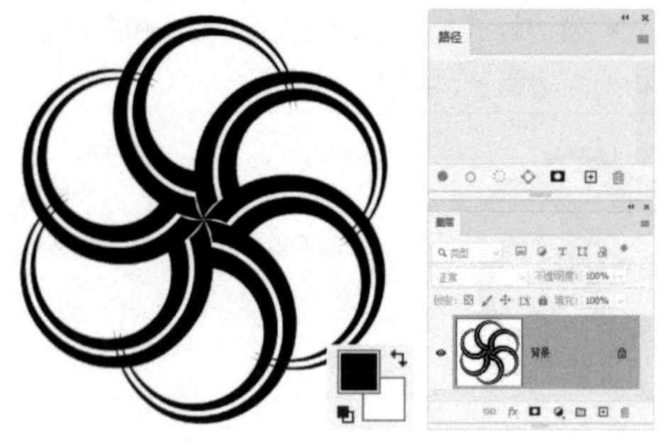

图 9-24

9.1.6 路径及形状运算

使用钢笔工具和形状工具时，可以对路径或形状进行运算，从而得到所需的轮廓。

单击工具选项栏中的按钮，可在打开的下拉菜单中选择运算方式，如图 9-25 所示。例如，图 9-26 所示为现有的矩形，图 9-27 所示为将要绘制的圆形，图 9-28 所示为不同的运算结果。

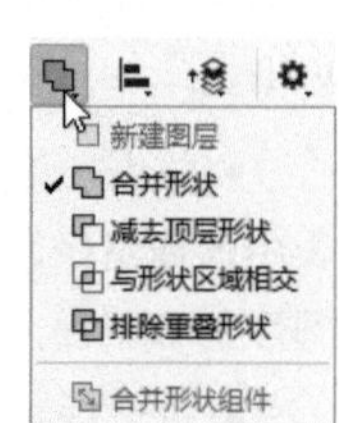

图 9-25

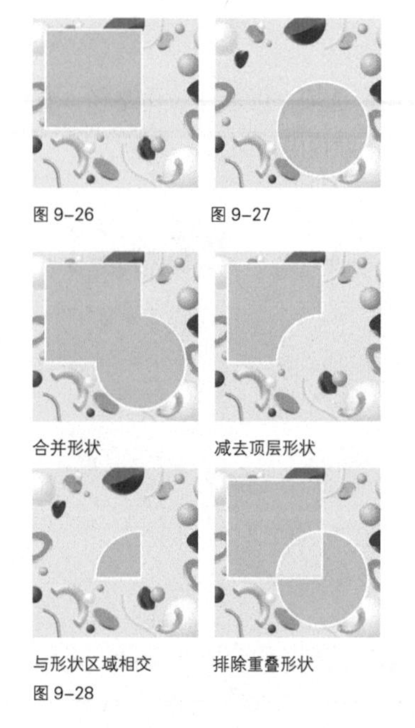

图 9-26　图 9-27

合并形状　减去顶层形状

与形状区域相交　排除重叠形状

图 9-28

- **新建图层**：创建新的路径层。
- **合并形状**：将新绘制的图形与现有的图形合并。
- **减去顶层形状**：从现有的图形中减去新绘制的图形。
- **与形状区域相交**：单击该按钮后，得到的图形为新图形与现有图形相交的区域。
- **排除重叠形状**：单击该按钮后，得到的图形为合并路径中排除重叠的区域。
- **合并形状组件**：合并重叠的路径组件。

9.2 用形状工具绘图

Photoshop 中的形状工具可以用来绘制矩形、圆角矩形、圆形、椭圆形、多边形、星形、直线，也可用来绘制 Photoshop 中预设的形状及用户自定义的图形。

9.2.1 课堂案例：App 界面

素材位置	素材 >9.2.1.psd
效果位置	效果 >9.2.1.psd
视频位置	教学视频 >9.2.1 App 界面 .mp4
技术掌握	形状工具，图形填色与描边

现在的界面设计越来越注重简单易用。本例使用形状工具制作一个简洁风格的 App 界面，如图 9-29 所示。

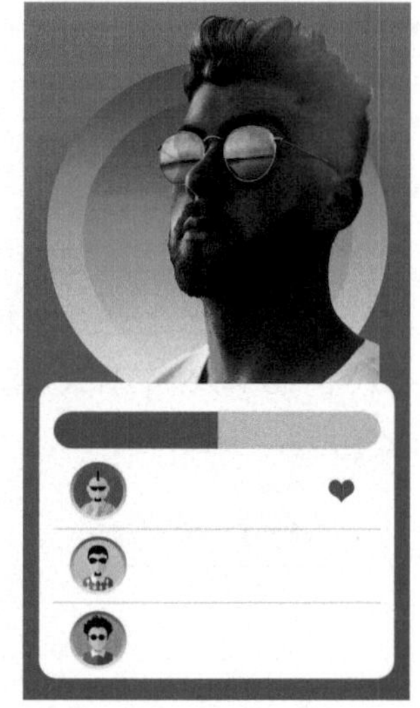

图 9-29

01 按 Ctrl+N 快捷键打开“新建文档”对话框，使用其中的预设创建手机屏幕大小的文件，如图 9-30 所示。

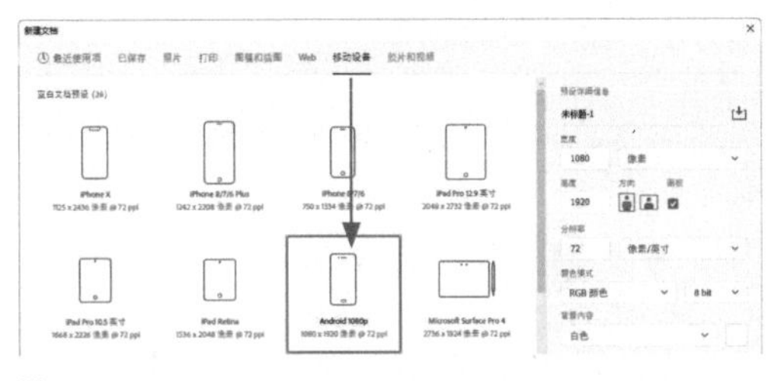

图 9-30

02 选择矩形工具 ▭ 及“形状”选项，设置填充颜色为渐变，拖曳鼠标，创建一个与画布大小相同的矩形，如图 9-31 所示。

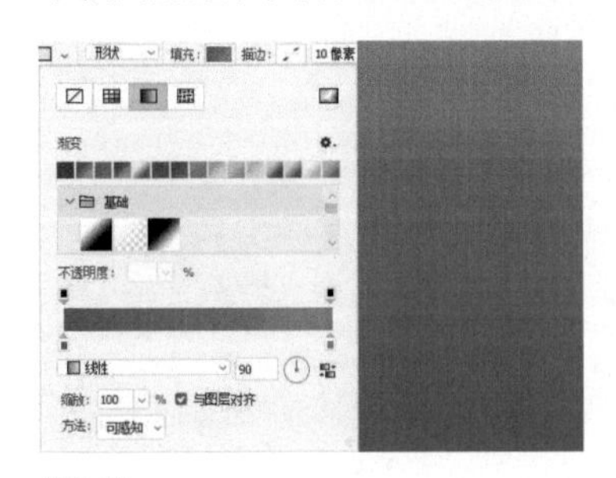

图 9-31

03 选择椭圆工具 ◯ 。在工具选项栏中设置路径运算方式为“新建图层”。按住 Shift 键拖曳鼠标，创建圆形，填充和描边均为渐变，描边粗细为 100 像素，如图 9-32 所示。

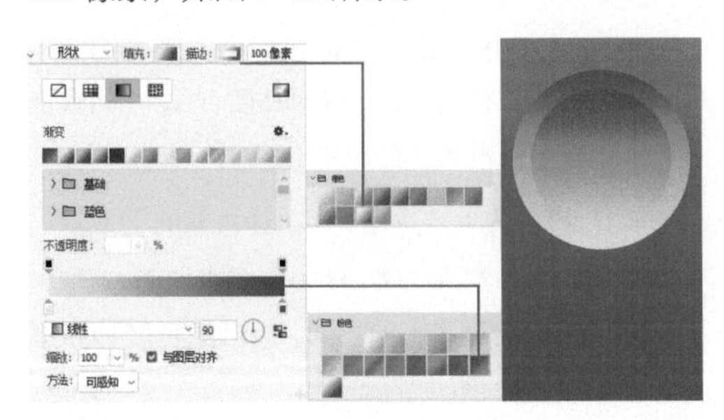

图 9-32

小提示

想让图形中心与界面中心对齐，可以单击形状图层，之后选择移动工具 ✥，单击工具选项栏中的 ≑ 按钮。

04 选择矩形工具 ▭ ，在工具选项栏中设置路径运算方式为“新建图层”，创建矩形，设置圆角半径转换为圆角矩形，填充白色。再创建一个矩形，在“属性”面板中设置参数，使其左边变为圆角，如图 9-33 和图 9-34 所示。创建同样大小的矩形，右侧为圆角，如图 9-35 所示。

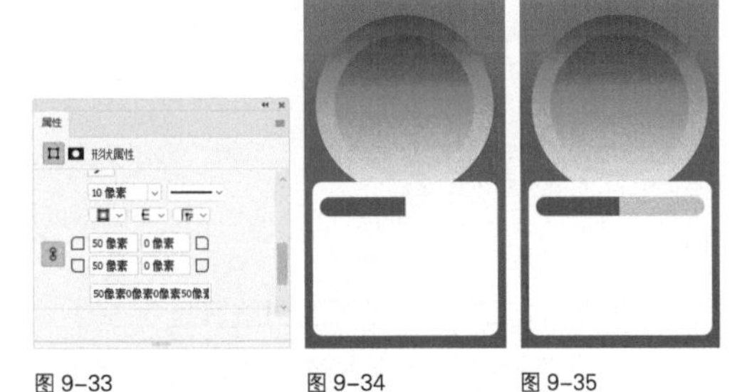

图 9-33　图 9-34　图 9-35

05 使用移动工具 ✥ 将素材拖入界面文档中，如图 9-36 和图 9-37 所示。

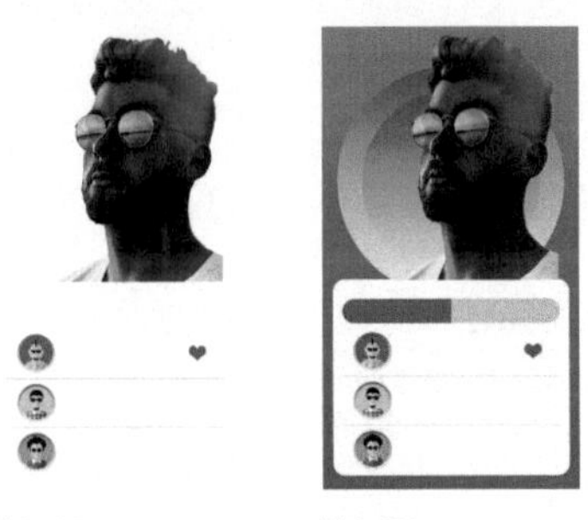

图 9-36　图 9-37

9.2.2 绘制直线和箭头

直线工具 ⁄ 用来创建直线和带箭头的线段。在它的工具选项栏中可以设置直线的粗细，单击 ⚙ 按钮，在打开的下拉面板中可以设置箭头选项，如图 9-38 所示。

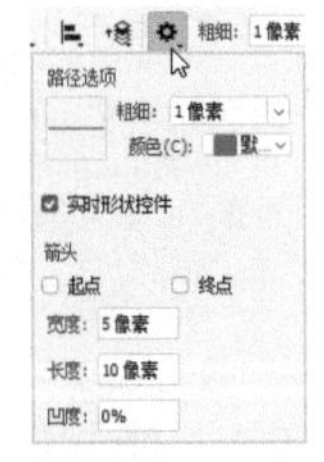

图 9-38

直线工具选项介绍

- **粗细 / 颜色**：设置路径的粗细和颜色。
- **实时形状控件**：勾选该选项，绘图之后，路径上会显示实时形状控件，可用于调整形状。
- **起点 / 终点**：用来分别或同时在直线的起点和终点添加箭头。
- **宽度**：用来设置箭头宽度。

- **长度**：用来设置箭头长度，效果如图9-39所示。

在终点添加箭头，设置“宽度”为500像素，“长度”值分别设置为500像素、1000像素和2000像素

图 9-39

- **凹度**：用来设置箭头的凹陷程度（-50%～50%）。该值为0%时，箭头尾部平齐；该值大于0%时，箭头尾部向内凹陷；该值小于0%时，箭头尾部向外凸出，如图9-40所示。

在终点添加箭头，设置“宽度”为500像素，“长度”为1000像素，“凹度”值分别为-50%、20%和50%

图 9-40

> **小提示**
>
> 使用直线工具 ⁄ 时，按住Shift键并拖曳鼠标，可以创建水平、垂直或以45°角为增量的直线。

> **小提示**
>
> 使用直线工具 ⁄ 及后面介绍的其他形状工具时，在拖曳鼠标的过程中（不要释放鼠标左键），按住空格键并进行拖曳，可以移动形状位置；释放空格键继续拖曳鼠标，可以调整形状大小。连贯起来操作便可动态调整形状的位置及大小。

9.2.3 绘制矩形和圆角矩形

矩形工具□可用于绘制矩形，如图9-41所示，以及圆角矩形。使用该工具时，拖曳鼠标可以创建矩形；按住Shift键并拖曳鼠标可以创建正方形；按住Alt键并拖曳鼠标，会以起始点为中心创建矩形；按住Shift键和Alt键，则会以起始点为中心创建正方形。单击工具选项栏中的 ✿. 按钮，打开下拉面板，可以选择其他创建方法，如图9-42所示。

图 9-41

图 9-42

创建矩形后，在“属性”面板中设置圆角半径，可以将矩形转换为圆角矩形，如图9-43和图9-44所示。

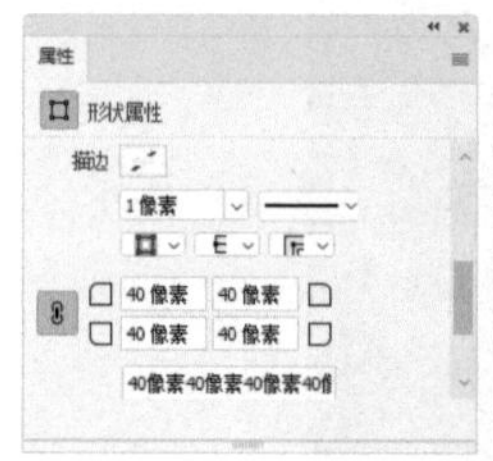

图 9-43

图 9-44

矩形工具选项介绍

- **不受约束**：可以通过拖曳鼠标创建任意大小的矩形和正方形。
- **方形**：只创建正方形。
- **固定大小**：选中该选项，并在其右侧的文本框中输入数值（W为宽度，H为高度）后，在画板上单击，可按照预设大小创建矩形。
- **比例**：选中该选项，并在其右侧的文本框中输入数值（W为宽度比例，H为高度比例）后，拖曳鼠标时，无论创建多大的矩形，矩形的宽度和高度都保持预设的比例。
- **从中心**：勾选该选项，拖曳鼠标的起始点即矩形的中心，拖曳鼠标时矩形将从该中心向外扩展。

9.2.4 绘制圆形和椭圆形

椭圆工具○用来绘制圆形和椭圆形，如图9-45和图9-46所示。使用时，拖曳鼠标可创建椭圆形；按住Shift键并拖曳鼠标可创建圆形。其选项与矩形工具□的基本相同。

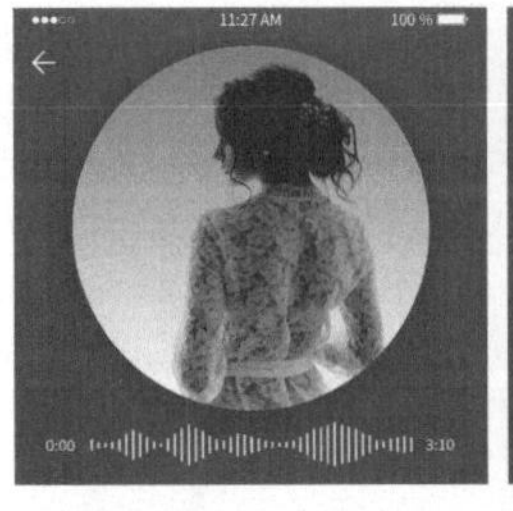

图 9-45

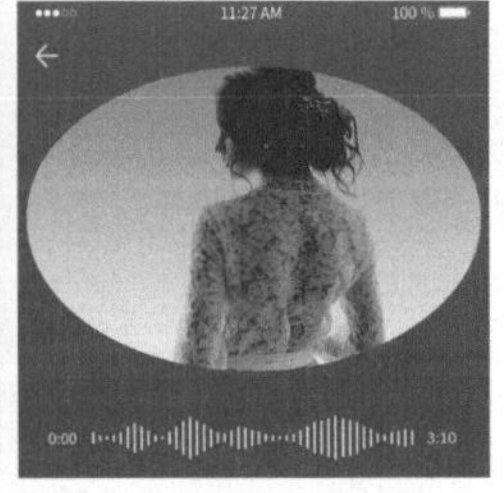

图 9-46

9.2.5 绘制三角形、多边形和星形

三角形工具△用来绘制三角形。多边形工具⬡用来绘制星形和多边形。

选择多边形工具⬡后，可以在工具选项栏的㊀选项中设置多边形（或星形）的边数。如果要创建星形，还需单击工具选项栏中的⚙按钮，打开下拉面板设置“星形比例”等参数，如图 9-47 和图 9-48 所示。其中还包含图形的粗细、颜色及创建方法。

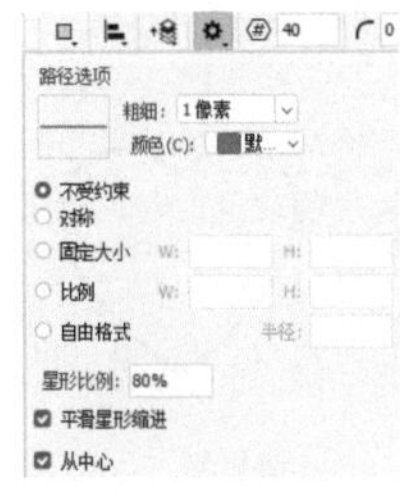

图 9-47

图 9-48

选项介绍

- **星形比例**：低于 100% 可生成星形。
- **平滑星形缩进**：可在缩进星形的同时使边缘圆滑，如图 9-49 所示。

图 9-49

- **从中心**：从中心对齐星形。

9.2.6 修改实时形状

以形状图层和路径的形式创建矩形、三角形、多边形和直线后，如图 9-50 所示，可以拖曳控件，调整图形大小和角度，或者将直角改成圆角，如图 9-51 所示。

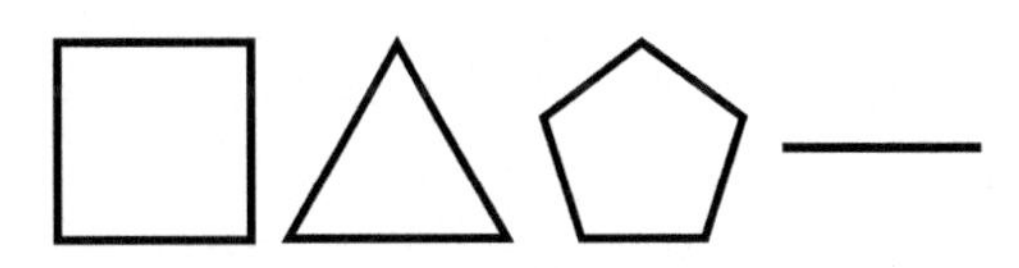

图 9-50

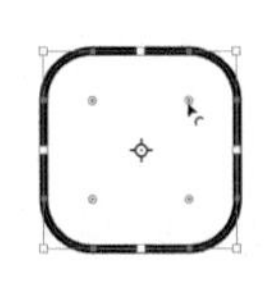

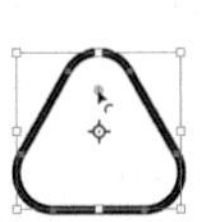

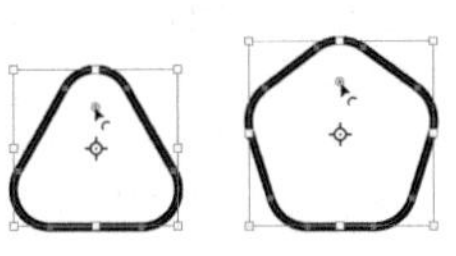

图 9-51

9.2.7 创建自定义形状

Photoshop 中提供了很多预设形状，选择自定形状工具✿，可以在“形状”面板中进行选择，如图 9-52 所示；或单击工具选项栏中的˅按钮，打开“形状”下拉面板进行选择，如图 9-53 所示。选好后，拖曳鼠标即可绘制该图形。如果要保持形状的比例不变，可以在绘制时按住 Shift 键。

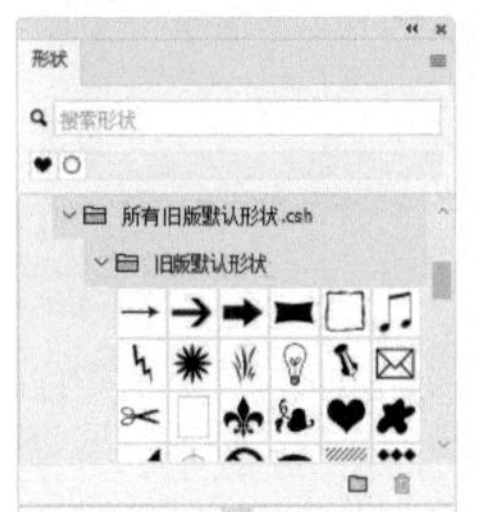

图 9-52

图 9-53

单击“形状”面板右上角的≡按钮，打开面板菜单，执行“导入形状”命令，可以加载外部形状库，如从网上下载的形状库资源。

> **小提示**
>
> 绘图完成后，执行“编辑>定义自定形状”命令，可将绘制的图形保存到“形状”面板中，成为一个预设的形状。

9.3 用钢笔工具绘图

钢笔工具既可以用于绘制矢量图形，也能用于抠图。想用好它，需要从最基本的图形入手练习，包括直线、曲线和转角曲线，其他复杂的图形都由基本图形演变而来。

9.3.1 课堂案例：绘制爱心图形

效果位置	效果 >9.3.1.psd
视频位置	教学视频 >9.3.1 绘制爱心图形 .mp4
技术掌握	用钢笔工具绘图

心形在界面设计中非常常见，如图 9–54 所示。本例使用钢笔工具绘制心形。绘图时，可同时编辑路径，不必借助其他工具，运用的技巧非常有用。

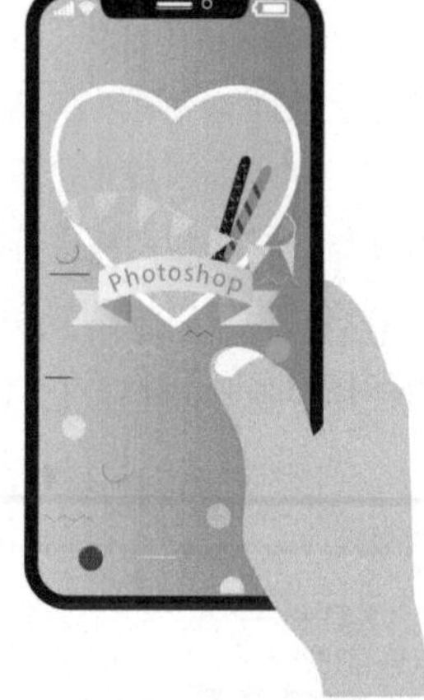

图 9–54

01 创建一个大小为 788 像素 ×788 像素、分辨率为 100 像素 / 英寸的文件。执行“视图 > 显示 > 网格”命令，显示网格。绘图时将锚点放置在网格点上，这样比较容易画出对称图形。

02 选择钢笔工具及“形状”选项，设置描边颜色为黑色。在网格点上向右上方拖曳鼠标，创建平滑点，如图 9–55 所示；在右侧对称位置向下拖曳鼠标，创建曲线，如图 9–56 所示；在下方的网格点上单击（不要拖曳鼠标）创建角点，如图 9–57 所示。

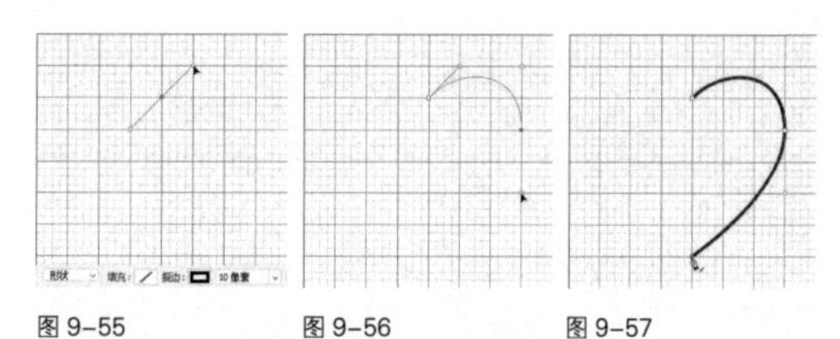

图 9–55　图 9–56　图 9–57

03 在左侧对称位置向上拖曳鼠标，创建曲线，如图 9–58 所示；在路径起点处单击，闭合路径，如图 9–59 所示。

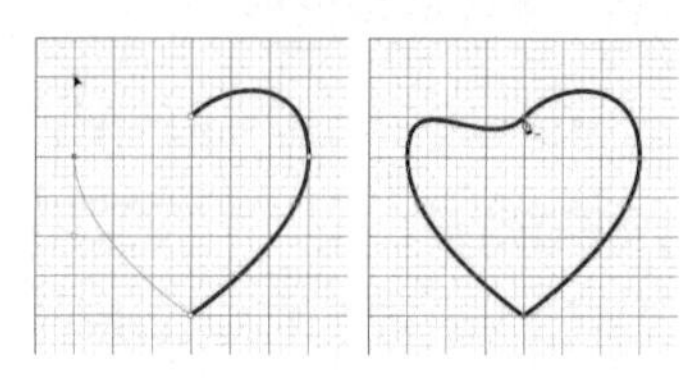

图 9–58　图 9–59

04 按住 Ctrl 键（切换为直接选择工具）单击，显示锚点，如图 9–60 所示。将鼠标指针移动到左下角的方向线处，按住 Alt 键（切换为转换点工具）向上拖曳该方向点，如图 9–61 所示。按 Ctrl+’ 快捷键隐藏网格，如图 9–62 所示。

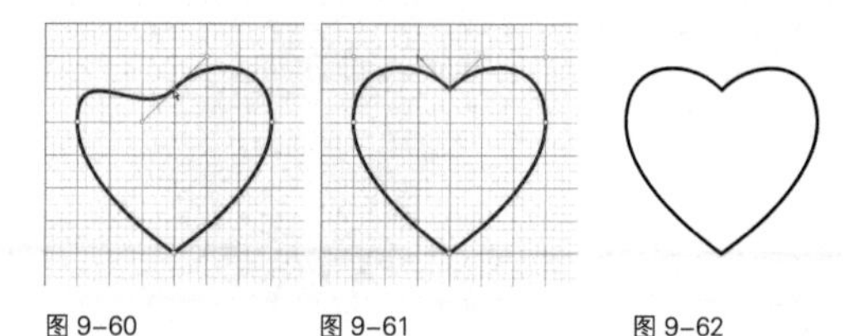

图 9–60　图 9–61　图 9–62

小提示

使用钢笔工具绘制的曲线叫作贝塞尔曲线。在Illustrator、CorelDRAW、3ds Max等软件中都有绘制此种曲线的工具。

9.3.2 绘制直线

使用钢笔工具在画布上单击，创建锚点，如图 9–63 所示；释放鼠标左键，在其他位置单击，可绘制出直线，如图 9–64 所示。操作时按住 Shift 键可以锁定垂直方向，或以 45° 角为增量进行绘制。需要闭合路径时，将鼠标指针放在路径的起点，当鼠标

图 9–63

指针变为状时，如图 9–65 所示，单击即可，如图 9–66 所示。如果要结束一段开放式路径的绘制，可以按住 Ctrl 键（临时转换为直接选择工具 ）在空白处单击，也可选择其他工具或按 Esc 键。

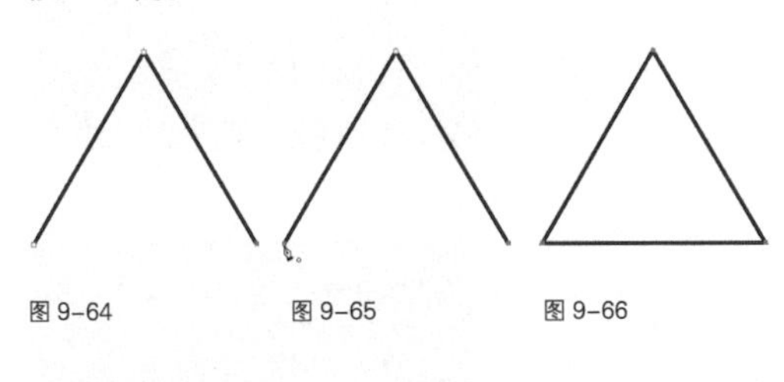

图 9–64 图 9–65 图 9–66

9.3.3 绘制曲线

选择钢笔工具 ，在画布上拖曳鼠标，可创建平滑点及由平滑点连接成的曲线，如图 9–67 所示。

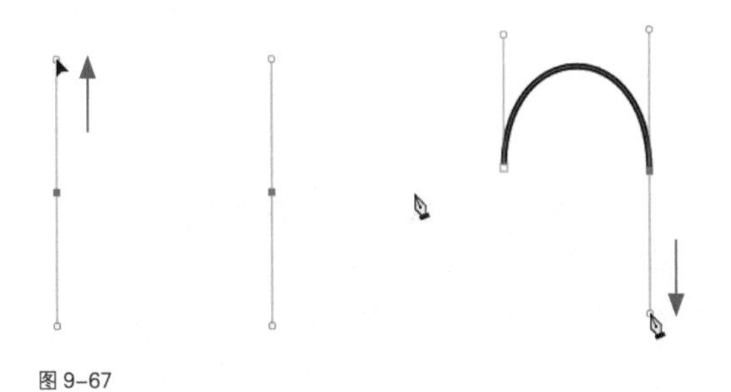

图 9–67

9.3.4 在曲线后接直线和转角曲线

将鼠标指针移动到曲线的最后一个锚点上，按住 Alt 键（鼠标指针变为状）单击，如图 9–68 所示，将平滑点转换为角点，如图 9–69 所示，在其他位置单击（不要拖曳鼠标），可在曲线后面绘制出直线段，如图 9–70 所示。如果拖曳鼠标，则可绘制出转角曲线（即在上一段曲线之后出现转折的曲线），

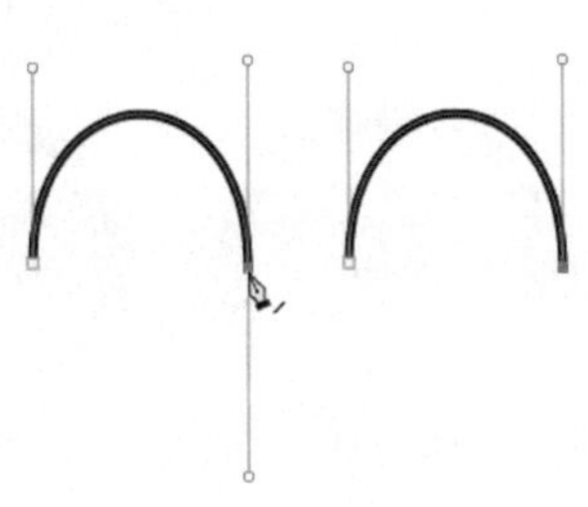

图 9–68 图 9–69

如图 9–71 所示。

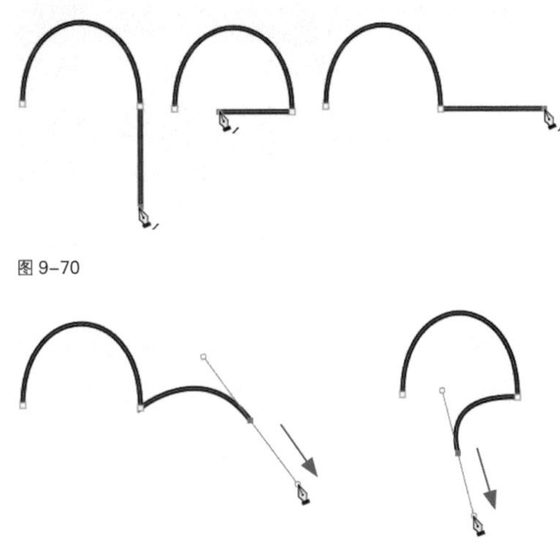

图 9–70

图 9–71

9.4 编辑路径

使用钢笔工具 绘图或描摹对象的轮廓时，很难一次就绘制准确，多数情况下需要对锚点和路径进行编辑，才能得到所需图形。

9.4.1 课堂案例：赛博朋克风格

素材位置	素材 >9.4.1.jpg
效果位置	效果 >9.4.1.psd
视频位置	教学视频 >9.4.1 赛博朋克风格 .mp4
技术掌握	绘制三角形，用画笔描边路径，添加发光效果

本例针对描边路径进行练习，效果如图 9–72 所示。对路径进行描边，是将矢量图形转换为图像的一种手段。

图 9–72

01 选择钢笔工具及“路径”选项，绘制一个三角形，如图 9-73 所示。

图 9-73

02 新建一个图层。选择画笔工具并设置笔尖大小，如图 9-74 所示。将前景色设置为白色，单击“路径”面板中的 按钮，用画笔工具描边路径，按 Ctrl+H 快捷键隐藏路径，如图 9-75 所示。

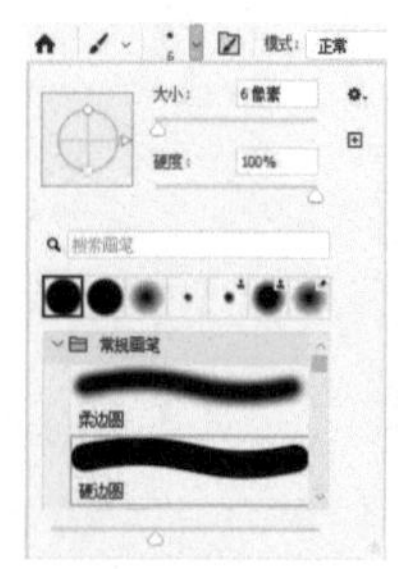

图 9-74

图 9-75

03 单击 按钮添加图层蒙版。将前景色设置为黑色，按] 键将笔尖调大，涂抹出缺口，如图 9-76 所示。双击当前图层，添加“内发光”“外发光”效果，如图 9-77 ~ 图 9-79 所示。

04 新建一个图层，设置混合模式为“颜色加深”，选择柔边圆笔尖，将前景色设置为洋红色，在三角形周围涂抹颜色，增强光效，如图 9-80 和图 9-81 所示。

图 9-76

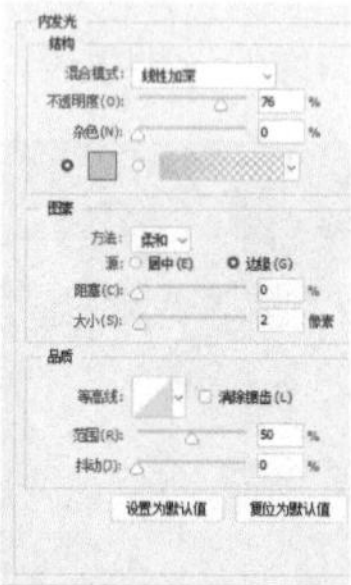

图 9-77

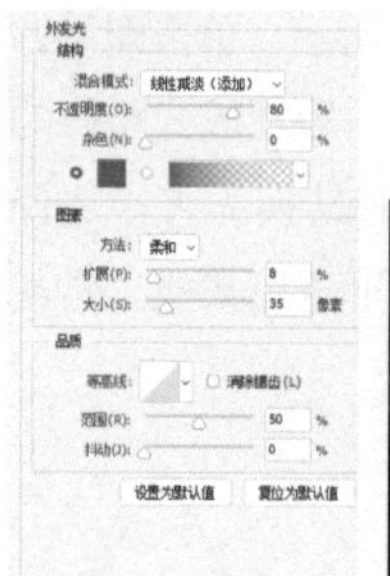

图 9-78

图 9-79

图 9-80

图 9-81

9.4.2 添加与删除锚点

使用添加锚点工具在路径上单击，可以添加锚点，如图 9-82 和图 9-83 所示。

图 9-82

图 9-83

使用删除锚点工具单击锚点，可以删除锚点，如图 9-84 和图 9-85 所示。此外，使用直接选择工具单击锚点后，按 Delete 键也可将锚点删除，但会删除锚点两侧的路径段。

图 9-84

图 9-85

9.4.3 选择与移动路径

使用路径选择工具单击路径，即可选择路径，如图 9–86 所示。选择路径后，将鼠标指针放在路径上，拖曳鼠标可进行移动，如图 9–87 所示。

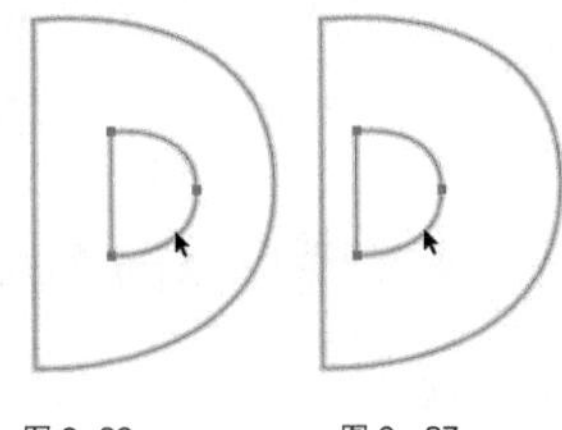

图 9–86　　图 9–87

9.4.4 选择与移动锚点和路径段

使用直接选择工具单击路径，可以选择路径段并显示其两端的锚点，如图 9–88 所示。单击锚点，可将其选中（锚点变为实心方块），如图 9–89 所示。拖曳选中的锚点，可将其移动，如图 9–90 所示。使用直接选择工具拖曳路径段，可移动路径段，如图 9–91 所示。如果要取消选择，在空白处单击即可。

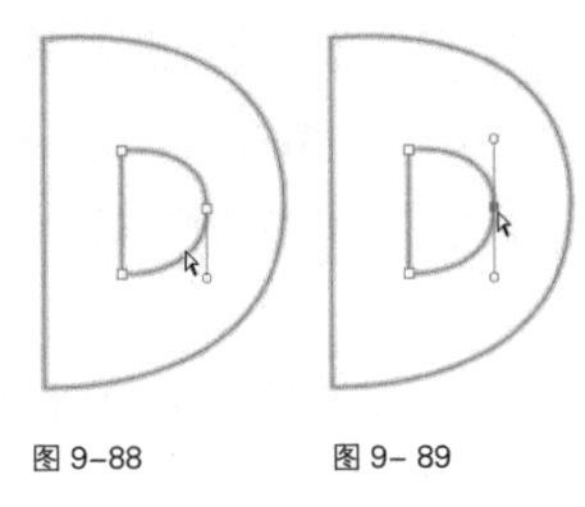

图 9–88　　图 9–89

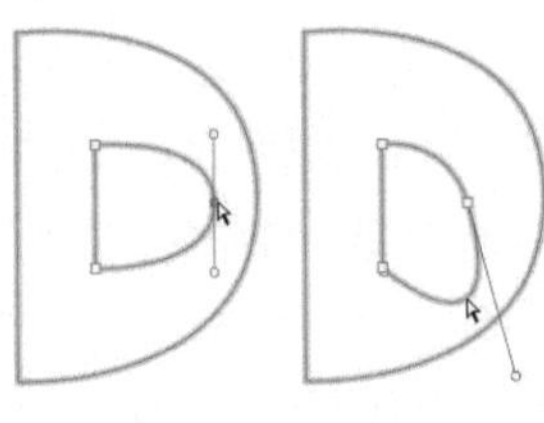

图 9–90　　图 9–91

9.4.5 修改曲线形状

直接选择工具和转换点工具都可用于拖曳方向点，进而改变曲线的形状。

1. 直接选择工具

使用直接选择工具拖曳平滑点上的方向点时，会影响锚点两侧的路径段，因此，方向线始终是一条直线，如图 9–92 和图 9–93 所示。拖曳角点上的方向点时，只调整与方向线同侧的路径段，如图 9–94 所示。

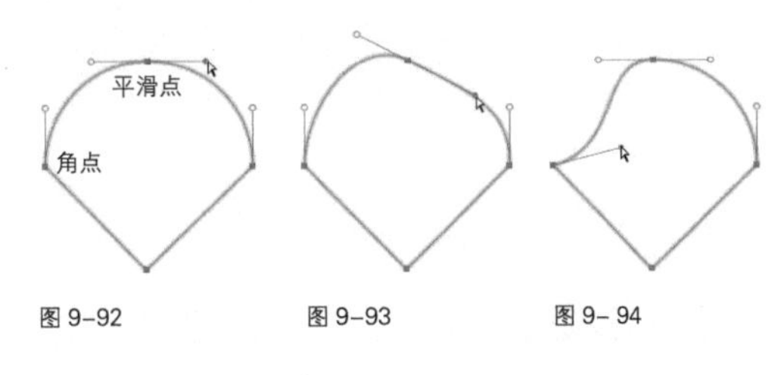

图 9–92　　图 9–93　　图 9–94

2. 转换点工具

转换点工具不会区分平滑点和角点，无论拖曳哪种方向点，都只调整锚点一侧的方向线，如图 9–95 和图 9–96 所示。

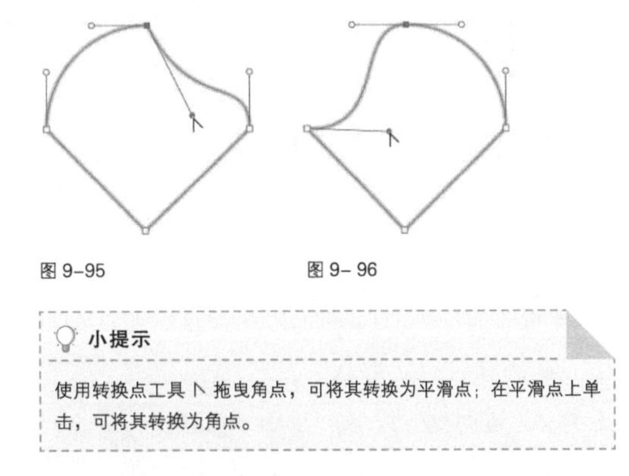

图 9–95　　图 9–96

> **小提示**
>
> 使用转换点工具拖曳角点，可将其转换为平滑点；在平滑点上单击，可将其转换为角点。

9.4.6 路径变换与变形方法

选择路径选择工具时，当前路径上会显示定界框（如果未出现定界框，可按 Ctrl+T 快捷键），如图 9–97 所示，拖曳定界框和控制点，可对路径进行缩放、旋转、斜切或扭曲，如图 9–98 所示。

图 9–97

图 9–98

9.5 课后习题

在 App、UI 等设计实践中，“矢量图形 + 图层样式”是最为常见的组合。下面是与此相关的练习，可以帮助读者巩固本章所学知识。

9.5.1 问答题

1. 位图和矢量图形是完全不同的两种对象，二者的主要区别有哪些？

2. Photoshop 中的矢量工具不仅可以用于绘制矢量图形，也能用于绘制位图（图像），这取决于什么？

3. 曲线路径上的方向点有什么用处？

9.5.2 案例题：邮票齿孔效果

素材位置	素材 >9.5.2.psd
效果位置	效果 >9.5.2.psd
视频位置	教学视频 >9.5.2 邮票齿孔效果 .mp4
技术掌握	使用预设邮票图形绘图，添加“投影”效果

本例针对自定形状工具 进行练习，如图 9-99 所示。

图 9-99

01 使用图框工具 在小羊图像上创建矩形图框，定义显示区域，如图 9-100 所示。

02 选择自定形状工具 及“形状”选项，设置填充颜色为白色。打开“形状”下拉面板，选择并绘制邮票图形，如图 9-101 和图 9-102 所示。添加“投影”效果，如图 9-103 所示。

图 9-100

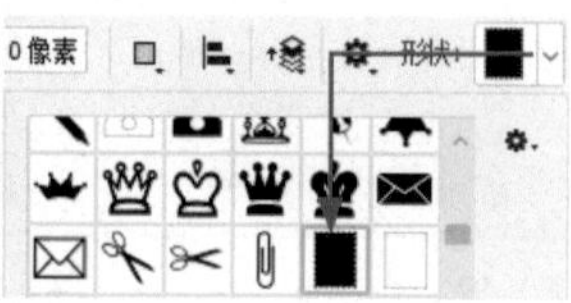

图 9-101

图 9-102

图 9-103

9.5.3 案例题：App 个人中心页

素材位置	素材 >9.5.3.psd
效果位置	效果 >9.5.3.psd
视频位置	教学视频 >9.5.3 App 个人中心页 .mp4
技术掌握	为矩形添加圆角

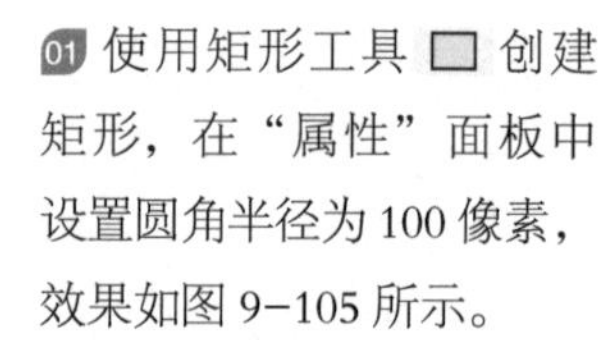

本例针对圆角及“投影”效果进行练习，如图 9-104 所示。

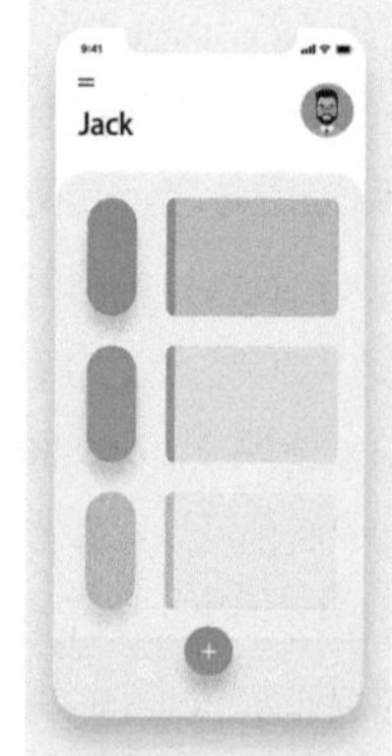

图 9-104

01 使用矩形工具 创建矩形，在“属性”面板中设置圆角半径为 100 像素，效果如图 9-105 所示。

02 双击形状图层，添加“投影”效果，如图 9-106 所示。复制该形状图层，得到另外两个胶囊状图形。通过双击图层的方法打开“图层样式”对话框，修改投影颜色，如图 9-107 和图 9-108 所示。最后，绘制圆形和直线段，做出主页按钮，如图 9-109 所示。

图 9-105

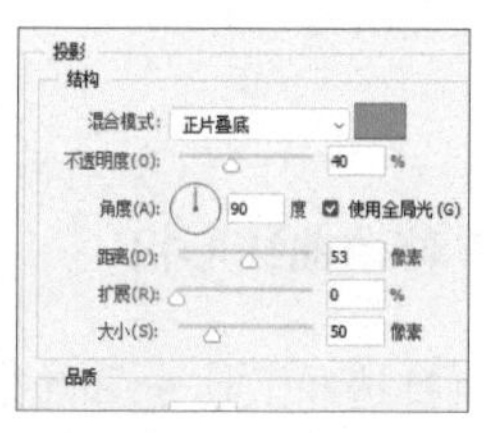

图 9-106

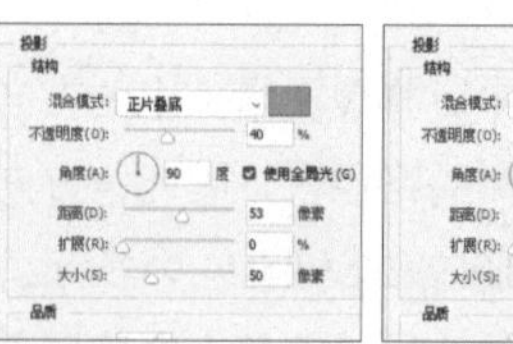

图 9-107

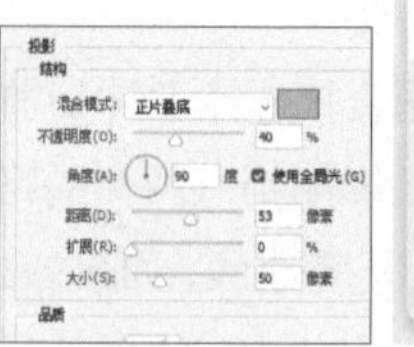

图 9-108

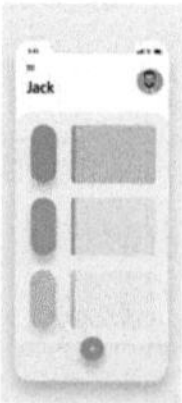

图 9-109

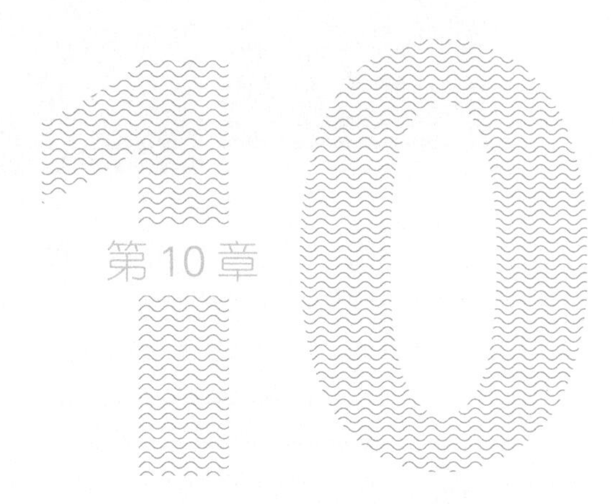

文字的应用

本章导读

本章介绍 Photoshop 中的点文字、段落文字和路径文字的创建与编辑方法，以及怎样设置字符和段落属性让文字版面更加美观。Photoshop 中的文字是由以数学方式定义的形状组成的，换言之，文字与路径一样也是矢量对象，可以无损缩放、无限次修改。

本章学习要点

- 选取和修改文字。
- 编辑路径文字。
- 调整行距、字距、比例和缩放。
- 设置段落属性。
- 基于文字创建路径。

Photoshop

10.1 点文字和段落文字

Photoshop 中有 4 个文字工具，其中横排文字工具 T 和直排文字工具 ↓T 可以创建点文字、段落文字和路径文字。横排文字蒙版工具 T 和直排文字蒙版工具 ↓T 可以创建文字状选区，但它们用处不大，因为从文字中就能转换出选区。

10.1.1 课堂案例：双十一促销标签

素材位置	素材 >10.1.1.jpg
效果位置	效果 >10.1.1.psd
视频位置	教学视频 >10.1.1 双十一促销标签 .mp4
技术掌握	变换路径，形状运算，点文字

本例使用矢量工具和文字工具制作一个双十一促销标签。标签采用倒三角形构图，如图 10-1 所示。倒三角形具有张力，但不稳定，需要将文字与图形对齐，做好平衡处理，才能体现出动感和活力。

图 10-1

01 新建一个黑色背景的文件。选择三角形工具及“形状”选项，设置描边颜色为白色，描边粗细为 20 像素，按住 Shift 键拖曳鼠标创建三角形，如图 10-2 所示。切换为路径选择工具 ，按 Ctrl+C 快捷键复制图形，按 Ctrl+V 快捷键粘贴到同一形状图层中。执行“编辑 > 变换路径 > 垂直翻转”命令，翻转图形，之后调整位置，如图 10-3 所示。

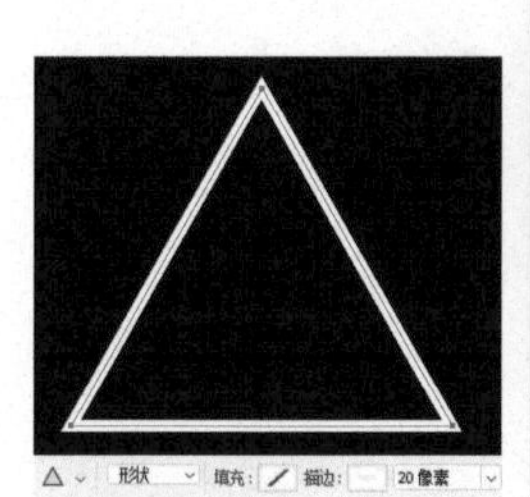

图 10-2　　图 10-3

02 在工具选项栏中执行“合并形状组件”命令，如图 10-4 所示，将两个图形合并。选择直接选择工具 ，拖曳出选框，将路径选取，如图 10-5 所示，按 Delete 键删除，如图 10-6 所示。将下边左右两个角上的路径也删除，如图 10-7 所示。

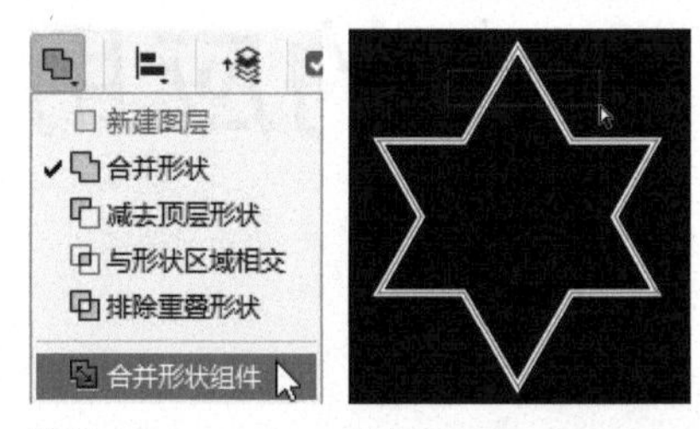

图 10-4　　图 10-5

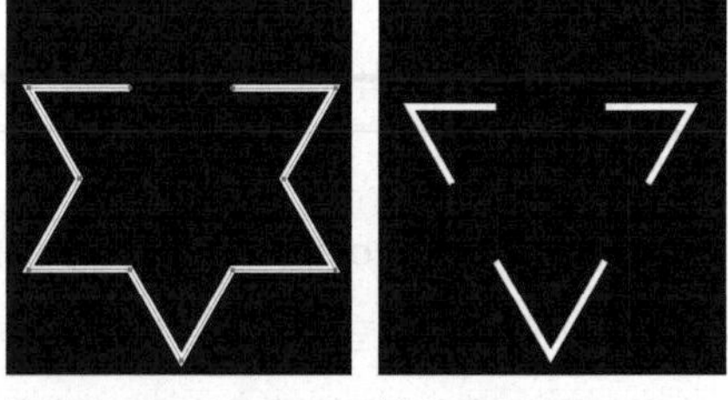

图 10-6　　图 10-7

03 单击 按钮将该图层锁定，如图 10-8 所示。选择横排文字工具 T，在画面中单击，之后输入文字，单击工具选项栏中的✓按钮确认。在“字符”面板中选择字体、设置大小，如图 10-9 所示。

图 10-8

图 10-9

04 在其他位置单击并输入文字，单击✓按钮确认，之后在“字符”面板中修改文字属性，如图 10-10 和图 10-11 所示。

图 10-10

图 10-11

05 打开背景素材，将文字文件拖入其中，效果如图 10-12 所示。

图 10-12

10.1.2 点文字

点文字是以一点为起始点创建的横向或纵向排列的文字，需要手动按 Enter 键换行，否则会一直排布下去。点文字适合处理字数较少的标题、标签和网页上的菜单项，以及海报上的宣传主题，如图 10-13 所示。

图 10-13

10.1.3 段落文字

选择横排文字工具 T，在画面中拖曳鼠标，拖出定界框，如图 10-14 所示，输入文字，即可创建段落文字，如图 10-15 所示。段落文字能自动换行，适合处理宣传单、说明书等具有多段文字的图稿。

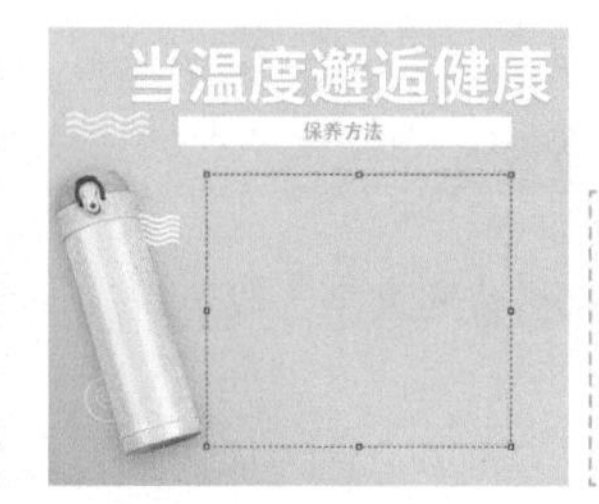

小提示

单击工具选项栏中的✓按钮可确认输入。单击⊘按钮或按Esc键则放弃修改。

图 10-14

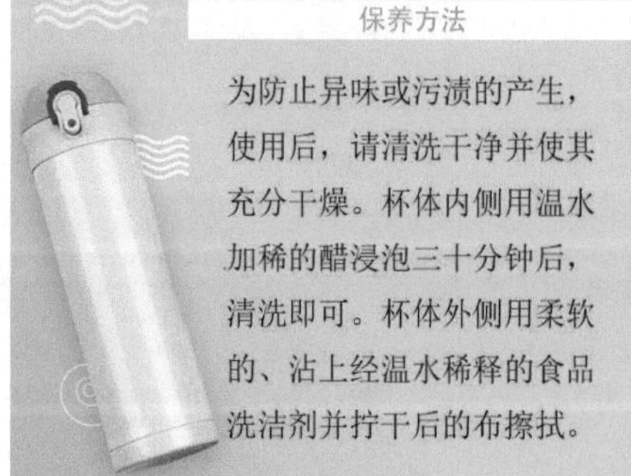

图 10-15

10.1.4 编辑段落文字

使用横排文字工具 **T** 在文字中单击，设置插入点，同时显示文字的定界框，如图 10-16 所示，拖曳控制点，可调整定界框的大小，如图 10-17 所示；按住 Shift 键和 Ctrl 键拖曳控制点，可以等比缩放文字（未按住 Shift 键，文字会被拉宽或拉长）；在定界框外拖曳鼠标，可以旋转文字，如图 10-18 所示。

图 10-16

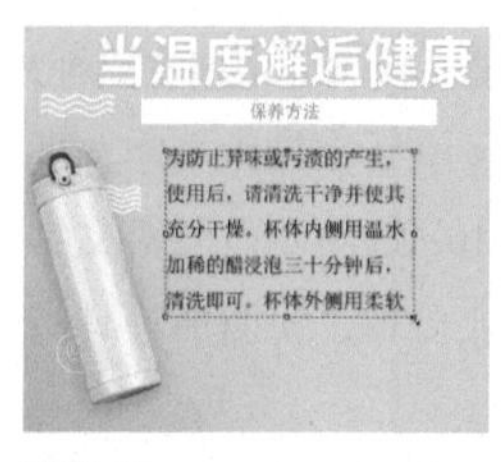

图 10-17

图 10-18

10.1.5 选取和修改文字

修改文字之前，需要先将文字选取。

1. 选取文字

选择横排文字工具 **T**，在文字上拖曳鼠标可以选取文字，如图 10-19 所示。在此状态下，可以在工具选项栏中修改字体和文字大小等。

秋装尖货

嗨爆初秋等你来战

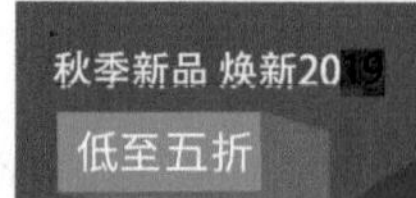

图 10-19

> 小提示
>
> 使用横排文字工具 T 在文字中单击，设置插入点，再单击两下，可以选取一段文字；按Ctrl+A快捷键可以选取全部文字。此外，双击文字图层中的“T”字缩览图，也可以选取所有文字。

2. 替换和删除文字

选取文字后，可重新输入文字，如图 10-20 所示。按 Delete 键则会删除文字，如图 10-21 所示。

秋装尖货
嗨爆初秋等你来战
秋季新品 焕新2023
低至五折

图 10-20

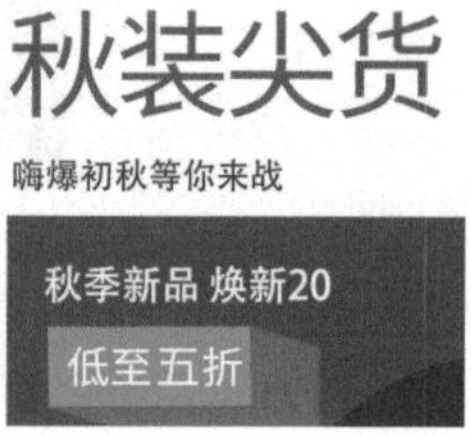

秋装尖货
嗨爆初秋等你来战
秋季新品 焕新20
低至五折

图 10-21

3. 添加文字

鼠标指针在文字上变为“I”形时，单击设置文字插入点，如图 10-22 所示，之后便可输入文字，如图 10-23 所示。

秋装尖货

嗨爆初秋等你来战

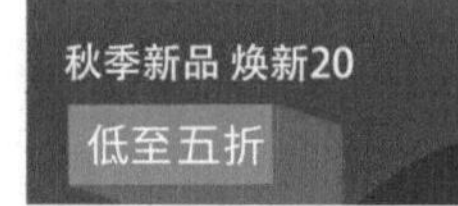

图 10-22

秋装尖货

嗨爆初秋，等你来战

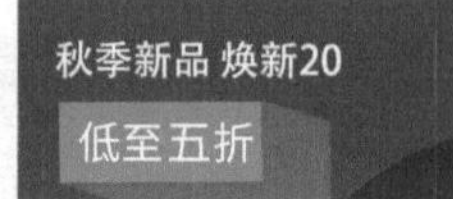

图 10-23

10.2 路径文字

用路径控制文字排列方式，能让文字的布局和整体外观依照路径变化。

10.2.1 课堂案例：制作图文混排版面

素材位置	素材 >10.2.1.jpg
效果位置	效果 >10.2.1.psd
视频位置	教学视频 >10.2.1 制作图文混排版面 .mp4
技术掌握	在封闭的图形内创建路径文字

如果只有一张图片，怎么表现创意？可以尝试图文混排，让排版变得生动、有趣，解决素材过于简单的问题，如图 10-24 所示。

图 10-24

01 选择钢笔工具 及“路径”“合并形状”选项，在人物右侧绘制一个封闭的图形，如图 10-25 所示。绘制直线轮廓时，需同时按住 Shift 键操作。

图 10-25

02 选择横排文字工具 T 并设置文字属性，如图 10-26 所示。将鼠标指针移动到图形内部，鼠标指针会变为Ⓘ状，如图 10-27 所示，单击之后输入文字。单击 ✓ 按钮结束编辑，如图 10-28 所示。

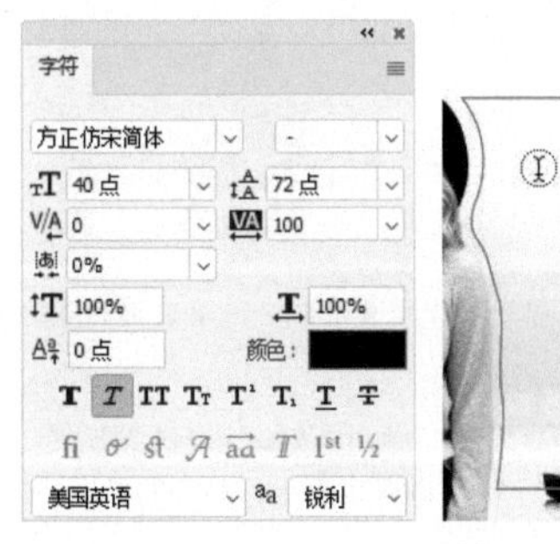

图 10-26

图 10-27

图 10-28

03 在画面左侧输入诗名，如图 10-29 所示。

图 10-29

10.2.2 路径文字的原理

点文字和段落文字只能横排和纵排，路径文字则能依照路径来排列文字。

当文字在封闭的路径内排列时，其整体外观与路径的形状一致，如图 10-30 所示。其原理是以路径轮廓为框架在其中排布段落文字。

文字在图形内排列

图 10-30

当文字在路径上排布时，会随着路径的弯曲而起伏、转折，如图 10-31 所示。其原理是以路径为基线排布点文字。

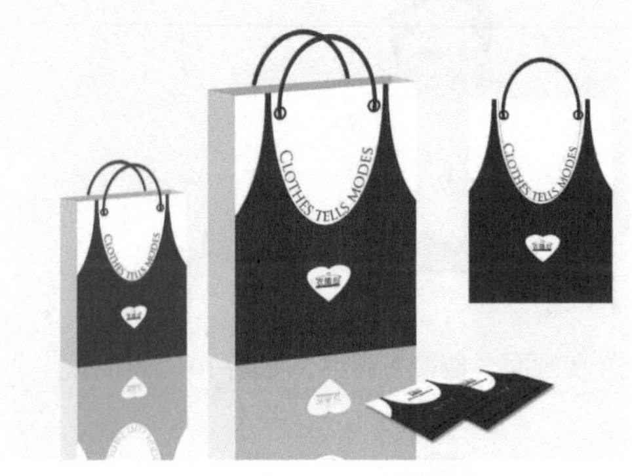

文字在路径上排列

图 10-31

> **小提示**
>
> 在路径上输入文字时，文字的排列方向与路径的绘制方向一致。因此，使用钢笔工具绘制路径时，一定要从左向右进行，否则文字会在路径上颠倒。

10.2.3 创建路径文字

选择横排文字工具 **T**，鼠标指针在路径上变为状时，如图 10-32 所示，单击设置文字插入点，之后输入文字，即可使文字沿路径排列，如图 10-33 所示。

图 10-32

图 10-33

10.2.4 编辑路径文字

移动、翻转路径上的文字，以及修改路径需要使用矢量工具。

1. 移动文字

选择直接选择工具或路径选择工具，将鼠标指针放在文字上，当鼠标指针变为状时，如图 10-34 所示，沿路径拖曳，可以移动文字，如图 10-35 所示。

图 10-34

图 10-35

2. 翻转文字

向路径的另一侧拖曳，可以翻转文字，如图 10-36 所示。

图 10-36

3. 修改路径

使用直接选择工具单击路径，显示锚点，如图 10-37 所示。移动锚点或修改路径的形状，文字会沿修改后的路径重新排列，如图 10-38 所示。

图 10-37

图 10-38

> **小提示**
>
> 在路径的转折处，文字会因“拥挤”而出现重叠。通过修改路径形状让转折处变得平滑、顺畅可以解决这一问题。

10.3 编辑文字

使用“字符”面板设置文字属性时，会影响所选文字图层中的所有文字，如果只想改变部分文字，需提前用文字工具将其选取。使用“段落”面板时，如果要设置单个段落的格式，可以用文字工具在该段落中单击；如果要设置多个段落的格式，要先选择这些段落；如果要设置全部段落的格式，可以在“图层”面板中单击该文本图层。

10.3.1 课堂案例：用变形文字制作名片

素材位置	素材 >10.3.1.psd
效果位置	效果 >10.3.1.psd
视频位置	教学视频 >10.3.1 用变形文字制作名片 .mp4
技术掌握	画板，加载形状库，文字变形

点文字、段落文字和路径文字都可以使用“文字变形”命令处理，让文字变为扇形、弧形等形状，如图 10-39 所示。

图 10-39

01 按 Ctrl+N 快捷键打开“新建文档”对话框。名片的规格为 94 毫米 ×58 毫米(包含每边 2 毫米的出血)，分辨率为 300 像素 / 英寸、模式为 RGB 颜色，勾选“画板”选项，如图 10-40 所示。

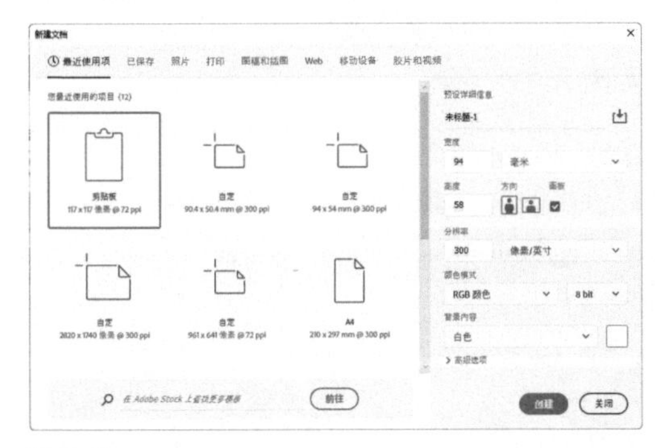

图 10-40

02 按 Ctrl+– 快捷键缩小视图。单击画板组，如图 10-41 所示。选择画板工具，在图 10-42 所示的 + 号上单击，复制出一个相同大小的画板，如图 10-43 所示。

图 10-41

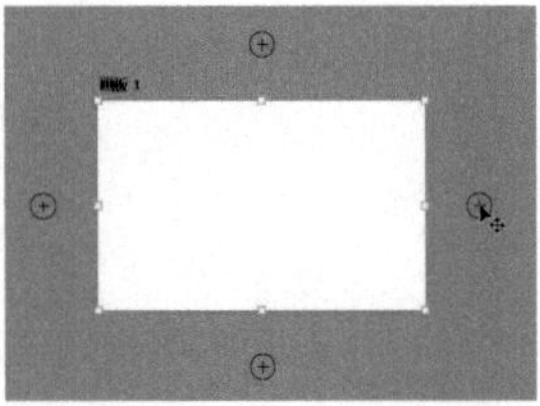

图 10-42

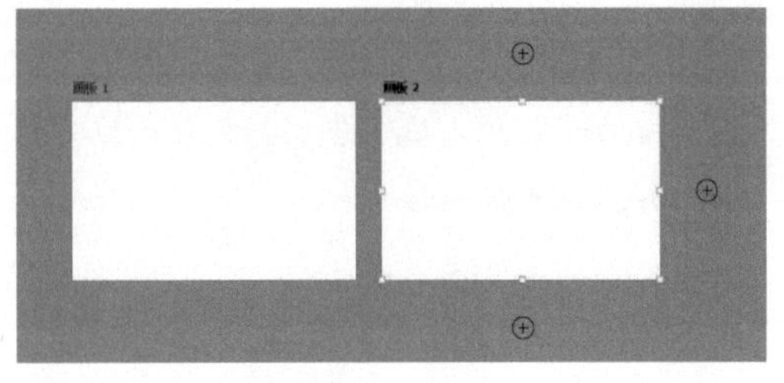

图 10-43

03 在当前画板上制作名片背面图文。新建一个图层，调整前景色，如图 10-44 所示，按 Alt+Delete 快捷键填色，如图 10-45 所示。

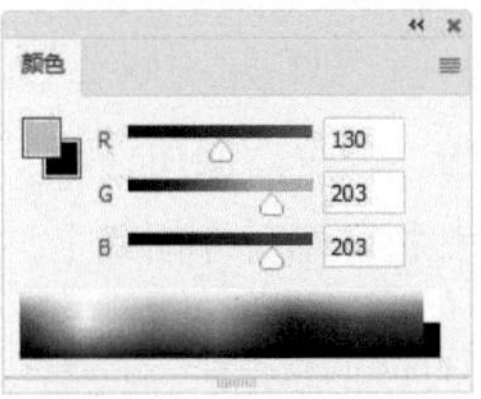

图 10-44

图 10-45

04 选择椭圆工具及“形状”选项，按住 Shift 键拖曳鼠标，创建一个白色圆形，如图 10-46 所示。打开卡通素材，使用移动工具将其拖入名片文件中，如图 10-47 所示。

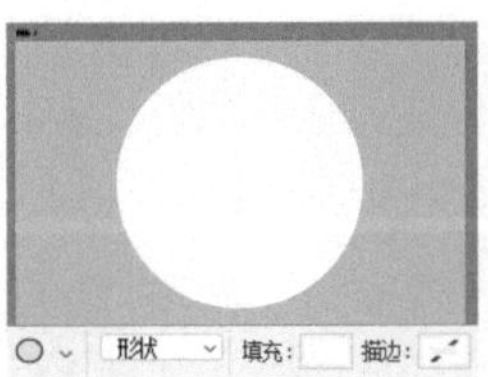

图 10-46

图 10-47

05 使用椭圆工具 ○ 再创建一个小圆形的形状图层，如图 10–48 所示。选择自定形状工具 ，打开“形状”面板菜单，执行“旧版形状及其他”命令，如图 10–49 所示，加载形状库。

图 10–48　　图 10–49

06 单击爪印图形，在小圆形内绘制该图形，如图 10–50 所示。单击 按钮进行形状运算，得到图 10–51 所示的图形。

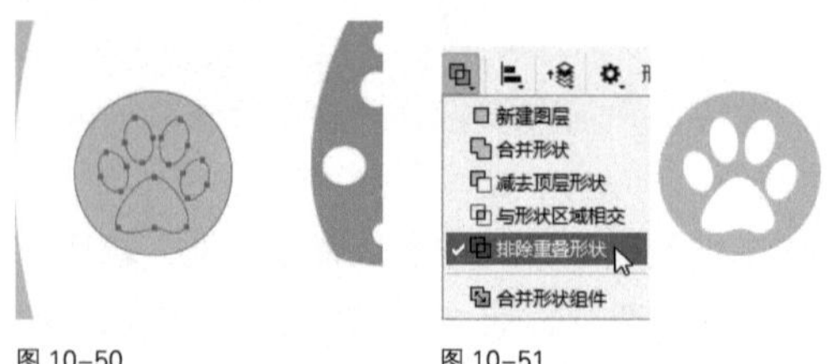

图 10–50　　图 10–51

07 在定界框外拖曳，旋转图形，如图 10–52 所示。按 Ctrl+J 快捷键复制该形状图层，执行“编辑 > 变换路径 > 水平翻转”命令，使用移动工具 将翻转后的图形拖曳到右侧对称位置上，如图 10–53 所示。

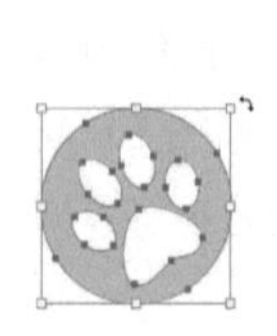

图 10–52　　图 10–53

08 使用横排文字工具 T 在远离图形的位置单击并输入文字，如图 10–54 和图 10–55 所示。

09 执行“文字 > 文字变形”命令，打开“变形文字”对话框，在“样式”下拉列表中选择“扇形”并调整参数，如图 10–56 和图 10–57 所示。

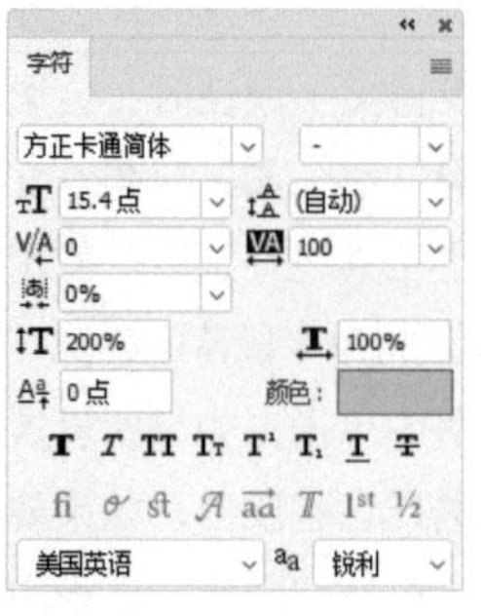

图 10–54　　图 10–55

图 10–56　　图 10–57

小提示

如果想修改变形参数，可以执行“文字>文字变形”命令，或者选择文字工具，单击工具选项栏中的创建文字变形按钮，打开“变形文字”对话框进行设置。如果想取消变形，可以在“变形文字”对话框的“样式”下拉列表中选择“无”。

10 单击“画板 1”组中的图层，如图 10–58 所示，在该组中制作名片正面。爪印可以通过使用移动工具 并按住 Alt 键拖曳的方法复制到“画板 1”组中，文字采用相同的字体，对齐方式为居中对齐，效果如图 10–59 所示。

图 10–58

图 10–59

10.3.2 调整字号、字体、样式和颜色

进行版面设计时，为了能够准确传达信息，需要使用恰当的字体。在字体选择上，可以基于这样的原则，即文字量越多，越应使用简洁的字体，以减少阅读障碍。

在文字工具选项栏，以及“字符”面板中都可以设置文字的字体、字号、颜色、样式等，如图 10-60 所示。这些属性既可以在输入文字之前设置好，也可在创建文字之后修改。

图 10-60

选项介绍

● **更改文本方向** ：可以让横排文字和直排文字互相转换，如图 10-61 和图 10-62 所示。

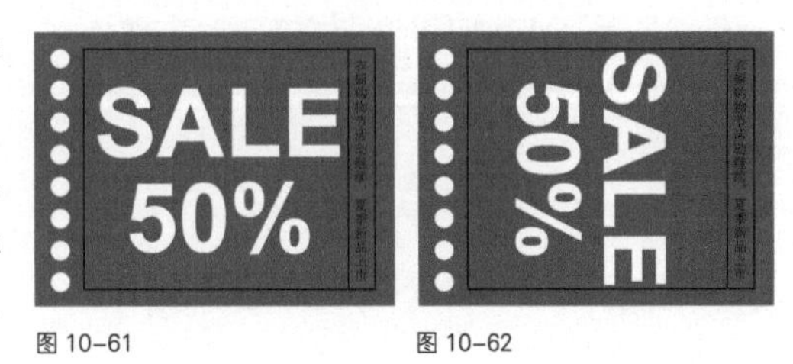

图 10-61　　图 10-62

● **设置字体**：在该下拉列表中可以选择字体。如果字体太小，看不清楚，可以打开“文字 > 字体预览大小”子菜单，执行“特大”或“超大”命令，显示大字体。

● **设置字体样式**：部分英文字体包含变体，可以在该下拉列表中选择，包括 Regular（常规）、Italic（斜体）、Bold（粗体）和 Bold Italic（粗斜体）等，如图 10-63 所示。

Regular　　Italic　　Bold　　Bold Italic

图 10-63

● **设置字号**：可以设置文字的大小，也可直接输入数值并按 Enter 键来进行调整。

● **消除锯齿**：文字虽然是矢量对象，但需要转换成像素才能在计算机的屏幕上显示或打印到纸上。在转换时，文字的边缘容易出现硬边和锯齿。在该选项中可以选择一种方法来消除锯齿。

● **对齐文本**：根据输入文字时鼠标单击的位置对齐文本，包括左对齐文本（见图 10-64）、居中对齐文本（见图 10-63）、右对齐文本（见图 10-65）。

● **设置文本颜色**：单击颜色块，可以打开“拾色器”对话框设置文字颜色。

● **创建变形文字** ：单击该按钮，可以打开“变形文字”对话框创建变形文字。

图 10-64　　图 10-65

● **显示/隐藏“字符”和“段落”面板** ：单击该按钮，可以打开、关闭“字符”和“段落”面板。

> **小提示**
>
> ●调整字号：选取文字后，按住Shift键和Ctrl键并连续按>键，能够以2点为增量将文字调大；按Shift+Ctrl+<快捷键，则以2点为增量将文字调小。
>
> ●调整字间距：选取文字后，按住Alt键并连续按→键，可以增加字间距；按Alt+←快捷键，则减小字间距。
>
> ●调整行间距：选取多行文字后，按住Alt键并连续按↑键，可以增加行间距；按Alt+↓快捷键，则减小行间距。

10.3.3 调整行距、字距、比例和缩放

在“字符”面板中可以调整文字的间距、缩放比例，以及为文字添加特殊样式等，如图10-66所示。

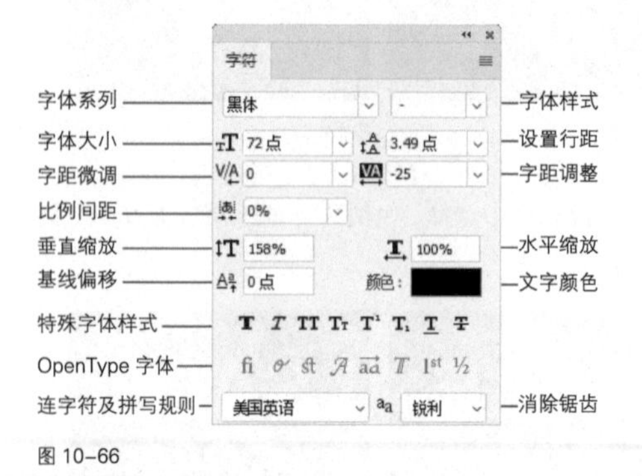

图 10-66

“字符”面板选项介绍

● **设置行距** ：可设置各行文字之间的垂直间距，默认选项为“自动”。行距会随字体大小而自动改变，如图10-67和图10-68所示。

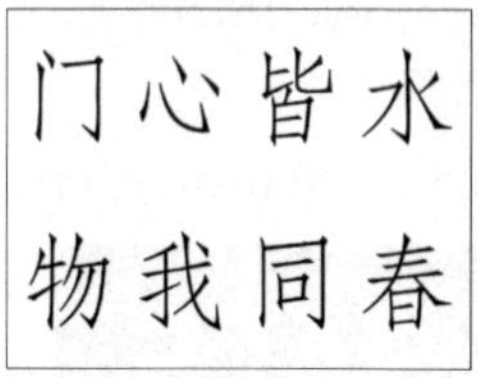

图 10-67 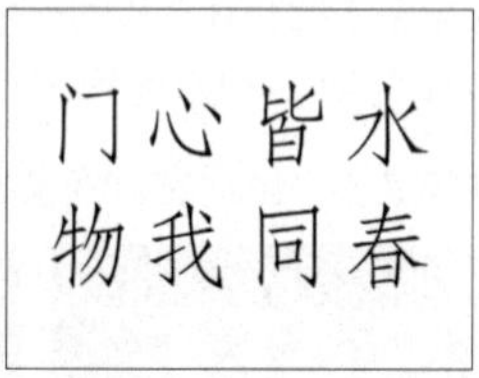　　图 10-68

● **字距微调** ：用来调整两个字符之间的间距。操作时，使用横排文字工具 T 在两个字符之间单击，如图10-69所示，之后在该选项中输入数值（正数或负数）并按Enter键，如图10-70所示。

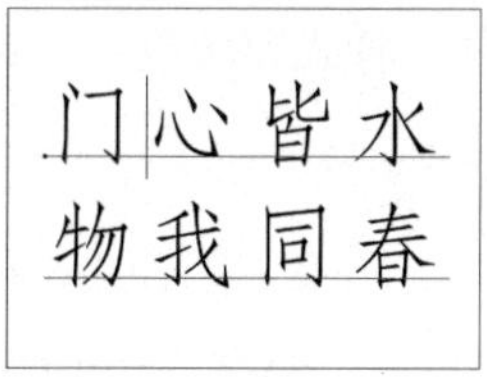

在“门”和“心”间单击
图 10-69

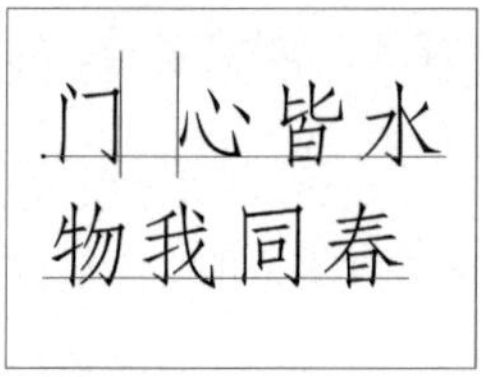

增加字距
图 10-70

● **字距调整** ：可调整所选的多个文字，或整个文本的字符间距，如图10-71所示。

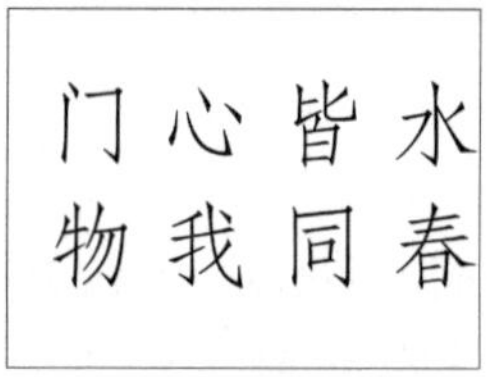

增加所有文字的字距
图 10-71

● **比例间距** ：比例间距为0%时，字符的间距最大；设置为50%，字符的间距会变为原先的一半；设置为100%，字符的间距为0。由此可见，比例间距是用于收缩字距的，而字距微调和字距调整既可以缩小间距，也可以扩大间距。

● **垂直缩放/水平缩放** ：可垂直或水平缩放文字。这两个百分比相同时可等比缩放。

● **基线偏移** ：使用文字工具在画布上单击时，会出现闪烁的“I”形光标，光标中的小线条是文字基线。调整文字的基线，可以使文字上升，如图10-72所示，或者下降。

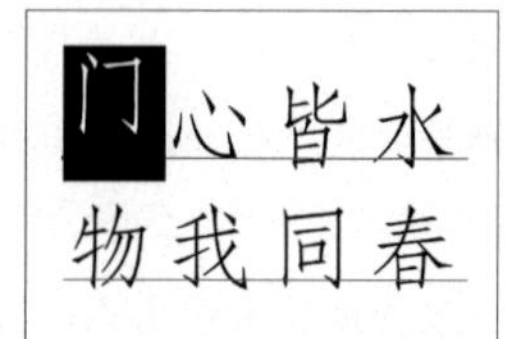

图 10-72

● **特殊字体样式** ：很多单位刻度、化学式、数学公式，如立方厘米（cm^3）、二氧化碳（CO_2），以及某些符号（™ © ®）都会用到特殊字符，如图10-73所示。用下面的方法可以创建此类字符的不同效果：先用文字工具将特殊字符选取，然后单击“字

符”面板下面的一排“T”状按钮。图10–74所示为原文字，图10–75所示为单击各按钮所创建的效果。

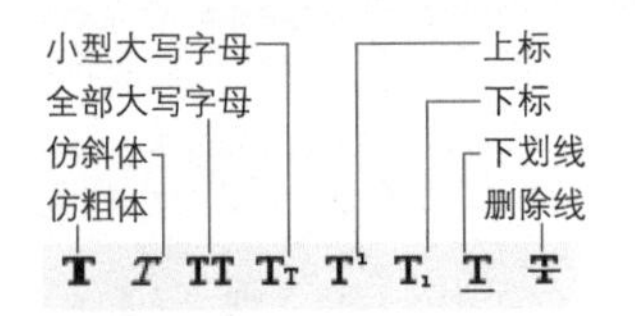

特殊字体样式

图 10–73

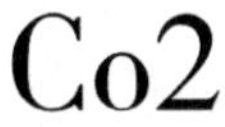

Co2

原文字

图 10–74

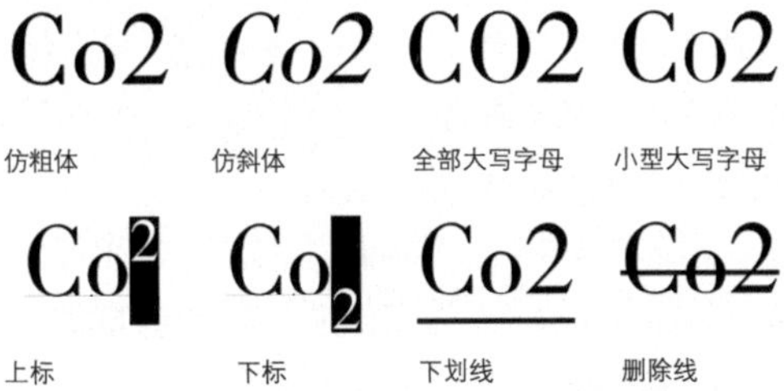

Co2 Co2 CO2 Co2

仿粗体 仿斜体 全部大写字母 小型大写字母

上标 下标 下划线 删除线

图 10–75

- **OpenType 字体**：OpenType 字体包含当前 PostScript 和 TrueType 字体不具备的功能，如创建花饰字和自由连字。
- **连字符及拼写规则**：可对所选字符进行有关连字符和拼写规则的语言设置。

10.3.4 设置段落属性

输入文字时，每按一次 Enter 键，可切换一个段落。“段落”面板可以调整段落的对齐和缩进方式，让文字在版面中显得更加规整，如图 10–76 所示。

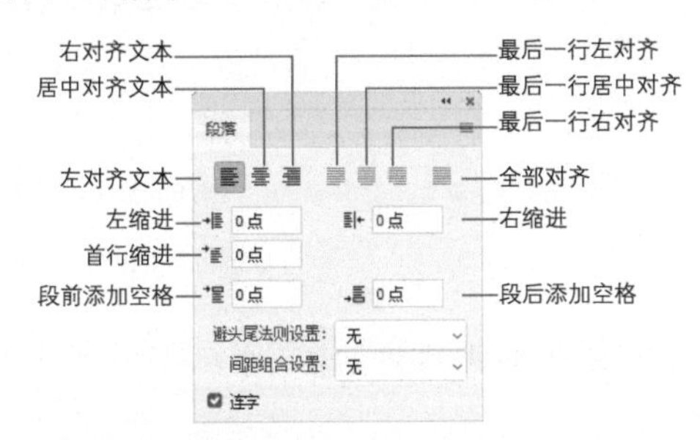

图 10–76

“段落”面板选项介绍

- **左对齐文本**：文字的左端对齐，段落右端参差不齐，如图10–77所示。
- **居中对齐文本**：文字居中对齐，段落两端参差不齐，如图10–78所示。

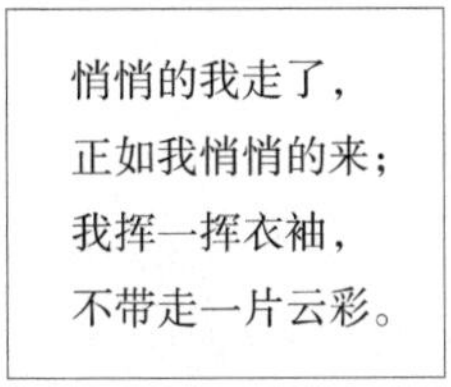

悄悄的我走了，
正如我悄悄的来；
我挥一挥衣袖，
不带走一片云彩。

图 10–77

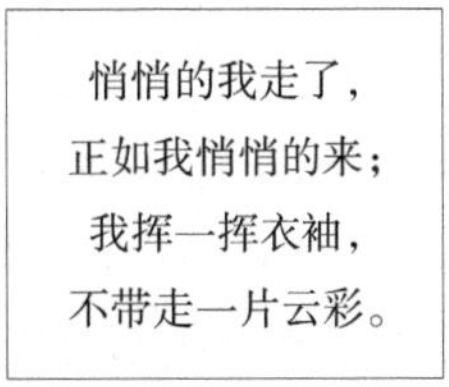

悄悄的我走了，
正如我悄悄的来；
我挥一挥衣袖，
不带走一片云彩。

图 10–78

- **右对齐文本**：文字的右端对齐，段落左端参差不齐。
- **最后一行左对齐**：段落最后一行左对齐，其他行左右两端强制对齐。
- **最后一行居中对齐**：段落最后一行居中对齐，其他行左右两端强制对齐。
- **最后一行右对齐**：段落最后一行右对齐，其他行左右两端强制对齐。
- **全部对齐**：在字符间添加额外的间距，使文本左右两端强制对齐。
- **左缩进**：横排文字从段落的左边缩进，直排文字从段落的顶端缩进。
- **右缩进**：横排文字从段落的右边缩进，直排文字则从段落的底部缩进。
- **首行缩进**：缩进段落中的首行文字。对于横排文字，首行缩进与左缩进有关；直排文字则与顶端缩进有关。将该值设置为负值时，可以创建首行悬挂缩进。
- **段前添加空格/段后添加空格**：可控制所选段落的前、后间距，如图10–79和图10–80所示。

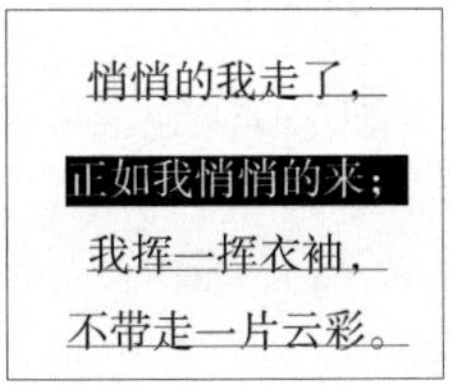

悄悄的我走了，
正如我悄悄的来；
我挥一挥衣袖，
不带走一片云彩。

图 10–79

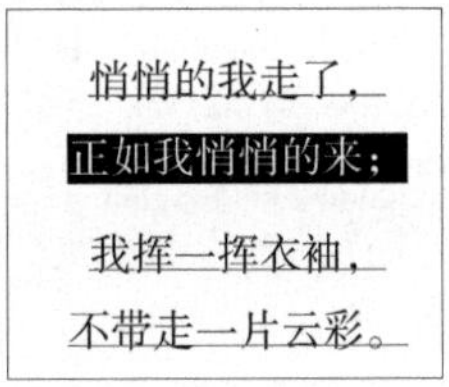

悄悄的我走了，
正如我悄悄的来；
我挥一挥衣袖，
不带走一片云彩。

图 10–80

- **连字符**：在每一行末端断开的单词间添加的标记。

10.3.5 管理缺失字体

打开一个文件时，如果该文件使用了当前操作系统中没有的字体，Photoshop 会在 Typekit 中搜索缺失字体，找到并进行替换。如果未找到，则会弹出警告信息。如果想用系统中的字体替换缺失字体，可以执行“文字 > 管理缺失字体”命令。

10.3.6 基于文字创建路径

选择一个文字图层，如图 10-81 所示，执行“文字 > 创建工作路径”命令，可以基于文字生成工作路径，原文字图层保持不变，如图 10-82 所示。生成的工作路径可以设置填色和描边，也可以修改路径得到变形文字。

图 10-81

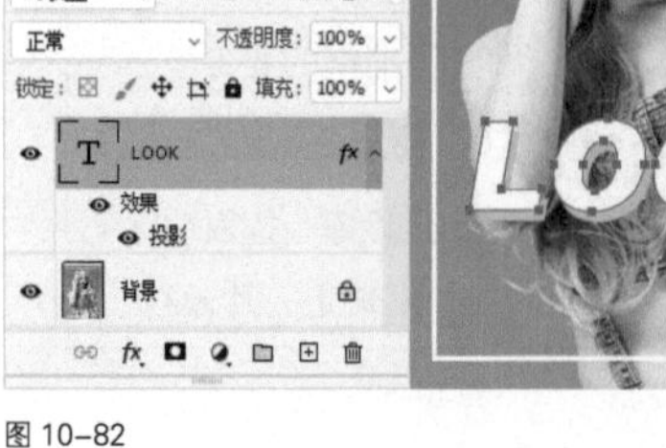

图 10-82

10.3.7 将文字转换为形状

在进行旋转、缩放和倾斜操作时，无论哪种类型的文字，Photoshop 都将其视为完整的对象，而不管其中有多少个文字，也就是说不支持对文本中的单个文字进行处理，如图 10-83 所示。如果想要突破这种限制，可以采取折中的办法——将文字转换为矢量图形，再对其中的单个文字图形进行变换。

图 10-83

选择文字图层，执行“文字 > 转换为形状”命令，将其转换为形状图层，如图 10-84 所示。此时可调整单个文字，如图 10-85 所示。

图 10-84

图 10-85

小提示

文字转换为形状后，原文字图层不会保留，最好提前复制文字图层以作备份。

10.3.8 无格式粘贴文字

从网页或其他文件中复制文字后，执行“编辑 > 选择性粘贴 > 粘贴且不使用任何格式”命令，将其粘贴到 Photoshop 中时，可去除源文本中的样式属性并使其适应目标文字图层的样式。

10.3.9 栅格化文字

选择文字图层，执行“文字 > 栅格化文字图层”命令，可将文字转变为图像。这意味着可以用绘画工具、调色工具和滤镜等编辑它，但文字的属性在此之后不能修改。

10.4 课后习题

Photoshop 中的文字功能十分灵活，使得文字的创建和修改都很方便。下面是本章的课后习题。

10.4.1 问答题

1. 在“字符”面板中，字距微调和字距调整选项有何不同？

2. 怎样通过快捷方法修改文字颜色？

3. 以某种文字为基础进行标准字、Logo 等的设计时，需要对所创建的文字进行修改和加工，可以怎么做？

10.4.2 案例题：给图片加透明文字水印

素材位置	素材 >10.4.2.jpg
效果位置	效果 >10.4.2-1.psd、10.4.2-2.jpg
视频位置	教学视频 >10.4.2 给图片加透明文字水印 .mp4
技术掌握	制作半透明文字水印

本例介绍怎样给作品加水印，如图 10-86 所示。通过这种方法可以保护创作者的版权，防止作品被他人盗用。

图 10-86

01 使用横排文字工具 T 输入水印文字，如图 10-87 和图 10-88 所示。

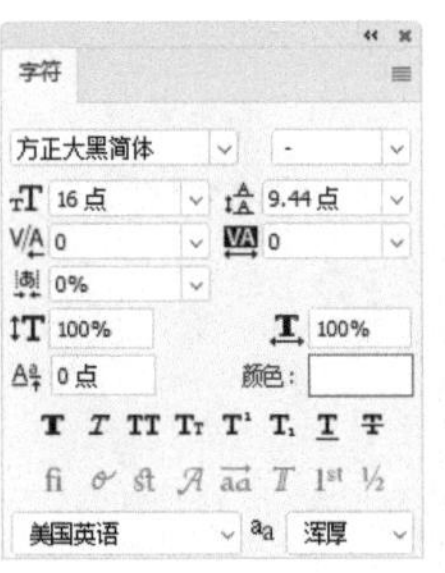

图 10-87　图 10-88

02 将文字图层的不透明度设置为 50%，如图 10-89 和图 10-90 所示。

图 10-89　图 10-90

03 通过执行“文件 > 存储为”命令保存两份文件，一份是 PSD 格式的分层文件（自己留作备份），另一份是 JPEG 格式的合层文件，供发布使用。

小提示

如果想增加水印的破解难度，可以将文字设置为彩色，并修改混合模式。

10.4.3 案例题：给海报加创意文字

素材位置	素材 >10.4.3.jpg
效果位置	效果 >10.4.3.psd
视频位置	教学视频 >10.4.3 给海报加创意文字 .mp4
技术掌握	绘制曲线路径，创建路径文字

线是分割画面的主要元素。在构图时，可

以利用路径文字所呈现的线条引导视线，使画面由原来的杂乱无章变得简洁有序，具有韵律感，如图 10-91 所示。

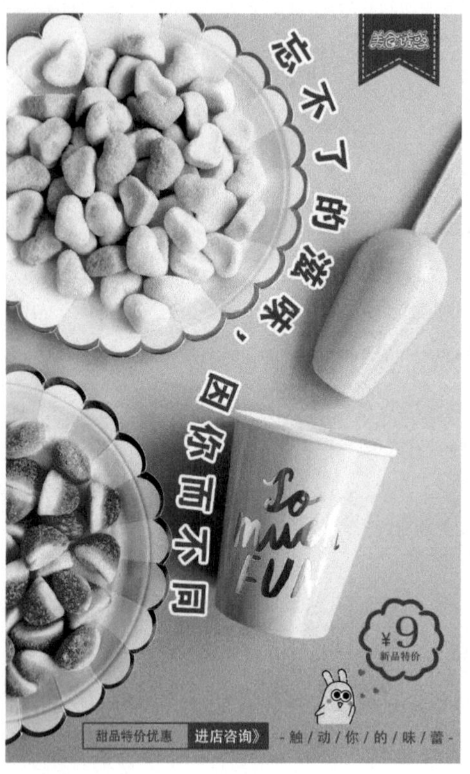

图 10-91

01 打开广告素材。选择钢笔工具 及“路径”选项，由上至下绘制一条曲线，如图 10-92 所示，然后根据需要进行调整。

图 10-92

02 选择横排文字工具 T ，在路径上单击并输入文字，如图 10-93 和图 10-94 所示。

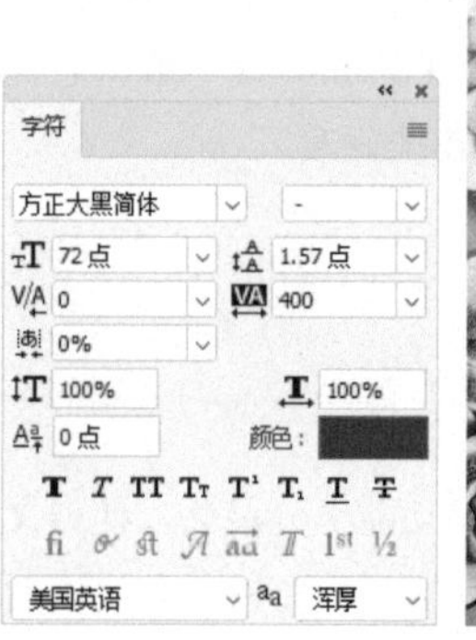

图 10-93　图 10-94

03 结束文字编辑后，双击文字图层，添加“描边”效果，如图 10-95 和图 10-96 所示。

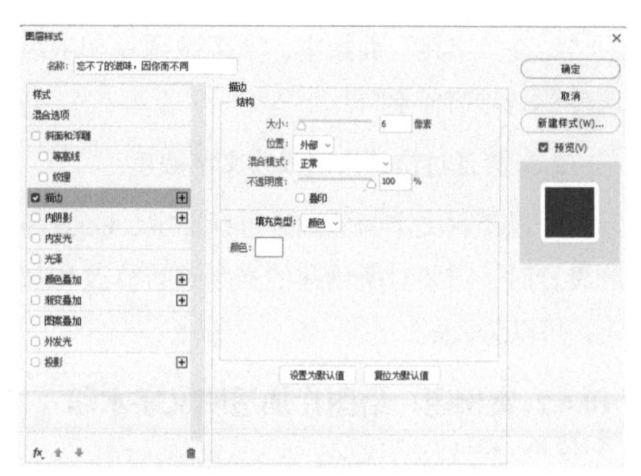

图 10-95

图 10-96

第 11 章

通道

本章导读

通道是 Photoshop 的高级功能，利用通道修改选区，可以抠取毛发和透明物体等复杂对象，完成普通抠图工具无法胜任的工作。依据色彩的变化原理调整颜色通道的明暗，则可让色彩按照用户的需求发生变化。

本章学习要点

- 使用通道编辑选区。
- RGB 模式的通道调色原理。
- CMYK 模式的通道调色原理。

Photoshop

11.1 通道的基本用途

Photoshop 中有 3 种通道，分别是 Alpha 通道、颜色通道和专色通道，其用途分别与选区、色彩和图像内容有关。

11.1.1 课堂案例：颜色错位效果

素材位置	素材 >11.1.1–1.psd、11.1.1–2.jpg
效果位置	效果 >11.1.1.psd
视频位置	教学视频 >11.1.1 颜色错位效果 .mp4
技术掌握	移动颜色通道中的图像

如图 11–1 所示，本例介绍制作颜色错位效果的方法。

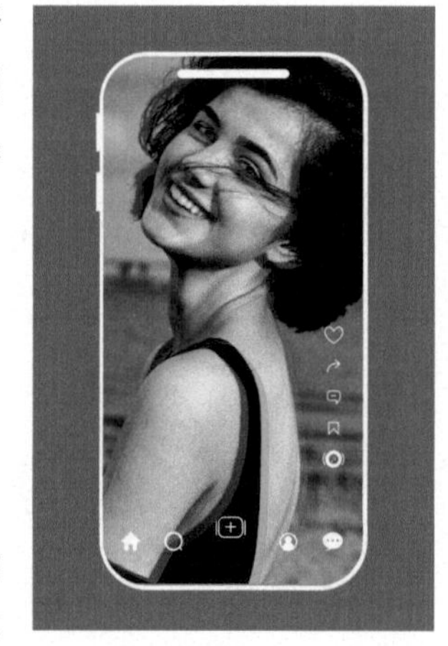

图 11–1

01 打开素材，如图 11–2 所示。单击“红”通道，如图 11–3 所示，在 RGB 主通道前方单击，显示眼睛图标，如图 11–4 所示。这样编辑图像时能够看到颜色变化。

图 11–2

图 11–3

图 11–4

02 选择移动工具，向右下方拖曳图像，如图 11–5 所示。单击 RGB 主通道，结束通道的编辑，如图 11–6 所示。

图 11–5

图 11–6

03 将图像拖入手机文件中，如图 11–7 所示。按住 Alt 键在图 11–8 所示的位置单击，创建剪贴蒙版，如图 11–9 所示，效果如图 11–10 所示。

图 11–7

图 11–8

图 11–9

图 11–10

11.1.2 “通道”面板

在 Photoshop 中打开一幅图像，如图 11–11 所示，“通道”面板中会显示其通道信息，如图 11–12 所示。要编辑某个通道，在其上面单击即可，此时文档窗口中会显示通道中的灰度图像。结束编辑后，单击复合通道，可恢复彩色图像的显示。

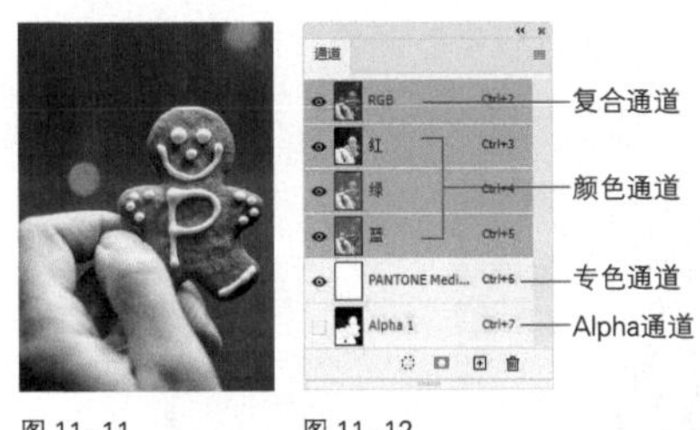

图 11–11 图 11–12

“通道”面板选项介绍

• **将通道作为选区载入** ：单击一个通道，再单击该按钮，可以将通道中的选区加载到画布上。

• **将选区存储为通道** ：单击该按钮，可以将选区保存在 Alpha 通道中。

• **创建新通道** ：单击该按钮，可以创建一个 Alpha 通道。如果将一个通道拖曳到该按钮上，则可复制该通道。

• **删除当前通道** ：单击一个通道，再单击该按钮，可将其删除。复合通道不能删除，颜色通道可删除，但图像会转换为多通道模式。

11.1.3 Alpha 通道

Alpha 通道可以将选区存储为灰度图像，如图 11–13 所示，之后，用户就可以像编辑图像那样编辑选区。需要转换为选区时，可按住 Ctrl 键单击 Alpha 通道。

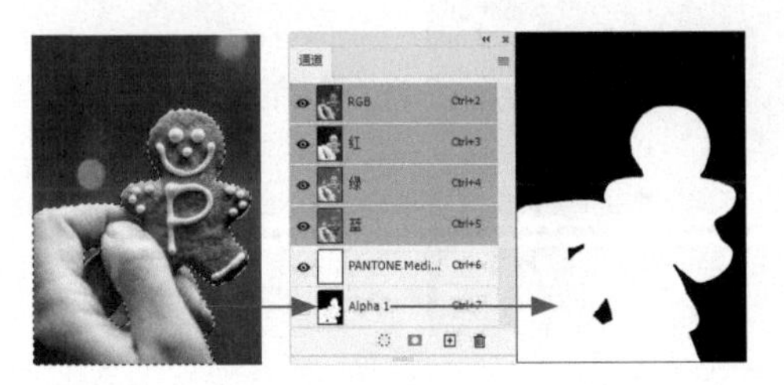

图 11–13

11.1.4 颜色通道

颜色通道保存了图像内容和颜色信息，其种类和数量因颜色模式的不同而有所差别。例如，RGB 模式的图像包含红、绿、蓝和一个复合通道；CMYK 模式的图像包含青色、洋红、黄色、黑色及一个复合通道，如图 11–14 所示；Lab 图像包含明度、a、b 和一个复合通道，如图 11–15 所示；位图、灰度、双色调和索引颜色的图像只有一个通道，如图 11–16 所示。

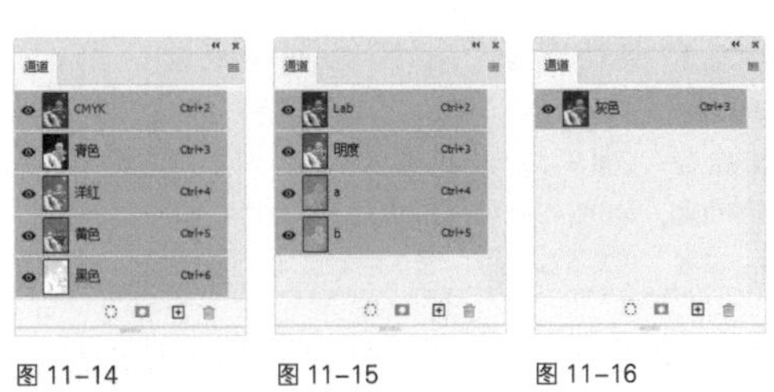

图 11–14 图 11–15 图 11–16

> **小提示**
>
> 使用“图像>模式”子菜单中的命令可以转换颜色模式。

11.1.5 专色通道

在印刷工艺中，印刷设备将青色、洋红色、黄色和黑色 4 种油墨依次印在纸上，完成图像的印制。专色则不通过以上四色合成，它是预先调好的油墨。专色通道可以存储专色。打开“通道”面板菜单，执行“新建专色通道”命令，如图 11–17 所示，打开“新建专色通道”对话框，单击“颜色”色块，如图 11–18 所示，可在打开的对话框中选择颜色，创建专色通道，如图 11–19 和图 11–20 所示。默认状态下，专色通道以专色的名称来命名，尽量不要修改，以免无法打印文件。

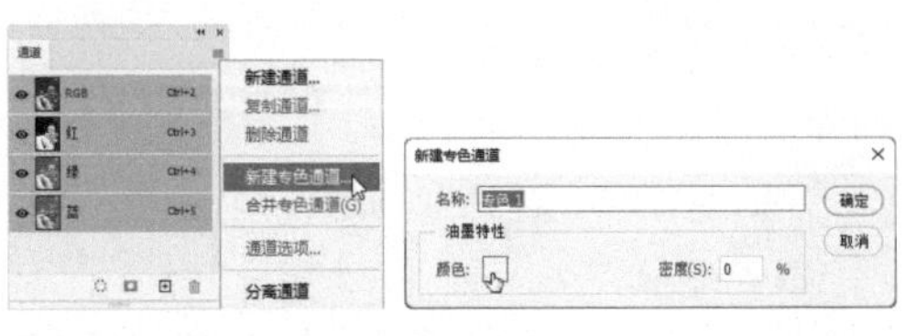

图 11–17 图 11–18

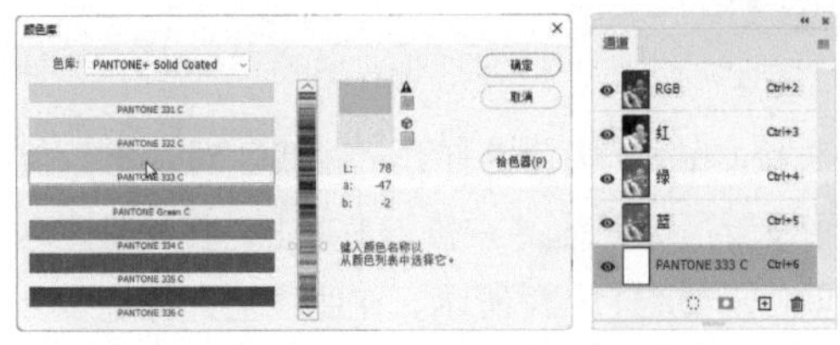

图 11–19 图 11–20

11.2 通道抠图

通道是非常强大的抠图工具，其优势在于可以像编辑图像那样处理选区。

11.2.1 课堂案例：抠婚纱制作影楼广告

素材位置	素材 >11.2.1-1.jpg、11.2.1-2.psd
效果位置	效果 >11.2.1.psd
视频位置	教学视频 >11.2.1 抠婚纱制作影楼广告 .mp4
技术掌握	通道抠图，使用“选择并遮住”命令修改选区

本例介绍通道抠图并制作婚纱海报，如图 11-21 所示，其中涉及用曲线调整通道、通道运算等技巧。

图 11-21

01 打开素材，如图 11-22 所示。先在通道中制作婚纱选区。将红通道拖曳到 ⊞ 按钮上复制，如图 11-23 所示。

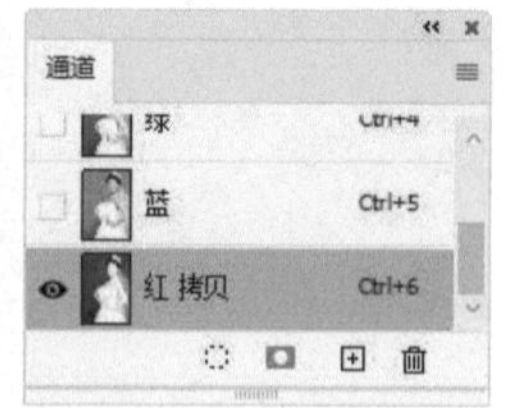

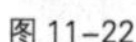

图 11-22　　图 11-23

02 按 Ctrl+M 快捷键打开“曲线”对话框，使用设置黑场工具在背景上单击，将背景调为黑色，如图 11-24 所示。在曲线上进行拖曳，如图 11-25 所示，将婚纱调亮。按 Enter 键关闭对话框。

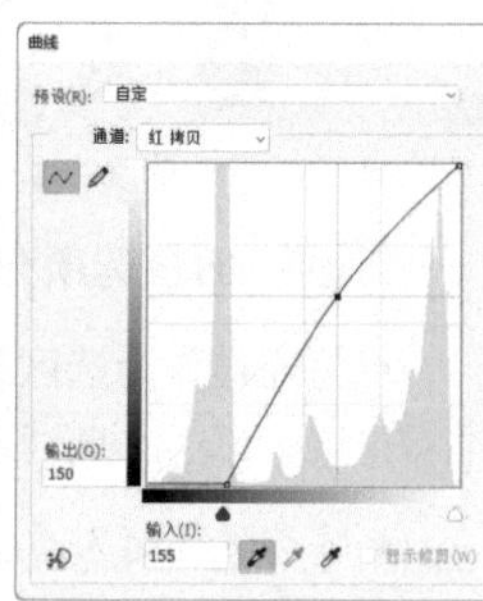

图 11-24　　图 11-25

03 按 Ctrl+2 快捷键恢复彩色图像。制作人物选区。执行“选择 > 主体”命令，将女孩选取。执行“选择 > 选择并遮住”命令，切换到这一工作区。使用调整边缘画笔工具在发丝边缘拖曳鼠标进行涂抹，如图 11-26 所示。该命令基于人工智能技术，可自动识别对象并生成准确的选区。在“输出到”下拉列表中选择“图层蒙版”选项，按 Enter 键抠图，如图 11-27 所示。

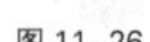

图 11-26　　图 11-27

04 按住 Ctrl 键单击“红 拷贝”通道，载入该通道中的选区，如图 11-28 和图 11-29 所示。将前景色设置为白色，按 Alt+Delete 快捷键在蒙版中填充白色，让婚纱显示出来，按 Ctrl+D 快捷键取消选择，如图 11-30 所示。将抠出的人像拖曳到新背景中，如图 11-31 所示。

图 11-28　　图 11-29

图 11-30　　图 11-31

05 使用直排文字工具 ↓T 输入广告标题，如图 11-32 和图 11-33 所示。

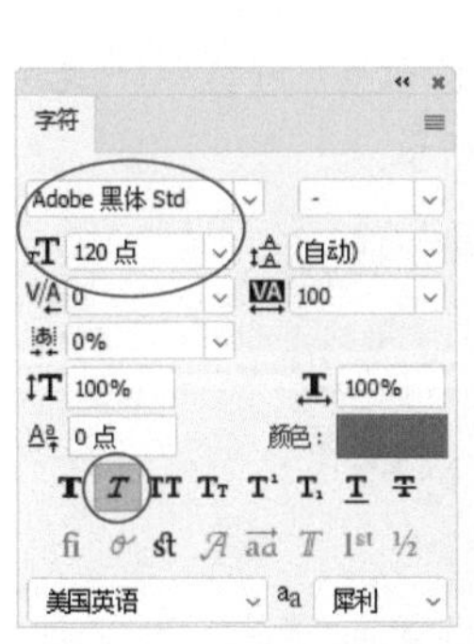

图 11-32　　图 11-33

> **小提示**
>
> 使用现成的设计素材或模板时，如果素材中有矢量图形，在创建文字时有两点需要注意：一是避开它，否则单击时容易将图形转换为路径文字的路径；二是可在创建文字后设置字体和大小等选项，以免因选错图层而影响其他文字。

06 双击文字图层，打开“图层样式”对话框，添加“描边”和“投影”效果，如图 11-34 和图 11-35 所示，效果如图 11-36 所示。

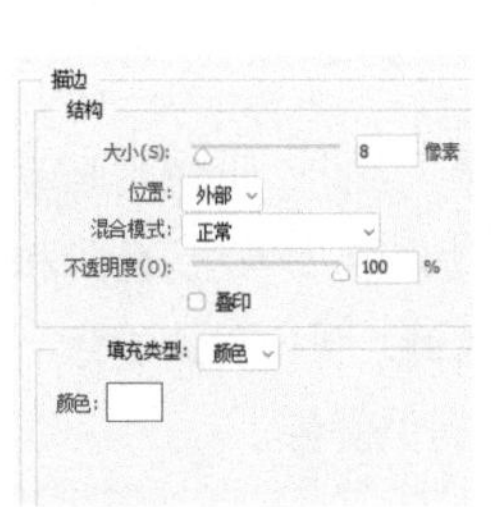

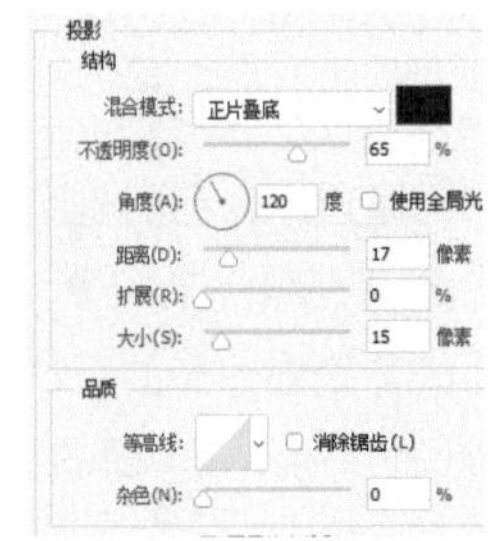

图 11-34　　图 11-35

图 11-36

11.2.2 使用通道编辑选区

创建一个选区，如图 11-37 所示，执行“选择 > 修改 > 羽化”命令羽化选区，单击“通道”面板中的 ◘ 按钮，将其存储为灰度图像，如图 11-38 所示。

图 11-37　　图 11-38

可以看到，在此图像中，选区内部为白色，选区外部为黑色，羽化区域则为灰色。由此可知，如果将更多的区域修改为白色，便可扩展选区；修改为黑色，则收缩选区。此外，还可利用灰色来控制羽化范围。

通道中保存的是图像，因此，可使用画笔工具、减淡工具、加深工具、色阶和曲线等处理图像的明暗色调，强化对象边缘与背景的差别，为制作选区提供便利。

11.3 通道调色

颜色通道就像摄影胶片，记录了图像中的颜色信息，因此，使用 Photoshop 中的任何调色命令，其实质都是在调整颜色通道。

11.3.1 课堂案例：小清新风格

素材位置	素材 >11.3.1.jpg
效果位置	效果 >11.3.1.psd
视频位置	教学视频 >11.3.1 小清新风格 .mp4
技术掌握	用“可选颜色”调整图层净化颜色，用曲线调整通道

小清新风格的特点是用色干净、纯色多，且色彩的明度高、色调舒缓，如图 11-39 所示。注意调整时需要净化颜色。

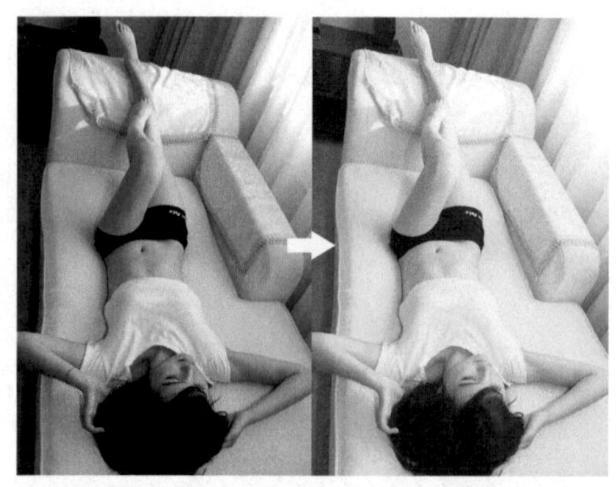

图 11-39

01 打开素材。单击“调整”面板中的按钮，创建“可选颜色”调整图层，将红色中的黑色油墨去除，净化皮肤颜色，如图 11-40 和图 11-41 所示。

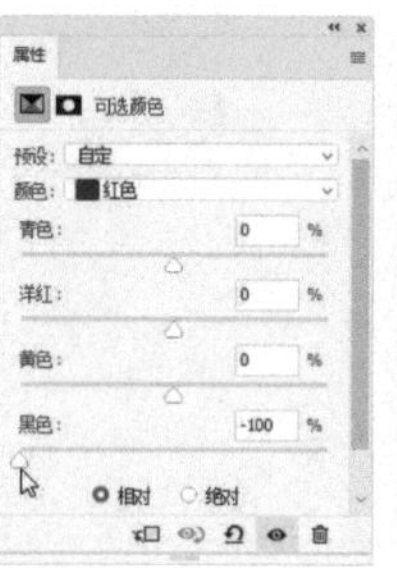

图 11-40　图 11-41

02 减少黄色中的青色油墨，净化阴影颜色，如图 11-42 所示。减少白色中的黄色油墨，增强其补色蓝色，如图 11-43 所示，这样能使皮肤显得更白。

图 11-42　图 11-43

03 单击“调整”面板中的按钮，创建“曲线”调整图层，拖曳曲线提升亮度，降低对比度，如图 11-44 和图 11-45 所示。

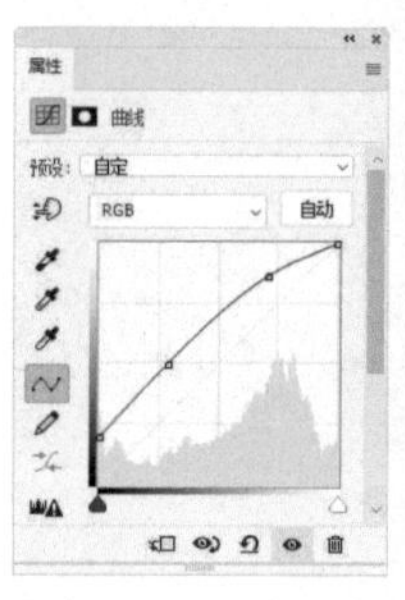

图 11-44　图 11-45

04 选择红通道，调整曲线，如图 11-46 所示，将红通道中的深灰色映射为黑色，以便在深色调中增加青色，如图 11-47 所示。

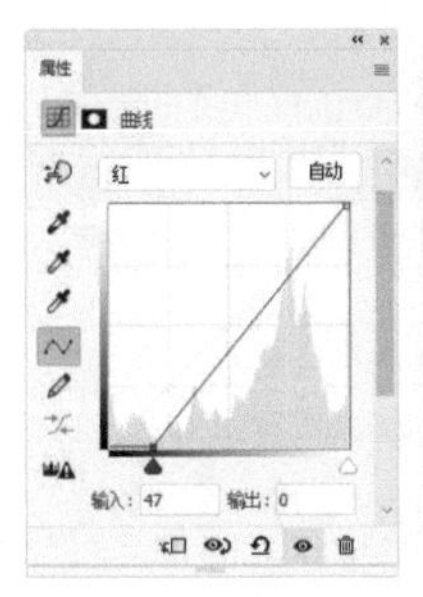

图 11-46

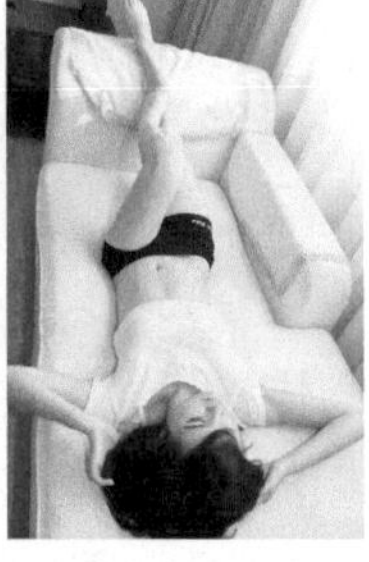

图 11-47

05 调整绿通道，增加一点绿色的补色洋红色，如图 11-48 和图 11-49 所示。

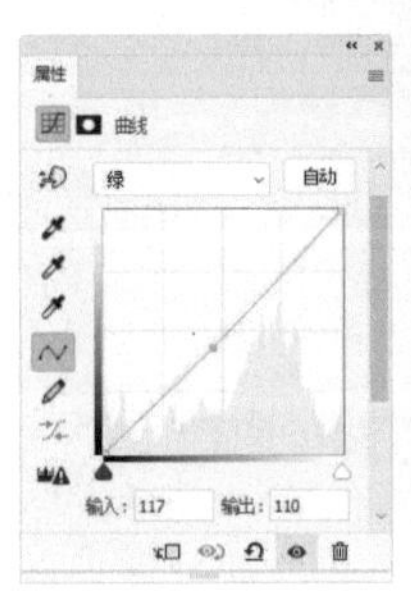

图 11-48

图 11-49

11.3.2 RGB 模式的通道调色原理

1666 年，英国物理学家艾萨克·牛顿通过分解太阳光的色散实验确定了光与色的关系，即阳光（白光）是由一组单色光混合而成的，如图 11-50 所示。

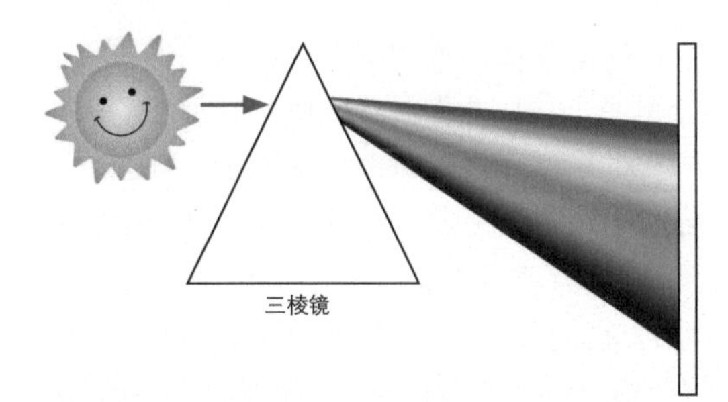

图 11-50

在单色光中，红光、绿光和蓝光被称为色光三原色，将其混合，可以生成其他颜色，如图 11-51 所示。这种通过色光相加呈现颜色的方法也称加色混合。

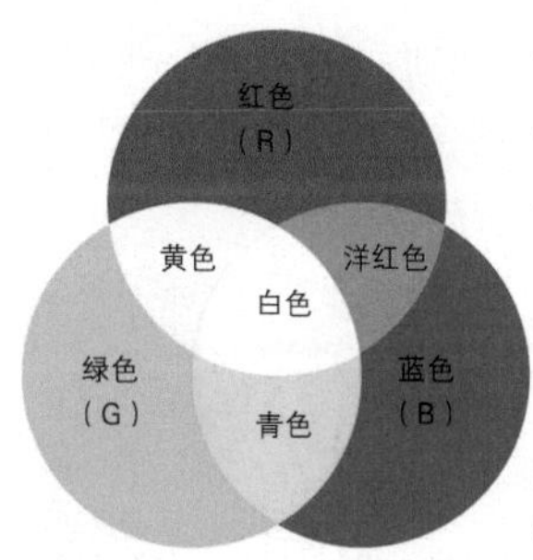

图 11-51

RGB 模式就是基于此原理生成颜色的。RGB 图像的颜色通道中保存了红光、绿光和蓝光，这 3 个通道组合在一起成为 RGB 复合通道，如图 11-52 所示。

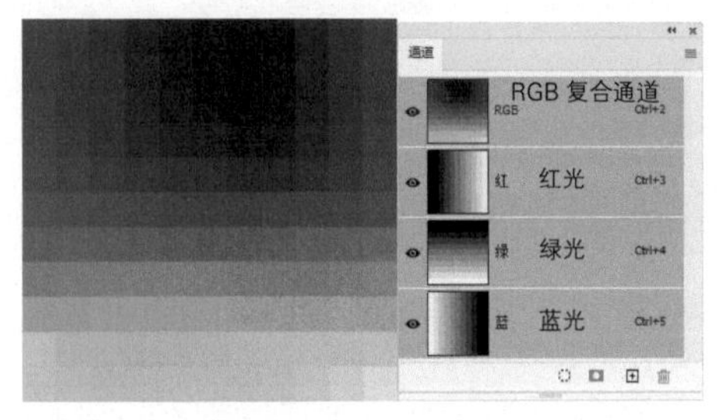

图 11-52

当光线充足时，通道会更加明亮，其中所含的颜色就多；光线不足时通道变暗，相应颜色的含量也不高。由此可知，只要将某个颜色通道调亮，便可增加其中所含的颜色，需要减少颜色时，将通道调暗即可。除此之外，通道调色还有一个规律——增加一种颜色，会减少其补色；反之，减少一种颜色，则会增加其补色。通过色轮可以查找互补色（即色环中对应成 180° 角的颜色），如图 11-53 所示。Photoshop 的“颜色”面板中也包含色轮，如图 11-54 所示。

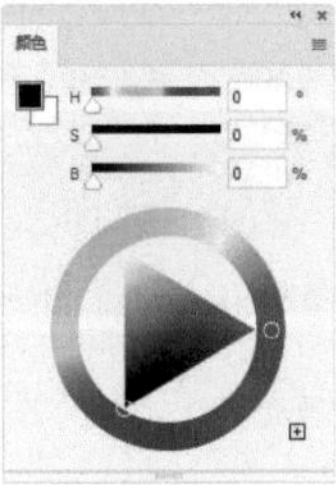

图 11-53

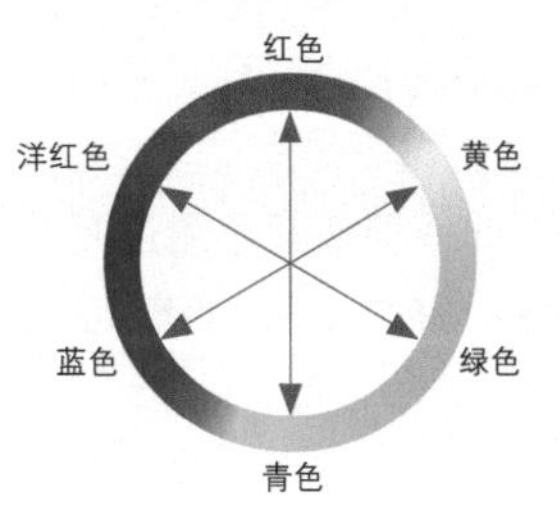

图 11-54

由于颜色会在互补色间变化，因此每个颜色通道都可调整两种颜色，即通道中保存的颜色及其补色，如图 11−55 和图 11−56 所示。

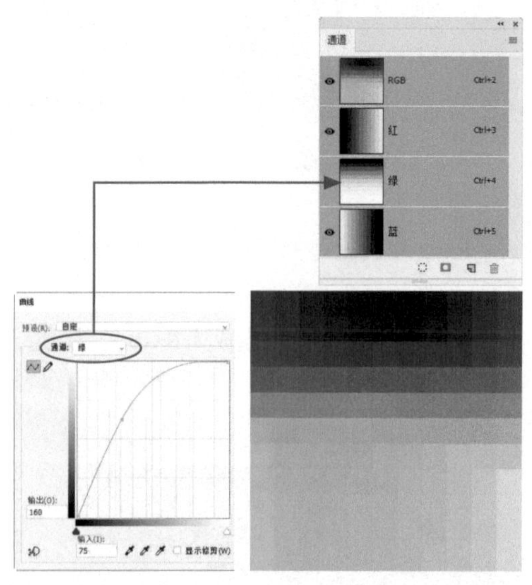

将绿通道调亮，增加绿色，同时其补色洋红色会减少

图 11−55

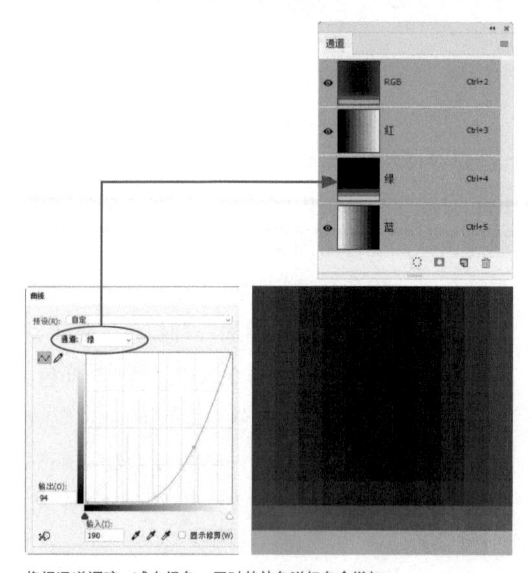

将绿通道调暗，减少绿色，同时其补色洋红色会增加

图 11−56

图 11−57 所示为用曲线调整颜色通道时的颜色变化规律（曲线上扬，通道变亮；曲线下弯，通道变暗）。

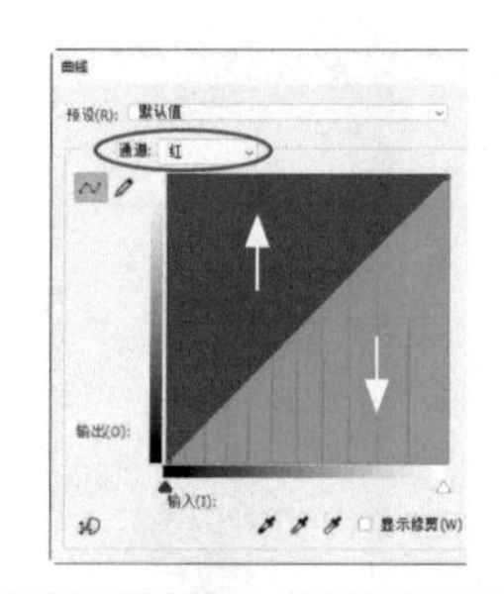

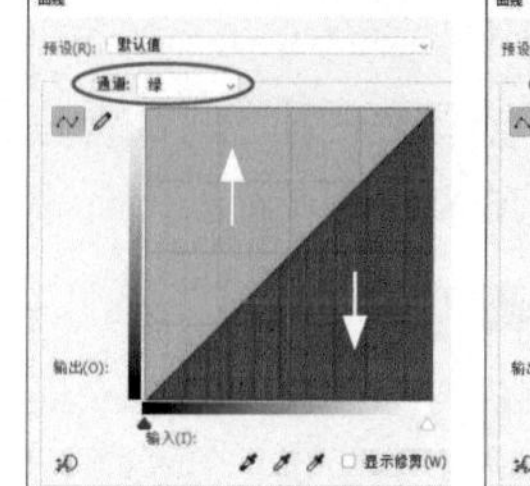

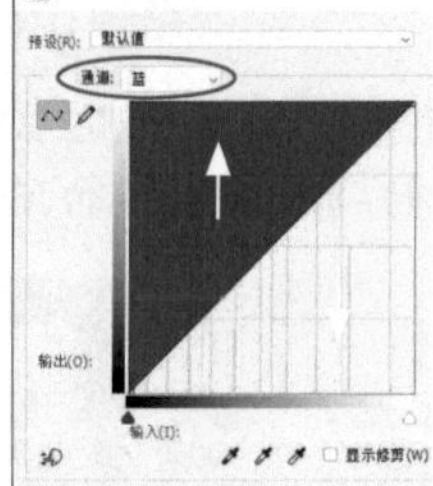

图 11−57

11.3.3 CMYK 模式的通道调色原理

手机屏幕、电视机、显示器等通过发光呈现颜色的物体在这个世界上只是少数，那些不能发光的大多数物体之所以能被人看见，是因为它们能反射光——当光照射到这些物体时，一部分波长的光被它们吸收，余下的光反射到人的眼中。这种通过吸收和反射光来呈现色彩的方式称为减色混合。CMYK 模式就是基于这种原理生成颜色的。

CMYK 是一种四色印刷模式，即将青色、洋红色、黄色油墨混合生成各种颜色，如图 11−58 所示。以绿色油墨为例。通过前面的介绍可知，白光是由红、绿、蓝三色光混合而成的，当白光照到纸上时，绿色油墨将红光和蓝光吸收，只反射绿光，所以人们看到的是绿色。绿色油墨由青色和黄色油墨混合而成。青色油墨吸收红光，反射绿光和蓝光；黄色油墨吸收蓝光，反射红光和绿光。将这两种油墨混合，红光和蓝光就都被吸收了，最后只反射绿光，纸张上的绿色就是这样产生的。其他印刷色也可以用这种方法推导出来。

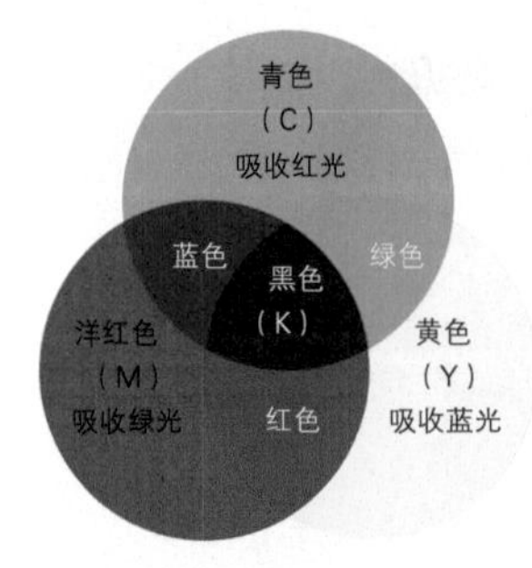

图 11-58

CMYK 模式的调色规律与 RGB 模式正好相反。原因在于其通道中保存的是油墨，而不是光线。

一个通道越暗，其中的油墨含量越高，因此，颜色也越充足。由此可知，对于 CMYK 模式的图像，需要增加哪种颜色，可以将相应的通道调暗；要减少哪种颜色，则将相应的通道调亮。

互补色互相影响在 CMYK 模式下同样适用，即增加一种油墨的同时，会减少其补色油墨。图 11-59 所示为用曲线调整 CMYK 颜色通道时的颜色变化规律。

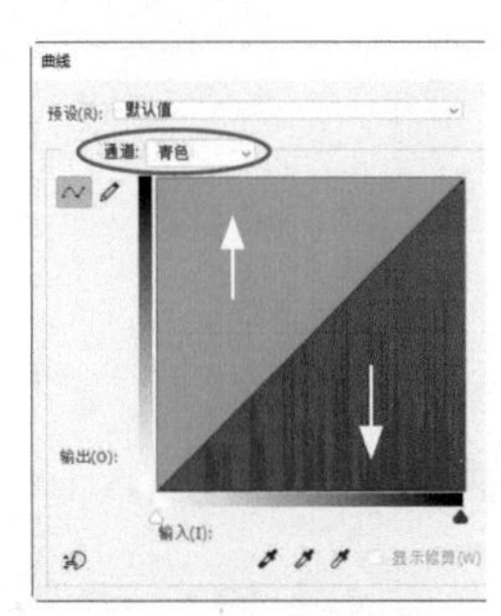

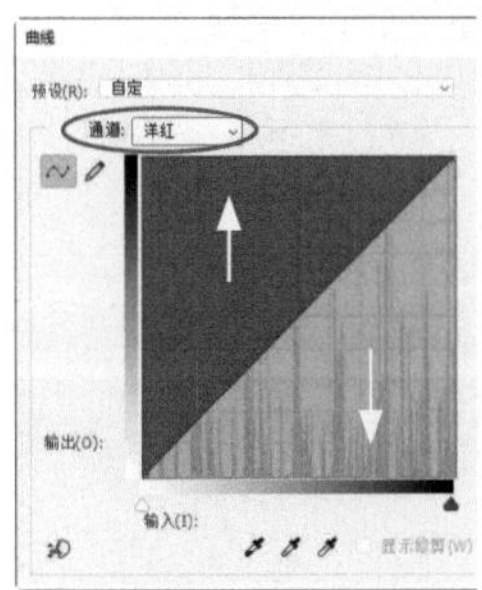

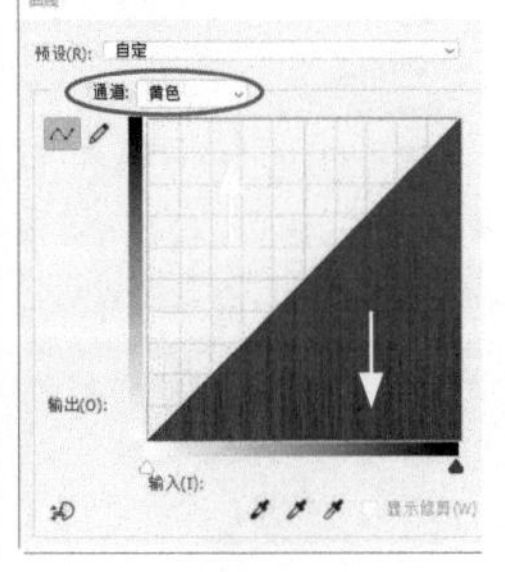

图 11-59

11.4 课后习题

学好通道，对图像编辑能力的提升会有很大的帮助。通过对本章的学习，希望读者能掌握通道的主要应用技术。

11.4.1 问答题

1. 编辑颜色通道与 Alpha 通道时对图像的影响有何不同？

2. 通道调色有哪些规律？

11.4.2 案例题：用置换通道的方法调色

素材位置	素材 >11.4.2.jpg
效果位置	效果 >11.4.2-1.psd、11.4.2-2.psd
视频位置	教学视频 >11.4.2 用置换通道的方法调色 .mp4
技术掌握	转换颜色模式；复制通道中的图像，粘贴到其他通道中

对于 Lab 模式的图像，其明度信息在 L 通道中，只要该通道没有大的改变，包含色彩信息的 a、b 通道可任意修改。本例就通过置换颜色通道这种极端方法制作出唯美的蓝调和橙调效果，如图 11-60 所示。

图 11-60

01 打开素材，如图 11-61 所示。执行“图像 > 模式 >Lab 颜色”命令，转换颜色模式，再执行“图像 > 复制”命令，复制一幅图像。

图 11-61

02 单击 a 通道，如图 11-62 所示，按 Ctrl+A 快捷键全选，按 Ctrl+C 快捷键复制图像；单击 b

通道，按 Ctrl+V 快捷键粘贴图像，如图 11-63 所示。按 Ctrl+D 快捷键取消选择。

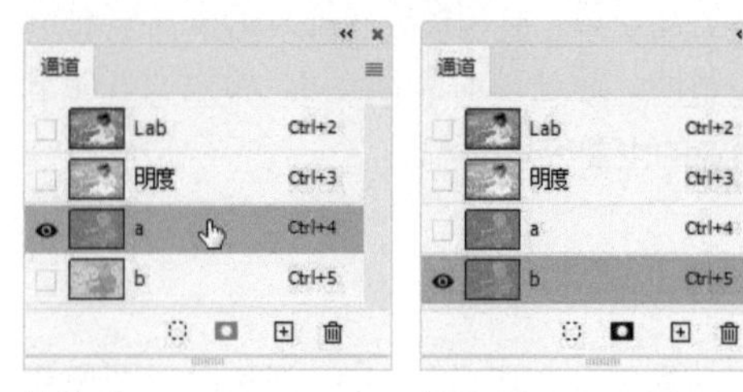

图 11-62　　图 11-63

03 显示 Lab 复合通道，如图 11-64 所示，蓝调效果就做好了，如图 11-65 所示。橙调与蓝调的制作方法相反，复制 b 通道，粘贴到 a 通道中即可，效果如图 11-66 所示。

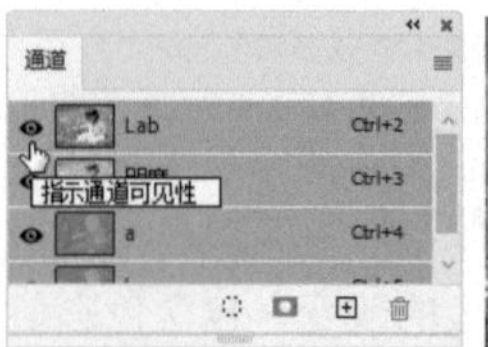

图 11-64　　图 11-65

图 11-66

小提示

a通道包含的颜色介于绿色与洋红色之间，b通道包含的颜色介于蓝色与黄色之间。取值范围均为+127 ~ -128。

11.4.3 案例题：彩影重重

素材位置	素材 >11.4.3.jpg
效果位置	效果 >11.4.3.psd
视频位置	教学视频 >11.4.3 彩影重重 .mp4
技术掌握	从复合通道中排除颜色通道

本例介绍怎样从复合通道中排除某个颜色通道，效果如图 11-67 所示。

图 11-67

01 打开素材，如图 11-68 所示。按 Ctrl+J 快捷键复制“背景”图层，执行“编辑 > 变换 > 水平翻转”命令翻转图像。

02 双击“图层 1”，如图 11-69 所示，打开“图层样式”对话框，取消勾选“G”选项，如图 11-70 所示，从复合通道中排除它所代表的绿通道，图像效果如图 11-71 所示。

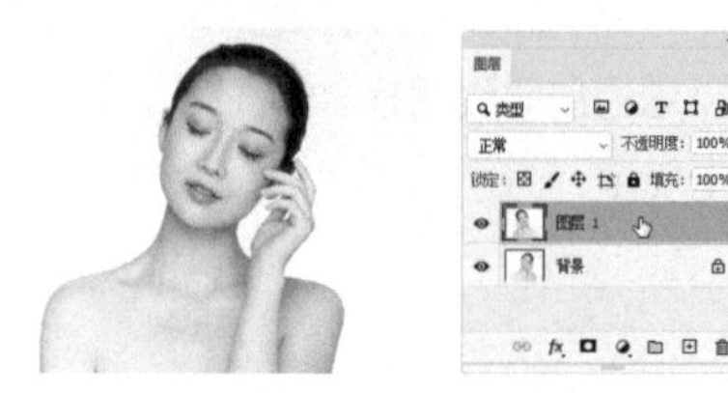

图 11-68　　图 11-69

图层样式
名称：图层 1
样式
混合选项
斜面和浮雕
等高线
纹理
描边
内阴影
内发光
光泽
混合选项
常规混合
混合模式：正常
不透明度：100 %
高级混合
填充不透明度：100 %
通道：R(R) G(G) B(B)
挖空：无
将内部效果混合成组 (I)
将剪贴图层混合成组 (P)
透明形状图层 (T)

图 11-70

图 11-71

综合实例

本章导读

本章是综合实例，用到的工具较多，技术也较为全面，读者通过练习这些实例，可以增强协调和整合 Photoshop 不同功能的能力，掌握更多的技巧和效果实现方法，获得全面的技术提升。

本章学习要点

- 北欧风格家居海报设计。
- 咖啡店标志设计。
- 健身 App 界面设计。
- 电商详情页设计。

Photoshop

12.1 定制 T 恤图案

素材位置	实例素材 >12.1-1.jpg、12.1-2.jpg
效果位置	实例效果 >12.1.psd
视频位置	教学视频 >12.1 定制 T 恤图案 .mp4
技术掌握	用混合模式和混合颜色带合成图像

本例学习怎样将图片贴在 T 恤上，并能显示 T 恤的高光和阴影，如图 12-1 所示。

图 12-1

01 打开素材。执行“选择 > 主体”命令，将卡通人物选取，如图 12-2 所示。按 Ctrl+C 快捷键复制。切换到另一个素材文件中，按 Ctrl+V 快捷键粘贴。

02 按 Ctrl+T 快捷键显示定界框，在工具选项栏中设置缩放为 14%，如图 12-3 所示。按 Enter 键确认。

图 12-2　图 12-3

03 设置混合模式为“深色”，如图 12-4 和图 12-5 所示。

图 12-4　图 12-5

04 双击“图层 1”图层，打开“图层样式”对话框。将鼠标指针移动到下一图层的白色滑块上，如图 12-6 所示，按住 Alt 键单击，将该滑块一分为二，然后进行拖曳，如图 12-7 所示，让下一图层（T 恤所在的“背景”图层）中的高光区域图像显示出来，如图 12-8 所示。

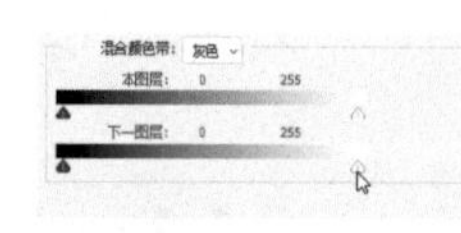

图 12-6

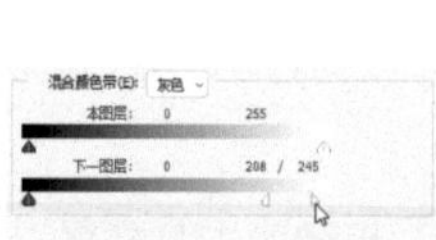

图 12-7　图 12-8

05 单击“背景”图层，按 Ctrl+J 快捷键复制，按 Ctrl+] 快捷键移至顶层，设置图层的混合模式为“正片叠底”，如图 12-9 所示，让色调变深。按 Alt+Ctrl+G 快捷键创建剪贴蒙版，排除对背景的影响，效果如图 12-10 所示。

图 12-9　图 12-10

12.2 北欧风格家居海报设计

素材位置	素材 >12.2.psd
效果位置	效果 >12.2.psd
视频位置	教学视频 >12.2 北欧风格家居海报设计 .mp4
技术掌握	渐变，绘制形状，绘制阴影，形状运算

本例为北欧风格家具设计一款海报，用设计营造理想的家居环境，如图 12-11 所示。

图 12-11

01 按 Ctrl+N 快捷键打开“新建文档”对话框，创建一个 A4 大小的文件，如图 12-12 所示。

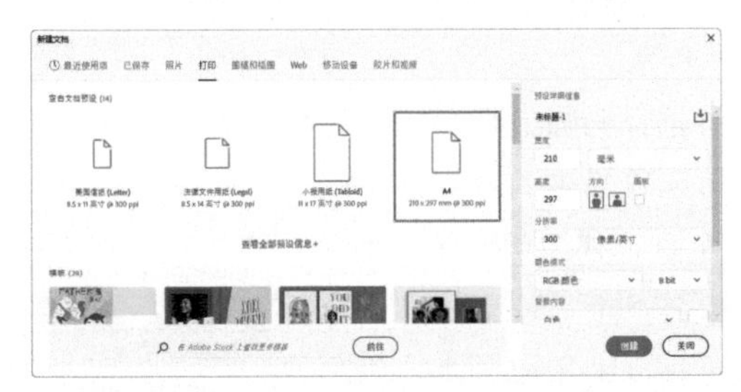

图 12-12

02 选择矩形工具 ▭ 及“形状”选项，将填充颜色设置为渐变，如图 12-13 所示，创建一个矩形，如图 12-14 所示。

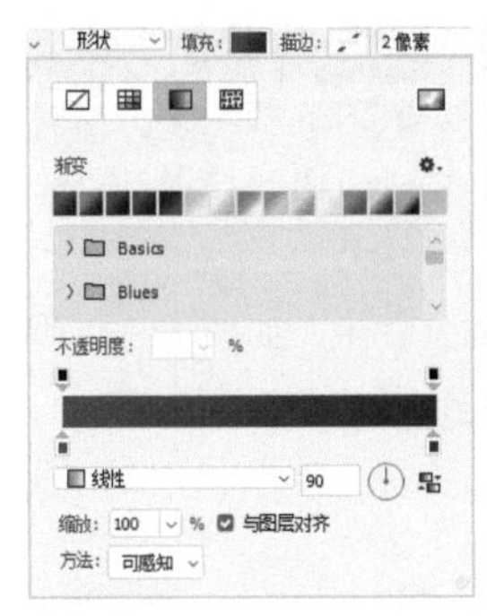

图 12-13　图 12-14

03 在创建的矩形下方再创建一个矩形，并修改渐变颜色，如图 12-15 和图 12-16 所示。

图 12-15　图 12-16

04 创建一个矩形轮廓，设置描边颜色为白色，修改混合模式和不透明度，如图 12-17 和图 12-18 所示。

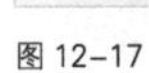

图 12-17　图 12-18

05 选择直线工具 ／，按住 Shift 键拖曳鼠标绘制一条白线，如图 12-19 所示。选择移动工具 ✥，按住 Shift+Alt 键进行拖曳，复制白线，如图 12-20 所示。

图 12-19

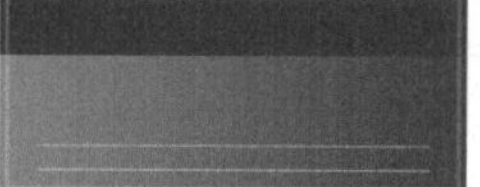

图 12-20

06 打开素材并将其拖入文件中，如图 12-21 所示。新建一个图层，拖曳到“沙发组合”图层组中，如图 12-22 所示。

图 12-21

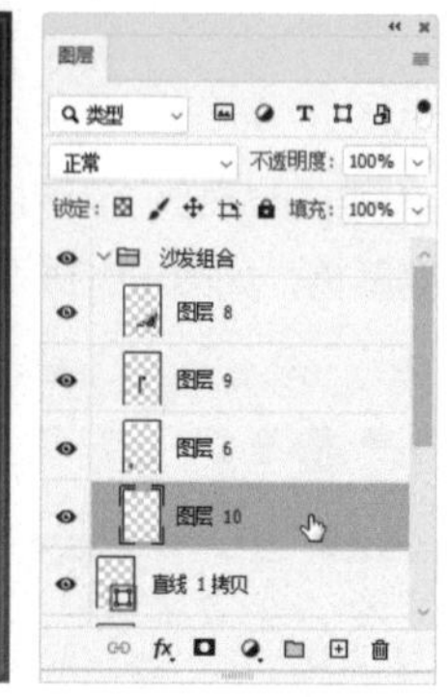

图 12-22

07 选择画笔工具 及柔边圆笔尖，绘制阴影，如图 12-23 所示。将图层的“不透明度”设置为 35%，如图 12-24 和图 12-25 所示。在图 12-26 所示的位置单击，将图层组关闭。

08 单击“调整”面板中的 按钮，创建“色彩平衡”调整图层，在“属性”面板中调整参数，修改沙发及家具物品的颜色，单击 按钮创建剪贴蒙版，使调整只对图层组有效，如图 12-27 和图 12-28 所示。

图 12-23

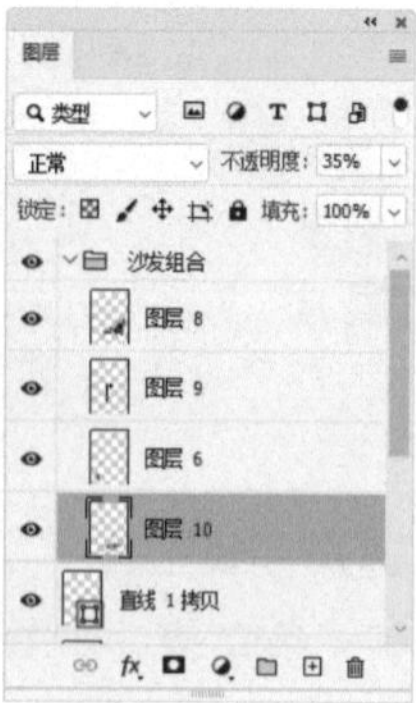

图 12-24

图 12-25

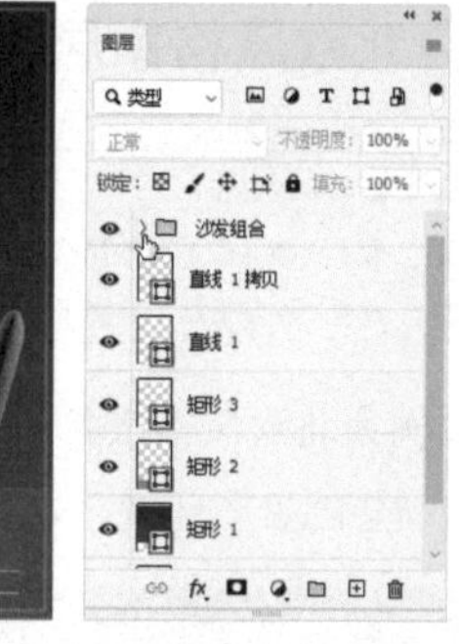

图 12-26

图 12-27

图 12-28

09 选择自定形状工具 及“形状”选项，设置填充颜色为黄色，打开“形状”下拉面板，选择心形图形，如图 12-29 所示，拖曳鼠标绘制该图形，如图 12-30 所示。

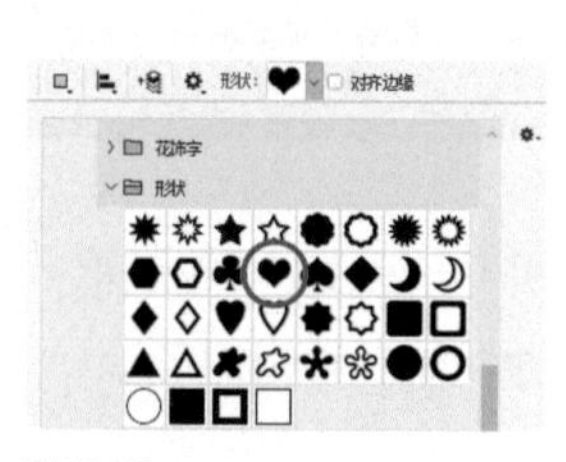

图 12-29

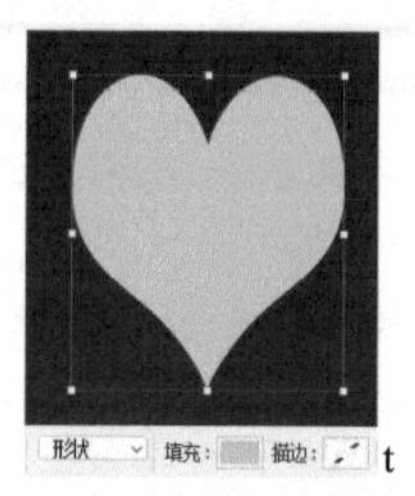

图 12-30

10 选择椭圆工具 及“形状”选项，单击工具选项栏中的合并形状按钮 ，如图 12-31 所示，按住 Shift 键拖曳鼠标，在心形上创建圆形，如图 12-32 所示。释放鼠标左键后，两个图形会合并在一起，如图 12-33 所示。

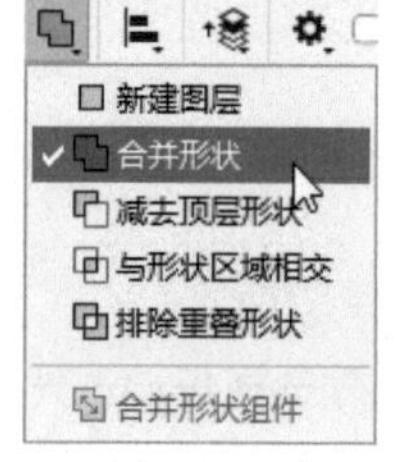

图 12-31

图 12-32

图 12-33

11 单击“图层”面板中的 🗀 按钮新建一个图层组，如图 12-34 所示。

图 12-34

12 使用横排文字工具 **T** 在画面中输入文字，如图 12-35～图 12-37 所示。

图 12-35

图 12-36

图 12-37

13 输入小字，如图 12-38 所示。用直排文字工具 ↓T 输入文字，如图 12-39 所示。

图 12-38　　图 12-39

14 关闭图层组，如图 12-40 所示。使用直线工具 ／ 绘制两条直线段，如图 12-41 所示。

图 12-40　　图 12-41

15 按住 Shift 键单击这两个直线图层，将它们选取，如图 12-42 所示，按 Ctrl+J 快捷键复制，如图 12-43 所示。

图 12-42　　图 12-43

16 执行“编辑 > 变换路径 > 垂直翻转”命令进行翻转，使用移动工具 ✥ 按住 Shift 键（锁定垂直方向）向上拖曳，如图 12-44 所示。

图 12-44

17 使用横排文字工具 T 输入其他文字，如图 12-45 和图 12-46 所示。

图 12-45

图 12-46

12.3 山河入梦来

素材位置	素材 >12.3-1.jpg、12.3-2.jpg、12.3-3.psd
效果位置	效果 >12.3.psd
视频位置	教学视频 >12.3 山河入梦来 .mp4
技术掌握	用画笔工具修改蒙版，用“液化”滤镜扭曲图像，合成图像

本例用中国传统文化元素制作一幅创意合成作品，展现国韵、国风，如图 12-47 所示。

图 12-47

01 打开素材。执行“选择 > 主体”命令，将人物选取，如图 12-48 所示。按两下 Ctrl+J 快捷键复制图层，将上方图层隐藏，选择下方图层，如图 12-49 所示。

图 12-48　　图 12-49

02 按住 Ctrl 键单击 ⊞ 按钮，在当前图层下方新建一个图层，如图 12-50 所示。填充图 12-51 所示的颜色。

图 12-50　　图 12-51

03 单击“图层 1”图层，单击 按钮添加蒙版。选择画笔工具，打开“画笔”下拉面板，在“特殊效果画笔”组中选择图 12-52 所示的笔尖。从头发开始，沿人物身体边缘拖曳鼠标，画出缺口，如图 12-53 和图 12-54 所示。

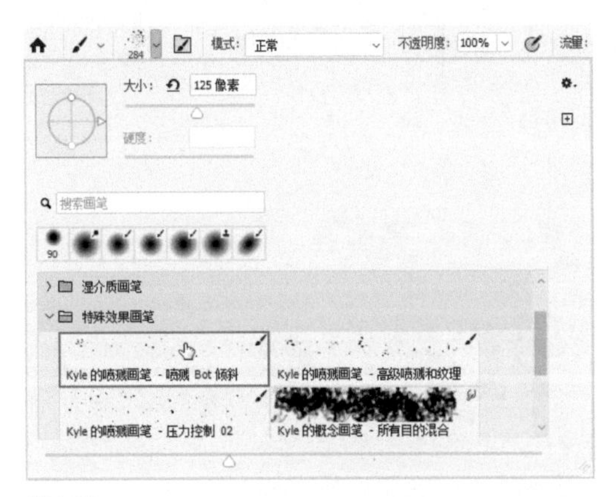

图12-52

图12-53

图12-54

04 将“图层 1”图层隐藏。选择“图层 1 拷贝”图层并将其显示出来，如图 12-55 所示，执行“图层 > 智能对象 > 转换为智能对象”命令，将其转换为智能对象，如图 12-56 所示。

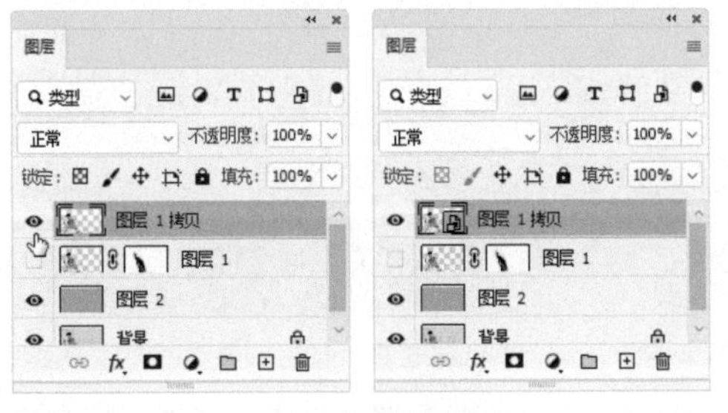

图12-55　图12-56

05 执行“滤镜 > 液化”命令，打开“液化”对话框。使用向前变形工具在人物身体靠近右侧位置单击，然后向右拖曳，将图像往右拖曳，处理成图 12-57 所示的效果。单击“确定”按钮关闭对话框，如图 12-58 所示。

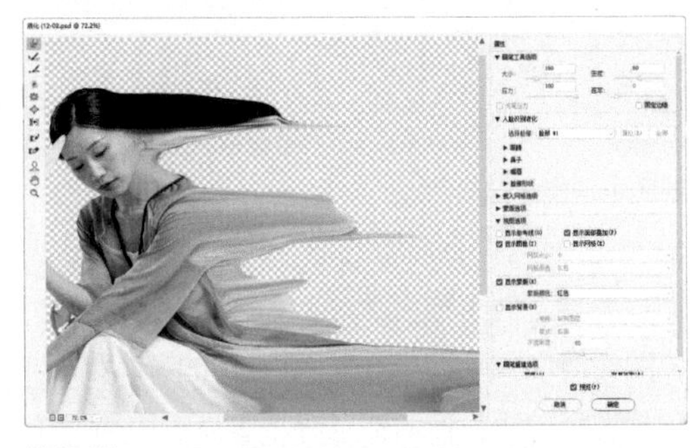

图 12-57

图 12-58

06 按 Alt 键并单击 按钮，添加一个反相的黑色蒙版，将当前液化效果遮盖住。显示“图层 1”图层，如图 12-59 和图 12-60 所示。

图12-59

图12-60

07 使用画笔工具修改蒙版（不用更换笔尖），从靠近缺口的位置开始，向画面右侧涂抹白色，让液化后的图像以碎片的形式显现，如图 12-61 所示。

图 12-61

08 单击“调整”面板中的 按钮，创建“曲线”调整图层，向下拖曳曲线，如图 12-62 所示，将图像调暗。单击“属性”面板中的 按钮，创建剪贴蒙版，使调整只应用于下方的第一个图层，如图 12-63 和图 12-64 所示。

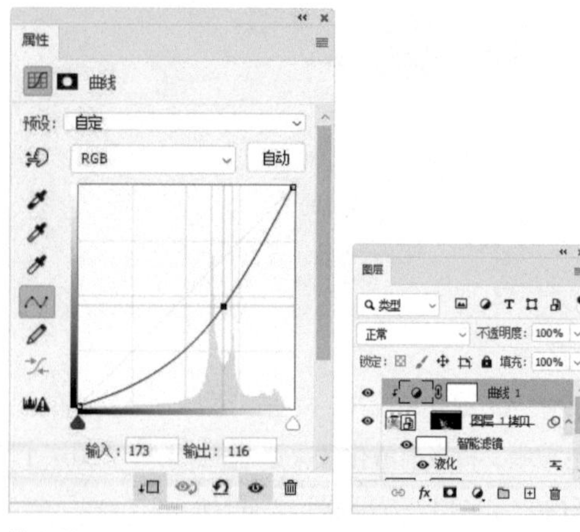

图12-62　　图12-63

图 12-64

09 将图 12-65 所示的素材拖入文件中，设置混合模式为“强光”，“不透明度”为 90%，如图 12-66 和图 12-67 所示。

图 12-65

图12-66　　图12-67

10 单击 按钮添加蒙版。使用画笔工具 在画面边缘涂抹黑色，将图像遮盖住，如图 12-68 和图 12-69 所示。

图12-68

图 12-69

11 创建一个“曲线”调整图层，调整色调并修改颜色，如图 12-70~图 12-72 所示。

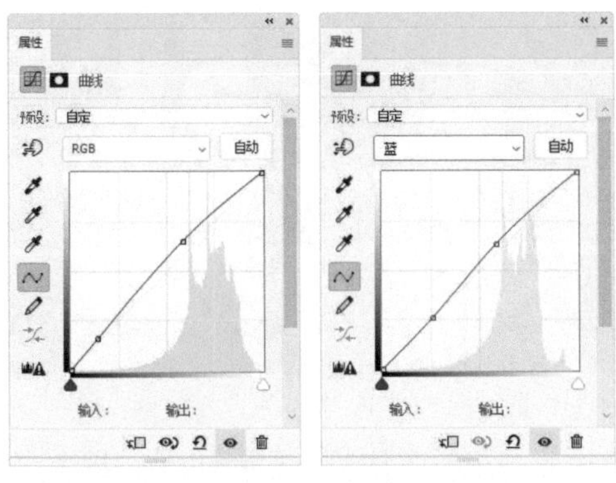

图12-70　　图12-71

图 12-72

12 将文字素材添加到画面中，如图 12-73 所示。

图 12-73

12.4 网页版 / 手机版促销页

素材位置	素材 >12.4.jpg
效果位置	效果 >12.4.psd
视频位置	教学视频 >12.4 网页版 / 手机版促销页 .mp4
技术掌握	调整文字基线，抠图，编辑画板

本例将充分利用画板功能，制作两个促销页面，一个用于网页，另一个用于手机，如图 12-74 所示。

图 12-74

12.4.1 网页版促销页

01 按 Ctrl+N 快捷键打开“新建文档”对话框，使用预设创建一个网页文档，如图 12-75 所示。

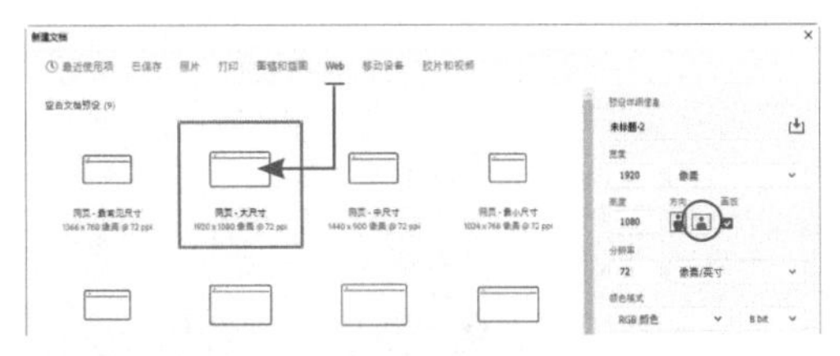

图 12-75

02 使用移动工具 ✥ 将人物素材拖入网页文档中。使用横排文字工具 **T** 在画面中输入文字，如图 12-76 和图 12-77 所示。

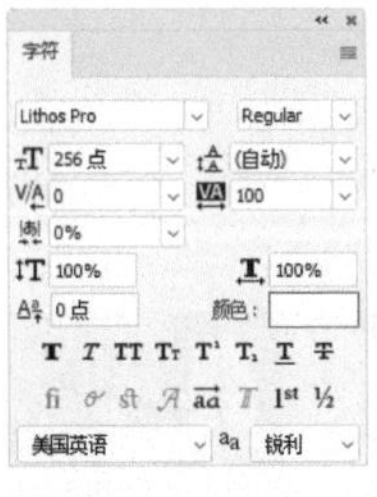

图 12-76　　图 12-77

03 按 Esc 键结束编辑。再输入一行文字，修改其字体，如图 12-78 和图 12-79 所示。将鼠标指针移动到文字“0”上，向右拖曳选取文字，如图 12-80 所示。将文字大小设置为 250 点并调整基线偏移值，如图 12-81 和图 12-82 所示。

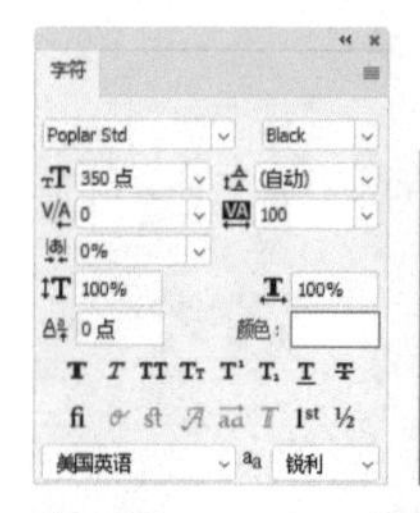

图 12-78

图 12-79

图 12-80

图 12-81

图 12-82

04 在百分号上拖曳鼠标，将其选取，单击上标按钮 T¹，如图 12-83 所示。再输入几组文字，纵向文字用直排文字工具 ↓T 输入，如图 12-84 所示。

图 12-83

图 12-84

05 单击“图层 2”图层，选取该图层，按住 Alt 键单击 👁 图标，将其他图层全部隐藏，如图 12-85 所示。执行“选择 > 主体”命令，将人像选取。执行“选择 > 选择并遮住”命令，切换到这一工作区。在“属性”面板中单击“颜色识别”按钮，如图 12-86 所示。

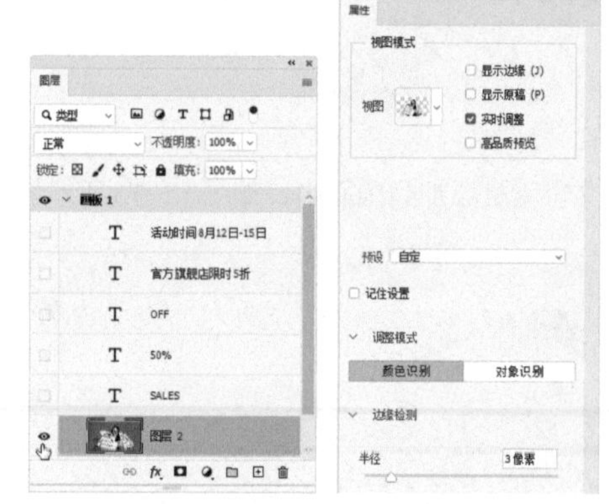

图 12-85　　图 12-86

06 选择调整边缘画笔工具 ✐，处理图 12-87 所示的两处（即遮盖文字的地方），得到较准确的选区，如图 12-88 所示。

图 12-87

图 12-88

07 在“属性”面板的“输出到”下拉列表中选择“选区”选项，单击“确定”按钮，得到选区。按住 Alt 键单击“图层 2”图层的 图标，恢复其他图层的显示，如图 12-89 所示。单击“SALES”图层，如图 12-90 所示，按住 Alt 键单击 按钮添加反相的蒙版，这样可以将位于选区内的文字隐藏，使文字看上去是在人物后方，如图 12-91 所示。

图 12-89　　图 12-90

图 12-91

08 按住 Alt 键将图层蒙版拖曳到文字“50%”上，为该图层复制蒙版，将位于手指前方的文字遮盖住，如图 12-92 和图 12-93 所示。

图 12-92

图 12-93

12.4.2 手机版促销页

01 单击“画板 1”将其选中，如图 12-94 所示。选择画板工具 ，将鼠标指针移动到画板右侧的 ⊕ 图标上，按住 Alt 键单击，复制出一个画板，如图 12-95 所示。

图 12-94

图 12-95

02 在工具选项栏中选择手机屏幕尺寸的预设文件，然后单击 按钮将画板改为纵向，如图 12-96 所示。

图 12-96

03 单击“属性”面板中的颜色块，如图 12-97 所示，打开“拾色器”对话框，将画板改为浅红色，效果如图 12-98 所示。

图 12-97

图 12-98

04 单击人像所在的图层，使用移动工具 向下移动图像，给上部留一些空间，如图 12-99 所示。使用矩形选框工具选取图像，按 Ctrl+T 快捷键显示定界框，按住 Shift 键向上拖曳控制点，为画面上部铺上颜色，如图 12-100 所示。按 Enter 键确认，按 Ctrl+D 快捷键取消选择。

图 12-99

图 12-100

05 调整一下文字布局。直排文字可以用“文字 > 文本排列方向 > 横排”命令转换成横排。图 12-101 所示为手机版促销页面的最终效果。

图 12-101

12.5 咖啡店标志设计

素材位置	素材 >12.5.jpg
效果位置	效果 >12.5-1.psd、12.5-2.psd
视频位置	教学视频 >12.5 咖啡店标志设计 .mp4
技术掌握	矢量工具绘图，环绕状路径文字，标志调色

本例制作一个咖啡店标志，如图 12-102 所示。

图 12-102

12.5.1 绘制猴脸

01 单击“图层”面板底部的 ◻ 按钮，新建一个图层组。选择椭圆工具 ◯，在工具选项栏中选择“形状”选项，拖曳鼠标创建一个圆形，然后在“属性”面板中设置大小，如图 12-103 和图 12-104 所示。按 Ctrl+C 快捷键复制图形。

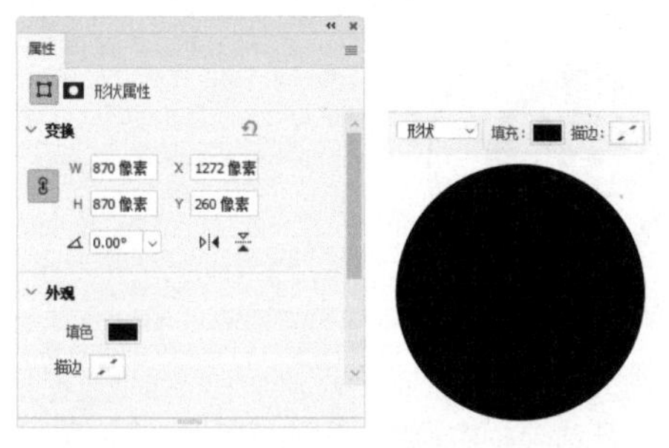

图 12-103　　图 12-104

02 新建一个图层。按住 Shift 键拖曳鼠标创建一个圆形，设置填充颜色为白色，如图 12-105 所示。选择路径选择工具 ▶，将鼠标指针移动到白色圆形内部，按住 Shift+Ctrl 键拖曳，进行复制，如图 12-106 所示。

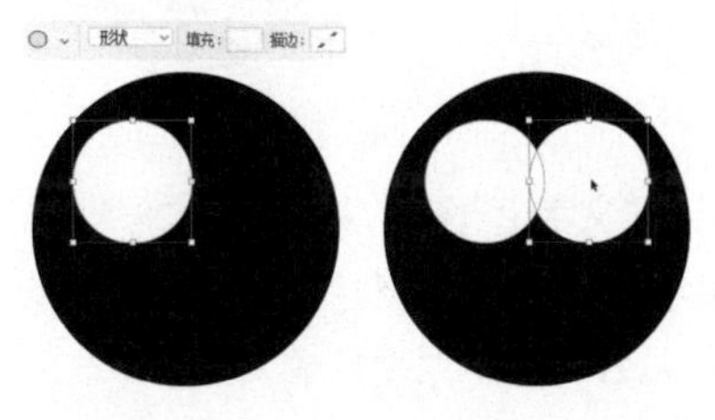

图 12-105　　图 12-106

03 再复制出一个圆形，并移动到下方，如图 12-107 所示。拖曳定界框上的控制点，调整为椭圆形，如图 12-108 所示。

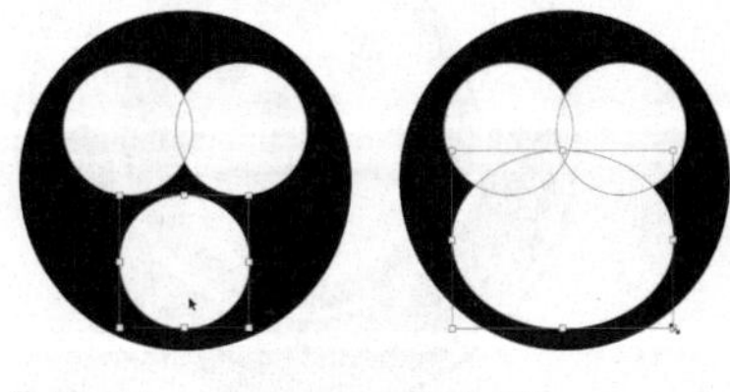

图 12-107　　图 12-108

04 新建一个图层。创建一个圆形和一个椭圆形，填充黑色，如图 12-109 所示。使用路径选择工具 ▶ 按住 Shift+Ctrl 键拖曳，进行复制，如图 12-110 所示。

图 12-109　　图 12-110

05 新建一个图层。选择椭圆工具 ◯，创建一个椭圆形，如图 12-111 所示。使用直接选择工具 ▷ 在图 12-112 所示的锚点上单击，按 Delete 键删除，得到开放路径，作为猴子的嘴巴，如图 12-113 所示。

图 12-111　　图 12-112

图 12-113

12.5.2 制作环绕文字

01 新建一个图层组，如图 12-114 所示。将其拖曳到“组 1”下方，如图 12-115 所示。

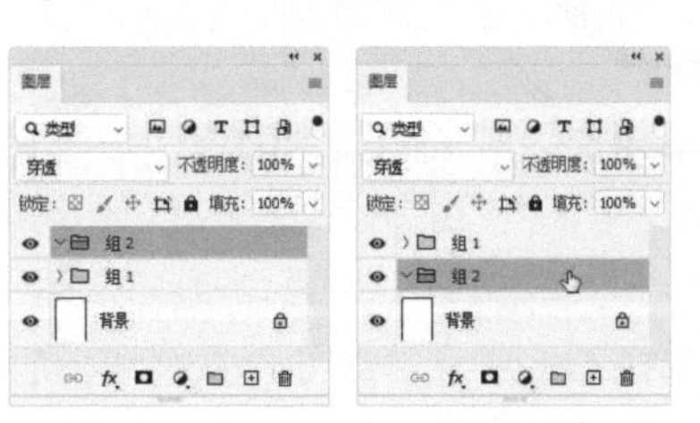

图 12-114　　图 12-115

02 单击猴脸所在的图层，如图 12-116 所示，按 Ctrl+J 快捷键复制，如图 12-117 所示，然后拖曳到“组 2”中，如图 12-118 所示。

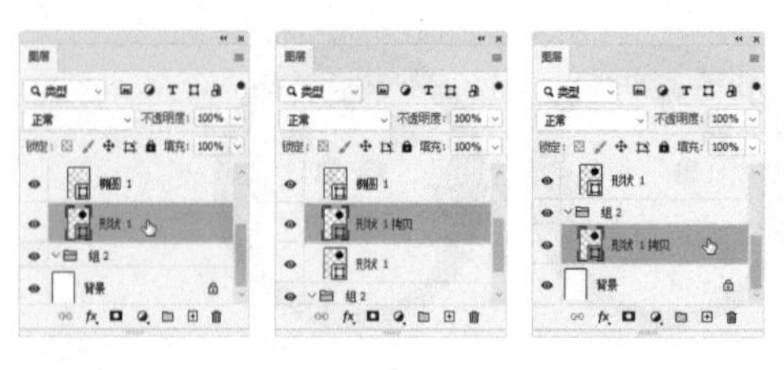

图 12-116　　图 12-117　　图 12-118

03 在工具选项栏中取消填色，设置描边粗细为 15 像素，颜色为黑色。按 Ctrl+T 快捷键显示定界框，按住 Shift+Alt 键拖曳图 12-119 所示的控制点，以圆形为基准进行放大。按 Ctrl+J 快捷键复制形状图层，如图 12-120 所示。

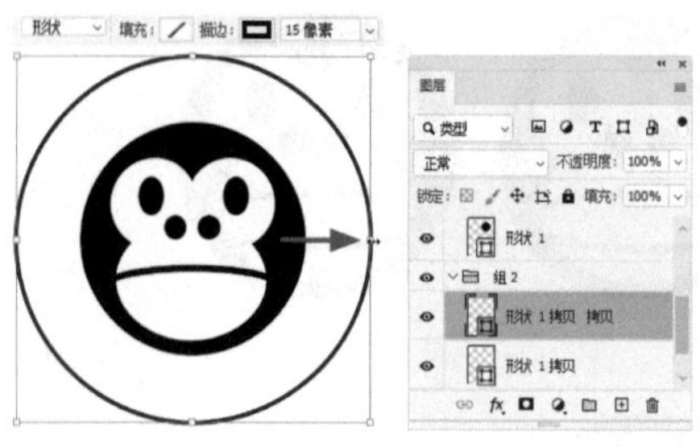

图 12-119　　图 12-120

04 按 Ctrl+T 快捷键显示定界框，按住 Shift+Alt 键拖曳控制点，将圆形调小，如图 12-121 所示。按 Ctrl+J 快捷键复制形状图层，在图层的名称上双击，修改名称，如图 12-122 所示。

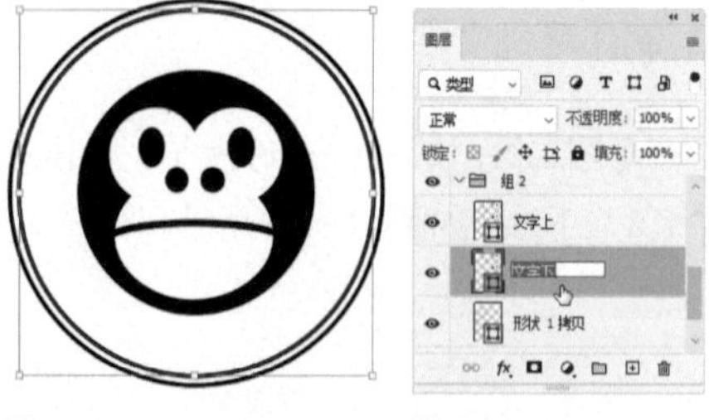

图 12-121　　图 12-122

05 将“文字上”图层隐藏，如图 12-123 所示。选择直接选择工具 ，单击图 12-124 所示的锚点，按 Delete 键删除，如图 12-125 所示。

图 12-123　　图 12-124

图 12-125

06 在工具选项栏中调整描边粗细和描边位置，如图 12-126 和图 12-127 所示。

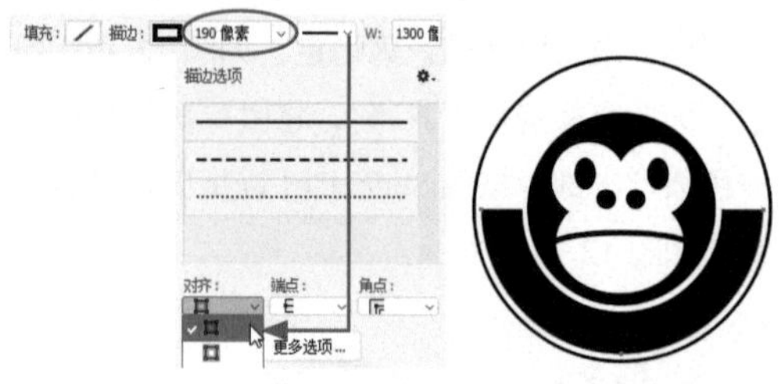

图 12-126　　图 12-127

07 显示并选择“文字上”图层，如图 12-128 所示。选择横排文字工具 T ，将鼠标指针移动到路径上，如图 12-129 所示。单击后输入文字，单击路径选择工具 结束文字的编辑，如图 12-130 和图 12-131 所示。

图 12-128　　图 12-129

图 12–130

图 12–131

08 当前使用的是路径选择工具 。将鼠标指针移动到文字起点，鼠标指针变为 状时，如图 12–132 所示，向圆形路径内部拖曳文字，如图 12–133 所示。

图 12–132

图 12–133

09 将鼠标指针移动到图 12–134 所示的位置，鼠标指针变为 状时，向圆形路径内部拖曳，如图 12–135 所示。

图 12–134

图 12–135

10 单击“色板”面板中的白色色块，将文字颜色修改为白色，如图 12–136 和图 12–137 所示。

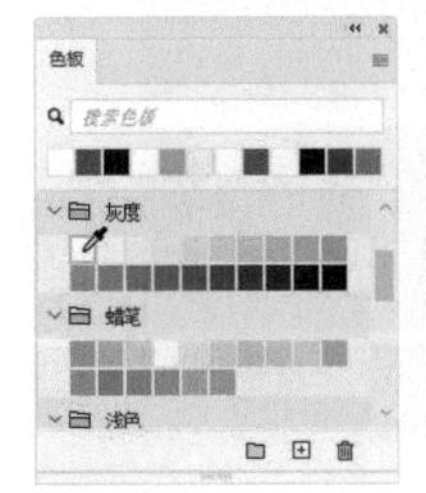

图 12–136

图 12–137

11 使用椭圆工具 创建一个白色的圆形，如图 12–138 所示。使用路径选择工具 按住 Shift+Alt 键拖曳进行复制，如图 12–139 所示。

图 12–138

图 12–139

12 单击“文字上”图层，如图 12–140 所示。选择横排文字工具 T，将鼠标指针移动到圆形路径上，单击后输入文字“再忙也要喝一杯”。单击路径选择工具 ，结束文字的输入。在“字符”面板中设置字体及大小等属性，如图 12–141 和图 12–142 所示。将“文字上”图层隐藏，效果如图 12–143 所示。

图 12–140

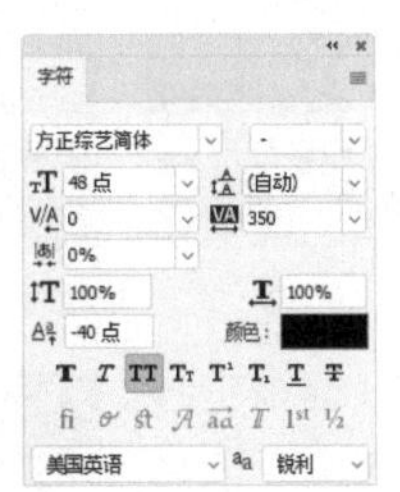

图 12–141

图 12–142

图 12–143

12.5.3 在手提袋上贴标志

01 在“图层”面板中隐藏“背景”图层，如图 12–144 和图 12–145 所示。按 Alt+Ctrl+Shift+E 快捷键将标志盖印到新的图层中，如图 12–146 所示。打开手提袋素材，如图 12–147 所示。

图 12-144

图 12-145

图 12-146

图 12-147

02 将标志拖曳到手提袋文件中，如图 12-148 所示。按 Ctrl+T 快捷键显示定界框，拖曳控制点将标志调小，如图 12-149 所示。

图 12-148

图 12-149

03 按住 Ctrl 键拖曳控制点，调整标志的透视，如图 12-150 所示。按 Enter 键确认。设置图层的混合模式为“线性加深”，如图 12-151 和图 12-152 所示。

图 12-150

图 12-151

图 12-152

04 单击“图层”面板底部的 按钮，打开下拉菜单，执行“纯色”命令，打开“拾色器(纯色)”对话框，设置颜色，如图 12-153 所示。创建填充图层，设置其混合模式为“浅色”，然后执行“图层 > 创建剪贴蒙版”命令，将其与标志创建为剪贴蒙版组，如图 12-154 和图 12-155 所示。

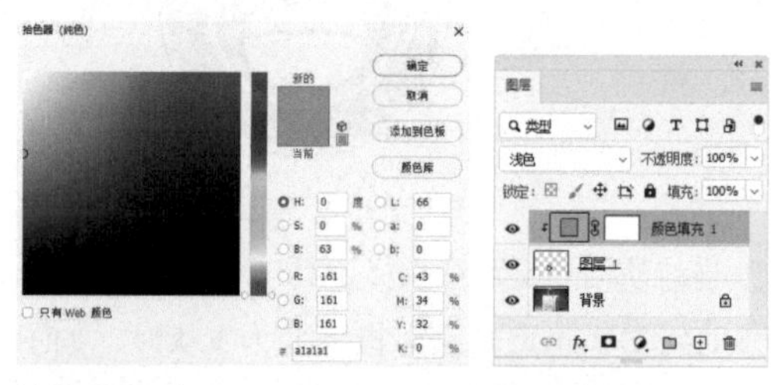

图 12-153　　图 12-154

图 12-155

05 如果想修改标志颜色，可以双击填充图层的缩览图，如图 12-156 所示，打开“拾色器(纯色)”对话框进行设置，如图 12-157 和图 12-158 所示。

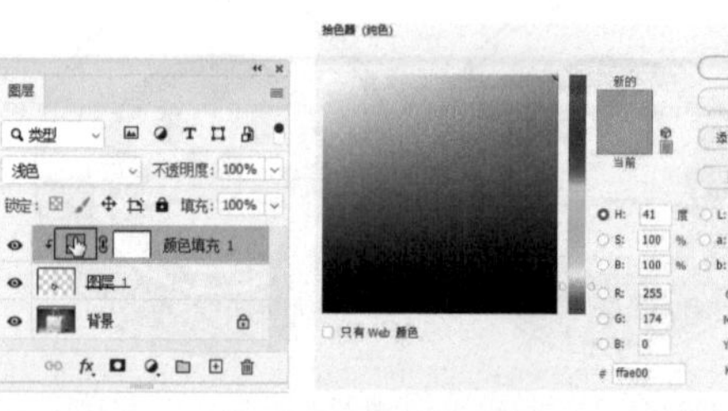

图 12-156　　图 12-157

图 12-158

12.6 首页界面切图

素材位置	素材 >12.6.psd
效果位置	效果 >12.6
视频位置	教学视频 >12.6 首页界面切图 .mp4
技术掌握	用“导出为”命令导出 PNG 格式的图片

本例为家居 App 首页界面切图。切图是指将设计稿裁切成一张张小图，将其交予前端开发人员添加交互性，完成 CSS 布局。

01 打开素材，如图 12-159 所示。这是一个首页界面，其中的色块、线条、圆形、矩形等可以直接通过代码写出来，因而不需要切图。图片、不规则图形、图标等需要通过切图来实现开发。

图 12-159

02 选择移动工具 ✥，将鼠标指针移动到需要选择的图片上，按住 Shift 键单击鼠标右键，打开快捷菜单，执行其中的第一个命令，如图 12-160 所示，将鼠标指针下方的图层选取，如图 12-161 所示；采用同样的方法将其他图片选取，如图 12-162 和图 12-163 所示。

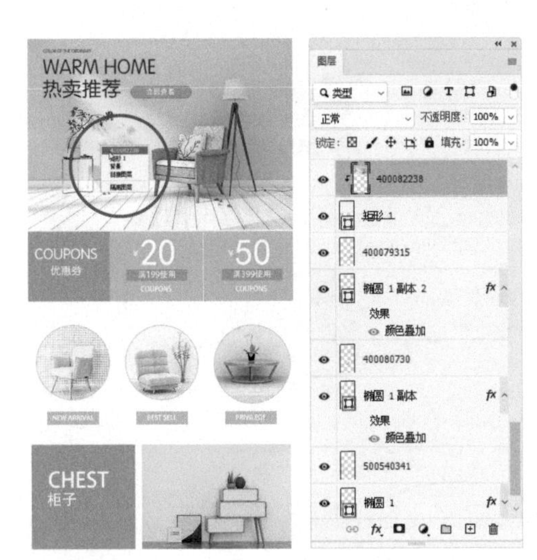

图 12-160　　图 12-161

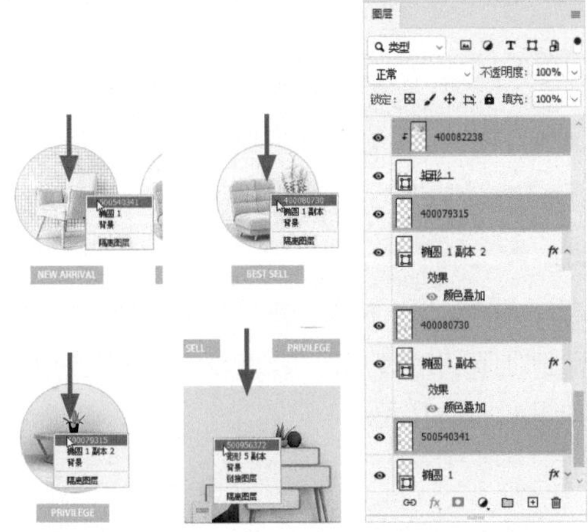

图 12-162　　图 12-163

03 打开“图层”面板菜单，执行“导出为”命令，打开“导出为”对话框，在“格式”下拉列表中选择 PNG，如图 12-164 所示。

04 单击“后缀”右侧的 + 图标，添加选项并选取“0.5×”，该组的“后缀”会自动变为“@0.5×”（文件后缀有助于更好地管理图像），如图 12-165 所示。这表示可导出两组图像，一组是原始尺寸，另一组是其一半大小。

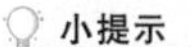

小提示

如果需要改变图像尺寸，可以在“图像大小”选项组中进行设置。

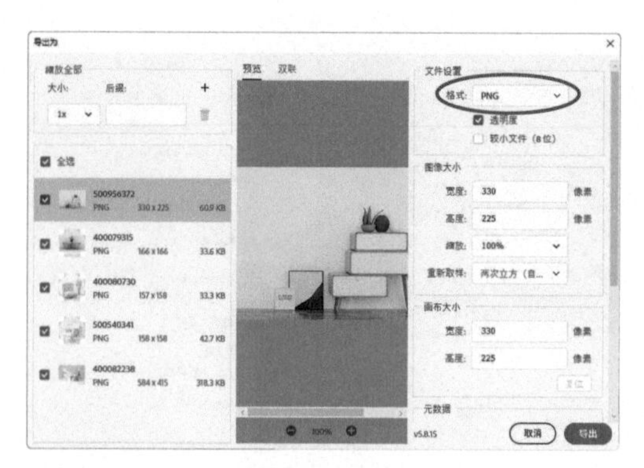

图 12-164

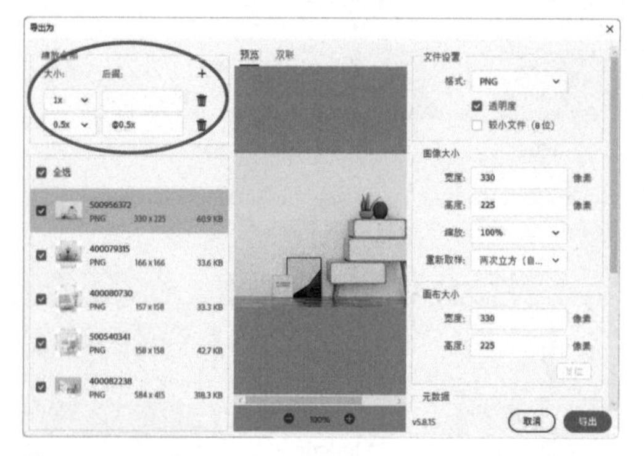

图 12-165

05 单击“导出”按钮，在弹出的对话框中为切图指定保存位置，将图像导出到指定文件夹中，如图 12-166 所示。

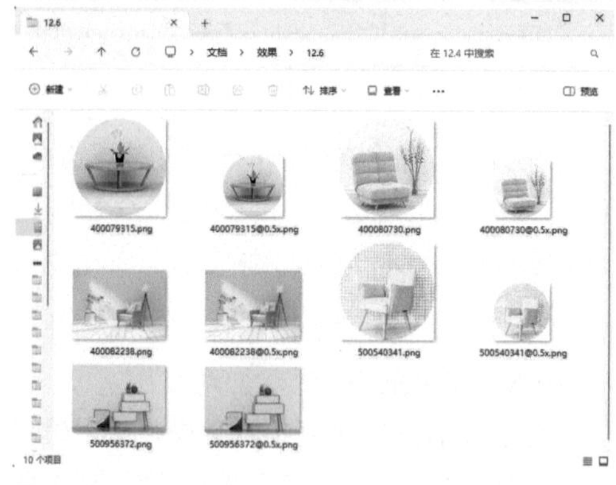

图 12-166

小提示

执行“图层>快速导出为PNG”命令，可以将文件或其中的所有画板导出为PNG格式文件。

12.7 健身 App 界面设计

素材位置	素材 >12.7.psd
效果位置	效果 >12.7.psd
视频位置	教学视频 >12.7 健身 App 界面设计 .mp4
技术掌握	用形状工具绘图，添加渐变描边并设置为虚线

本例制作健身 App 界面，如图 12-167 所示。

图 12-167

01 按 Ctrl+N 快捷键打开“新建文档”对话框，使用预设创建文件，如图 12-168 所示。

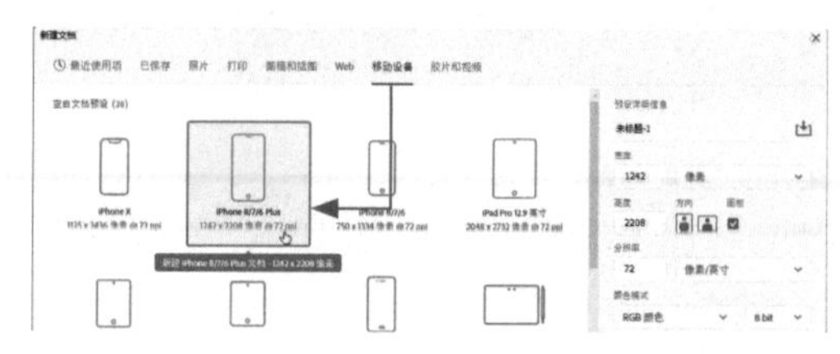

图 12-168

02 单击“图层”面板底部的 按钮，打开下拉菜单，执行“渐变”命令，创建渐变填充图层，如图 12-169~ 图 12-172 所示。

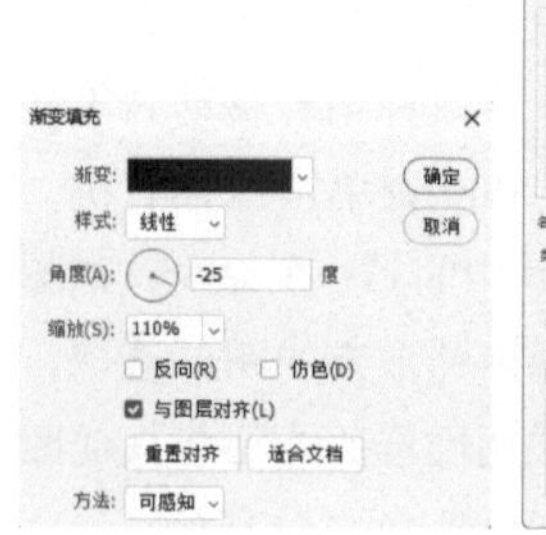

图 12-169

图 12-170

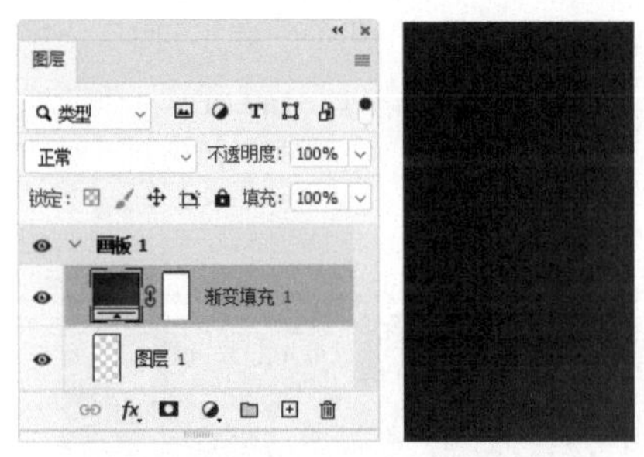

图 12-171　　图 12-172

03 选择椭圆工具 ○，在工具选项栏中选择“形状”选项，拖曳鼠标创建一个圆形。在“属性”面板中设置圆形参数，并将描边设置为 60 像素，颜色为渐变。单击 ⌄ 按钮，打开下拉面板，勾选“虚线”选项，选择第 2 个虚线样式并调整参数，如图 12-173 和图 12-174 所示。

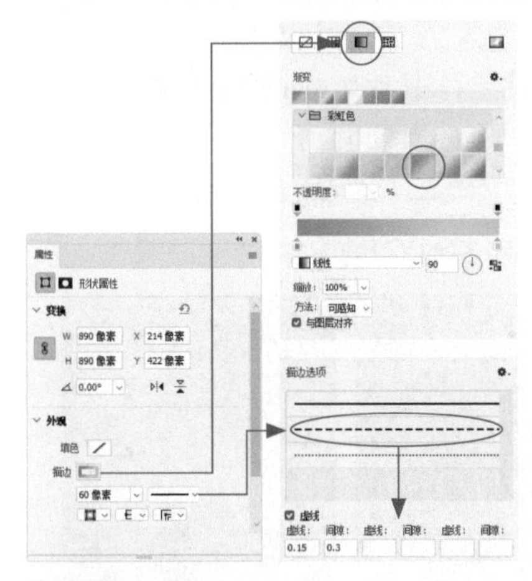

图 12-173

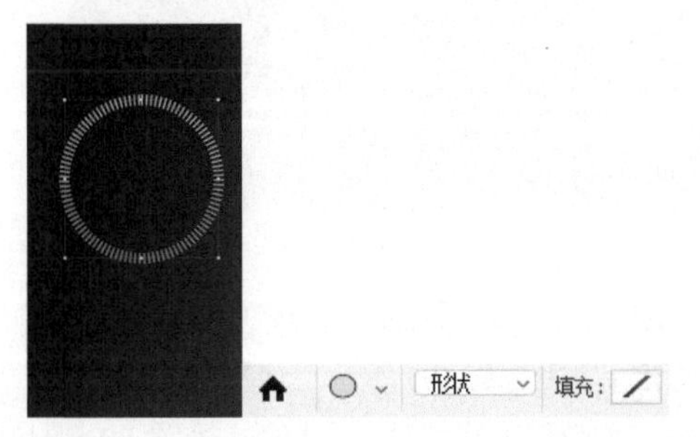

图 12-174

04 选择选择工具 ↖，先在远离图形的位置单击，取消路径的选择，在图 12-175 所示的路径处单击，按 Delete 键删除路径，如图 12-176 所示。

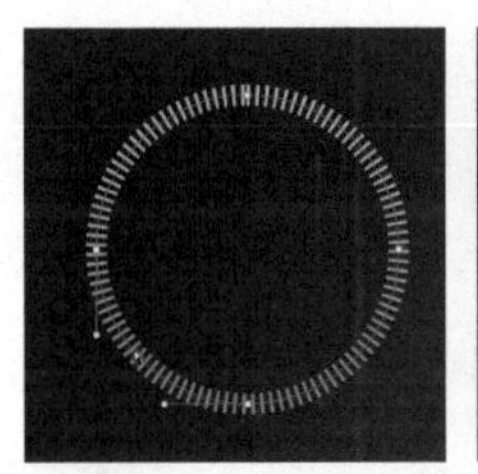

图 12-175　　图 12-176

05 按 Ctrl+T 快捷键显示定界框，按住 Shift 键拖曳定界框，旋转图形，如图 12-177 所示。按 Enter 键确认。

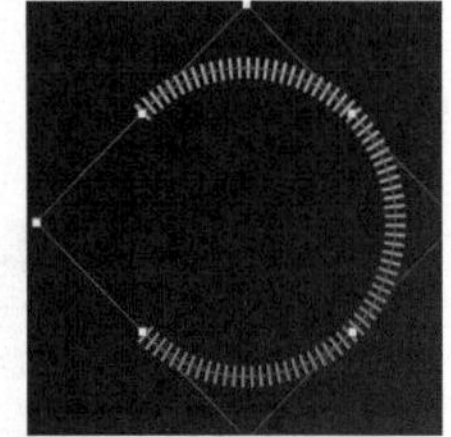

图 12-177

06 单击“图层”面板中的 ⊞ 按钮新建一个图层。使用椭圆工具 ○ 创建一个圆形，如图 12-178 和图 12-179 所示。

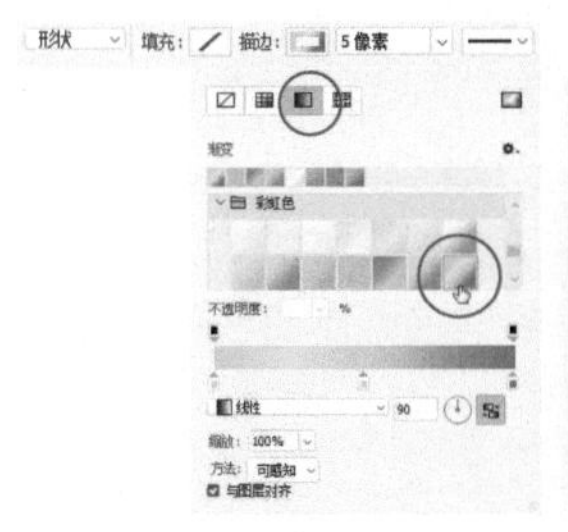

图 12-178

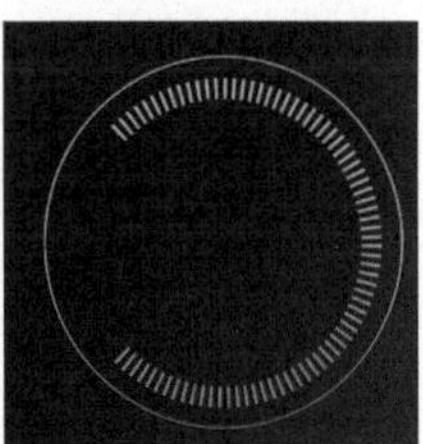

图 12-179

07 使用选择工具 ↖ 在图 12-180 所示的锚点上单击，按 Delete 键删除，如图 12-181 所示。

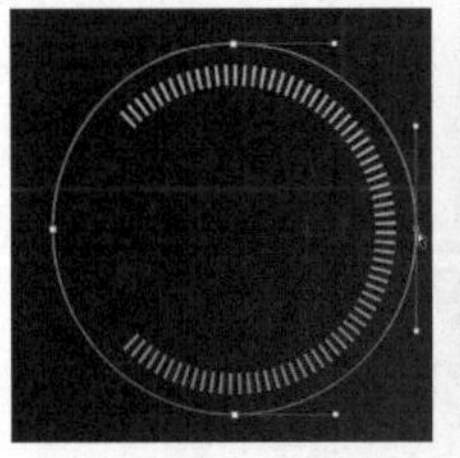

图 12-180

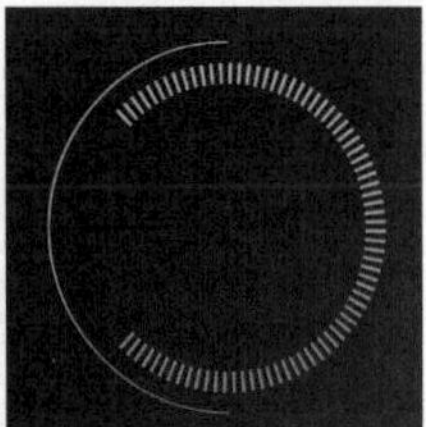

图 12-181

08 使用椭圆工具 ○ 创建一个圆形，用渐变描边，如图 12-182 和图 12-183 所示。选择横排文字工具 **T**，在远离图形的位置单击，输入文字，如图 12-184 和图 12-185 所示。

09 新建一个图层组。选择横排文字工具 **T**，输入文字，如图 12−186 所示。

图 12−182

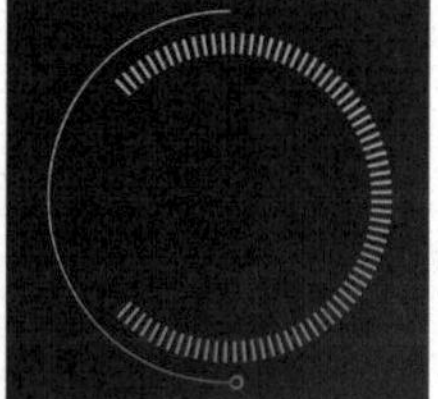

图 12−183

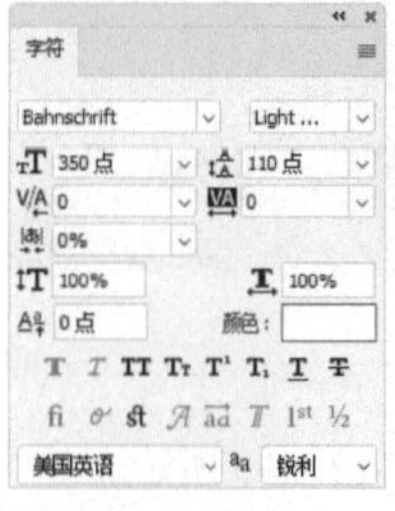

图 12−184

图 12−185

图 12−186

⑩ 输入文字，如图 12−187 和图 12−188 所示。

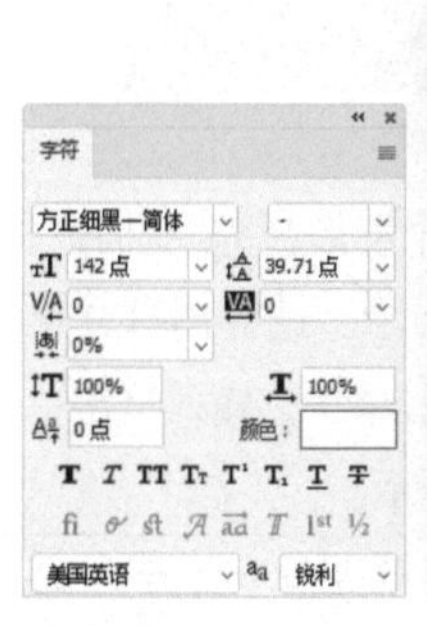

图 12−187

图 12−188

⑪ 使用横排文字工具 T 在“千米 / 小时”上拖曳鼠标，选取文字，如图 12−189 所示。修改文字大小为 63 点，然后用移动工具 ✥ 调整位置，如图 12−190 所示。

图 12−189

图 12−190

⑫ 用移动工具 ✥ 按住 Shift+Alt 键向右拖曳文字，进行复制，如图 12−191 所示，使用横排文字工具 T 在文字上拖曳鼠标，选取文字后修改内容，如图 12−192 所示。

图 12−191

图 12−192

⑬ 选择矩形工具 ▭ 及“形状”选项，绘制 3 个矩形，如图 12−193 所示。使用椭圆工具 ○ 创建一个圆形，将“日”字框住，如图 12−194 所示。选择直线工具 ／ 及“形状”选项，按住 Shift 键拖曳鼠标，绘制两条白色的线（白色描边，粗细为 3 像素），如图 12−195 所示。

图 12-193

图 12-194

图 12-195

14 单击图层组，设置“不透明度”为 50%，降低组中文字和图形的不透明度，如图 12-196 和图 12-197 所示。

图 12-196

图 12-197

15 打开信号素材，使用移动工具 ✥ 拖曳到 App 文件中，放在画面顶部，如图 12-198 所示。

图 12-198

12.8 列表页设计

素材位置	素材 >12.8.psd
效果位置	效果 >12.8.psd
视频位置	教学视频 >12.8 列表页设计 .mp4
技术掌握	绘制矢量形状，应用图层样式

本例制作卡片流列表页，如图 12-199 所示。其特点是以大图和文字吸引用户，强化连续浏览的体验，让人感觉仿佛可以一直滚动浏览下去。

图 12-199

01 打开素材。执行“图像 > 复制”命令，复制“个人主页”文件。只保留导航条部分，将其余的删除。选择椭圆工具 ○，在画布上单击，弹出“创建椭圆”对话框，设置椭圆大小为 57 像素 ×57 像素，如图 12-200 所示，这是列表页头像的规范大小，如图 12-201 所示。

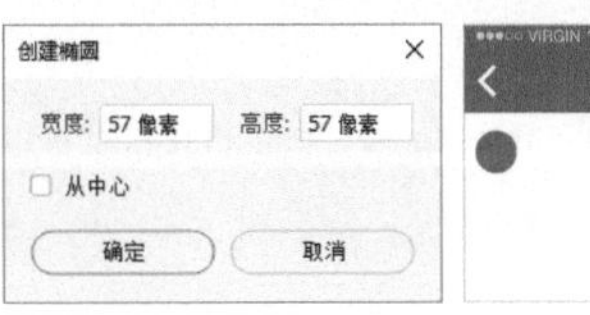

图 12-200 图 12-201

02 使用移动工具 ✥ 将猫咪素材拖入列表页文件中，调整大小，如图 12-202 所示。按 Alt+Ctrl+G 快捷键创建剪贴蒙版，输入猫咪信息，如图 12-203 所示。

图 12-202

图 12-203

03 使用矩形工具 ▭ 创建矩形。双击该图层，打开"图层样式"对话框，添加"描边""投影"效果，如图 12-204～图 12-206 所示。

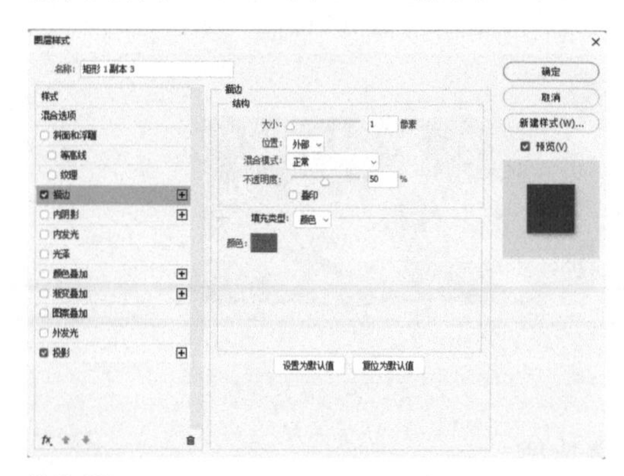

图 12-204

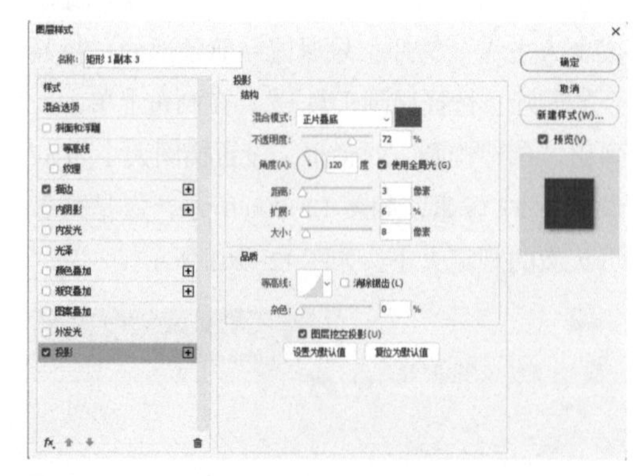

图 12-205

图 12-206

04 将猫咪素材拖入文件中，按 Alt+Ctrl+G 快捷键创建剪贴蒙版。输入文字，使用自定形状工具 绘制爪印图形作为装饰，如图 12-207 所示。

图 12-207

05 使用自定形状工具 绘制心形和对话框形状。使用钢笔工具 绘制转发图标。输入其他信息。使用直线工具 ╱ 绘制一条白线，如图 12-208 所示。

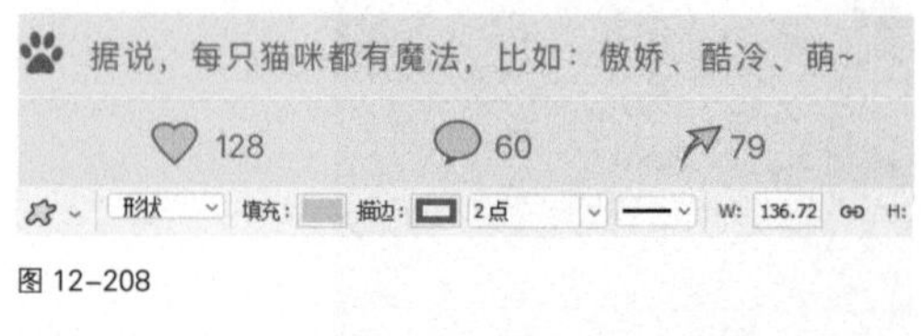

图 12-208

06 制作好一个列表后，按住 Shift 键并将相关图层全部选取，按 Ctrl+G 快捷键编组，然后复制编组图层，用来制作另一个列表，如图 12-209 所示。将另一张猫咪素材拖进来，将原素材删除，然后修改文字，如图 12-210 所示。

图 12-209

图 12-210

12.9 电商详情页设计

素材位置	素材 >12.9.psd
效果位置	效果 >12.9.psd
视频位置	教学视频 >12.9 电商详情页设计 .mp4
技术掌握	绘制矢量图形并调整为圆角，剪贴蒙版，文字编辑

电商详情页是全方位展示产品的页面，分为 PC 端和移动端两种，宽度为 750 像素，高度不限，如图 12-211 所示。浏览 PC 端详情页时，是通过滚动鼠标滚轮一层一层阅读的。在这种方式下，消费者更注重画面的结构、可读性和体验感。移动端则通过滑动屏幕进行浏览，浏览轨迹是竖直的，因而，消费者容易忽视文字和部分细节。设计时，这些情况都应该考虑到。

时 尚 / 别 致 / 简 约
FASHION/CHIC/SIMPLE

背包 / 商场同款　手提包 / 商场同款

背包 / 商场同款　背包 / 商场同款

背包 / 商场同款　手提包 / 商场同款

20 满200可用 立即领取　50 满300可用 立即领取

2件7.5折专区
PLAID ELEMENT

图 12-211

12.9.1 制作主图

01 按 Ctrl+N 快捷键打开“新建文档”对话框，创建一个尺寸为 750 像素 ×4300 像素、分辨率为 72 像素 / 英寸的 RGB 颜色模式文件，如图 12-212 所示。

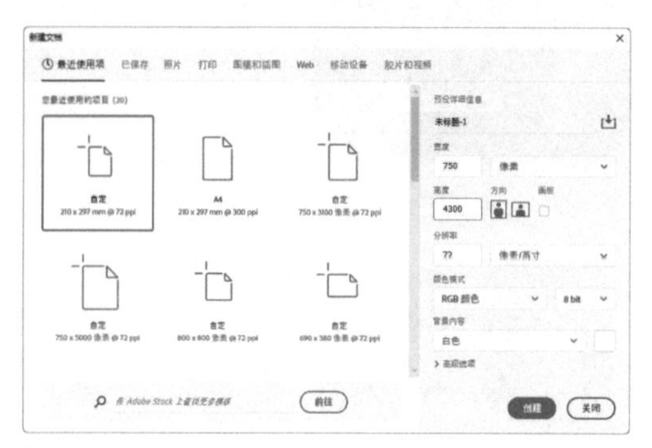

图 12-212

02 选择矩形工具 及“形状”选项，在画面顶部创建矩形，在工具选项栏中设置填充颜色为渐变，如图 12-213 所示。在“属性”面板中修改参数，如图 12-214 所示，将矩形的下端调整为圆角，效果如图 12-215 所示。

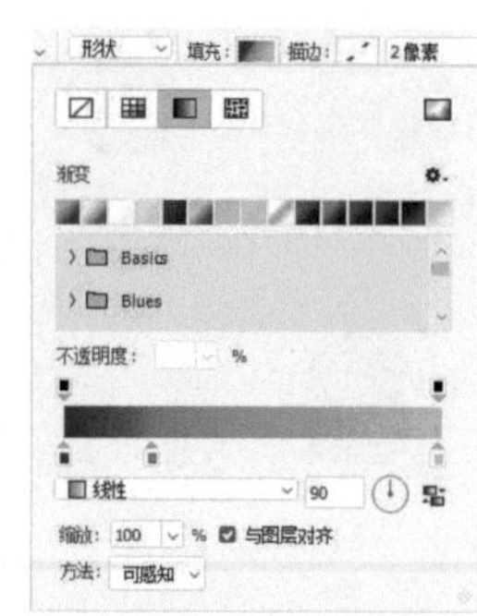

图 12-213

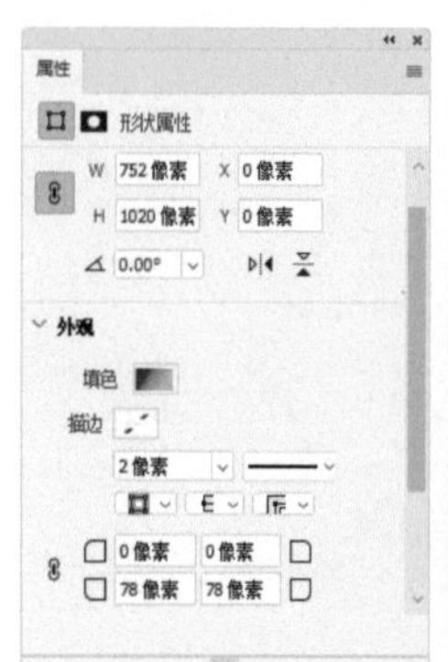

图 12-214

图 12-215

03 双击矩形所在的图层，打开“图层样式”对话框，添加“投影”效果，如图 12-216 和图 12-217 所示。

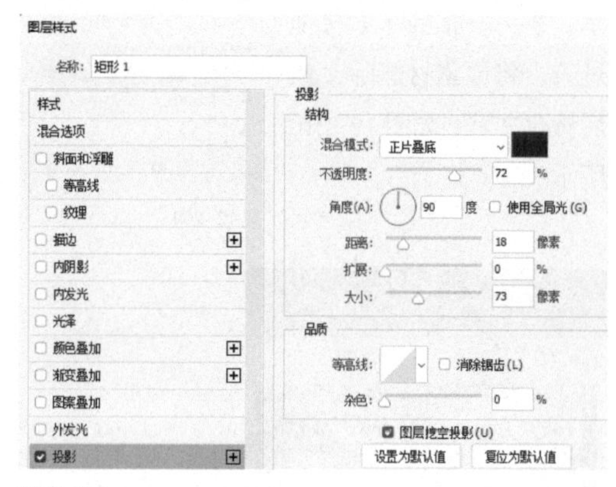

图 12-216

图 12-217

04 打开素材。选择移动工具 ，按住 Ctrl 键单击人物素材，如图 12-218 所示，通过这种方法将其所在的图层选取。将人物拖入详情页文件中，按 Alt+Ctrl+G 快捷键创建剪贴蒙版，用矩形图形限定人物的显示范围，如图 12-219 和图 12-220 所示。

图 12-218

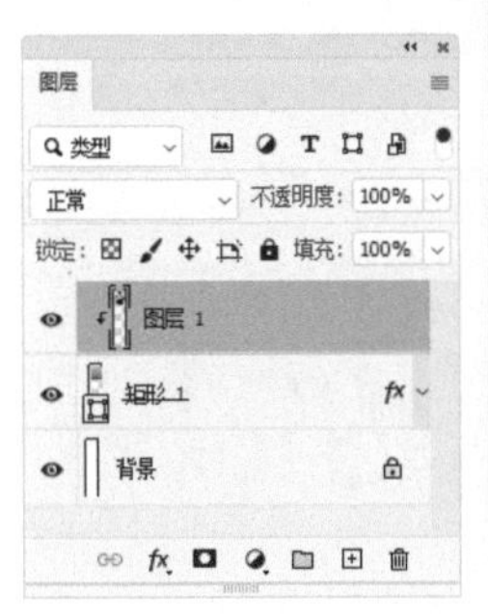

图 12-219

图 12-220

05 选择矩形工具 及“形状”选项，创建一个矩形，设置描边颜色为白色、粗细为 1 像素，如图 12-221 所示。使用移动工具 按住 Alt 键拖曳图形进行复制，如图 12-222 所示。设置填充颜色为白色，如图 12-223 所示。按 Ctrl+T 快捷键显示定界框，按住 Shift 键拖曳右侧的控制点，将图形拉宽，如图 12-224 所示，按 Enter 键确认。

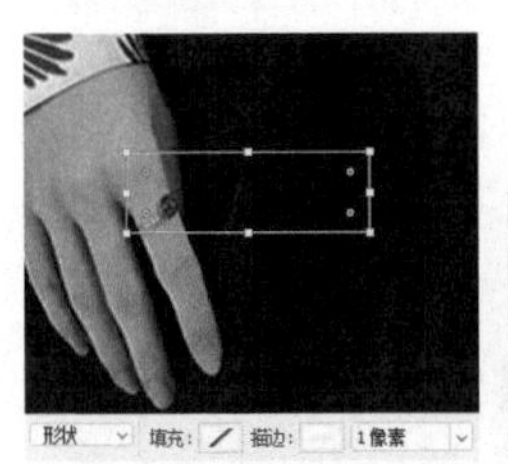

图 12-221

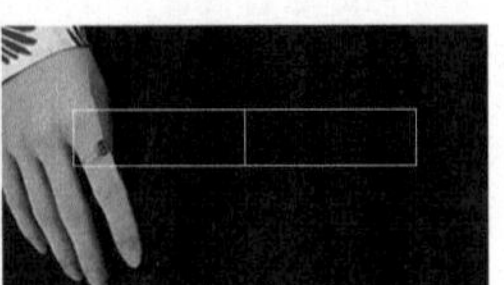

图 12-222

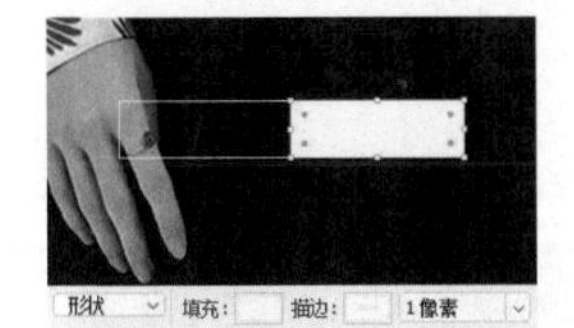

图 12-223

图 12-224

06 使用横排文字工具 T 在画面中输入文字，如图 12-225 和图 12-226 所示。

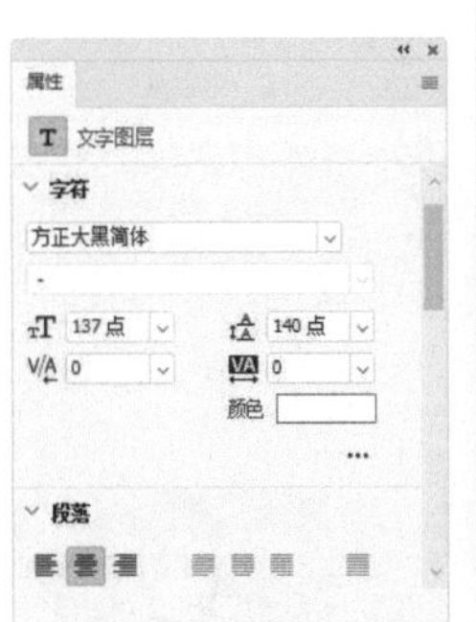

图 12-225

图 12-226

07 活动信息文字为白色和黑色，除此之外字体、大小均相同，如图 12-227 和图 12-228 所示。

图 12-227

图 12-228

08 执行“选择 > 所有图层”命令选取所有图层，如图 12-229 所示，按 Ctrl+G 快捷键将选取的图层编入图层组中，在组的名称上双击，显示文本框后输入“主图”，如图 12-230 所示。

图 12-229　　图 12-230

12.9.2 制作商品详图

01 新建一个图层组，修改名称为“商品”，如图 12-231 所示。使用横排文字工具 **T** 输入文字，如图 12-232 ~ 图 12-235 所示。

图 12-231

图 12-232　图 12-233

图 12-234

图 12-235

02 使用矩形工具 □ 创建一个矩形，填充渐变并将其设置为圆角，如图 12-236 ~ 图 12-238 所示。

图 12-236

图 12-237

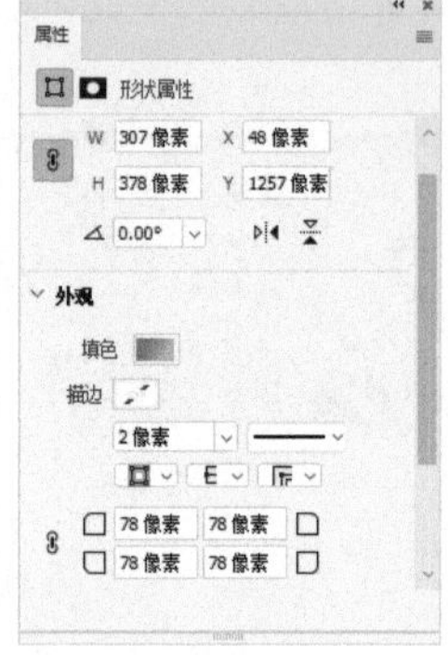

图 12-238

03 单击“调整”面板中的按钮，创建一个“色相 / 饱和度”调整图层，按 Alt+Ctrl+G 快捷键将其与圆角矩形创建为剪贴蒙版，如图 12-239 所示。使用横排文字工具 **T** 在矩形下方输入文字，如图 12-240 所示。

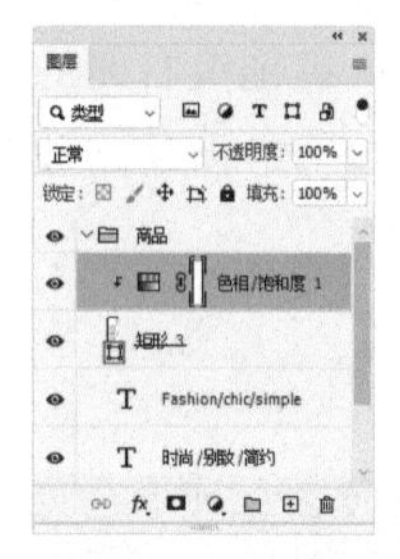

图 12-239　图 12-240

04 按住 Ctrl 键单击，将图 12-241 所示的 3 个图层选取，选择移动工具 ✥，按住 Alt 键向右拖曳鼠标进行复制，如图 12-242 所示。

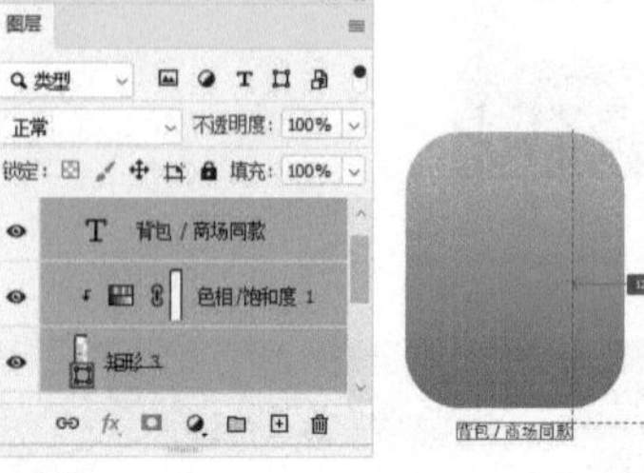

图 12-241　图 12-242

05 按住 Ctrl 键单击，将图 12-243 所示的几个图层选取，按住 Alt 键向下拖曳鼠标进行复制，如图 12-244 和图 12-245 所示。

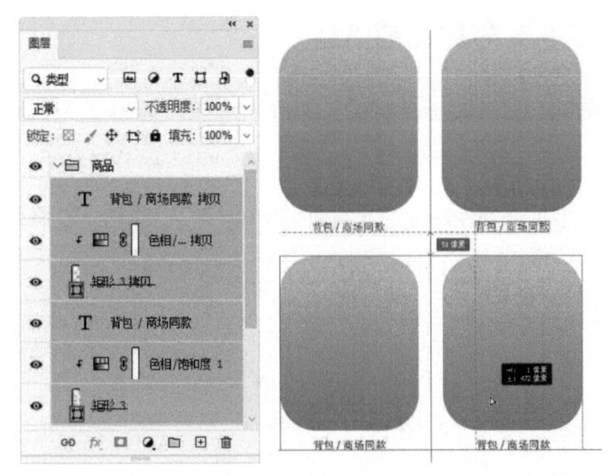

图 12-243　　图 12-244

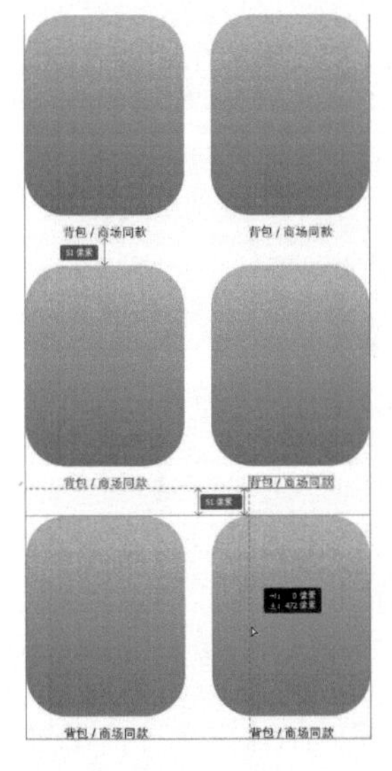

图 12-245

06 在图 12-246 所示的圆角矩形上单击鼠标右键，打开快捷菜单并执行其中的命令，将应用于此矩形的调整图层选取，如图 12-247 所示。

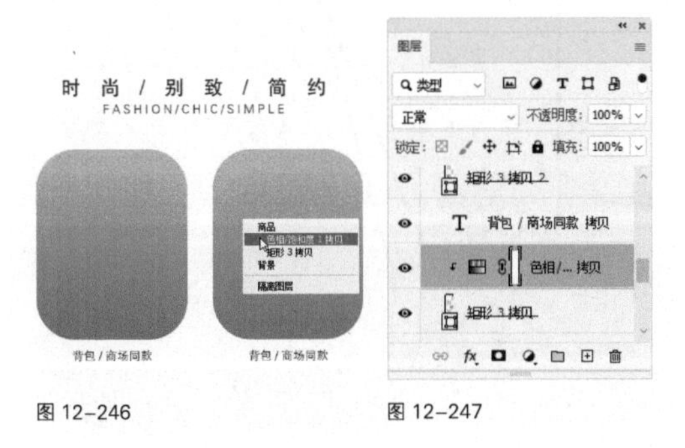

图 12-246　　图 12-247

07 在“属性”面板中修改参数，将图形调整为浅灰色，如图 12-248 和图 12-249 所示。

图 12-248　　图 12-249

08 采用同样的方法选择调整图层并修改参数，如图 12-250 所示。

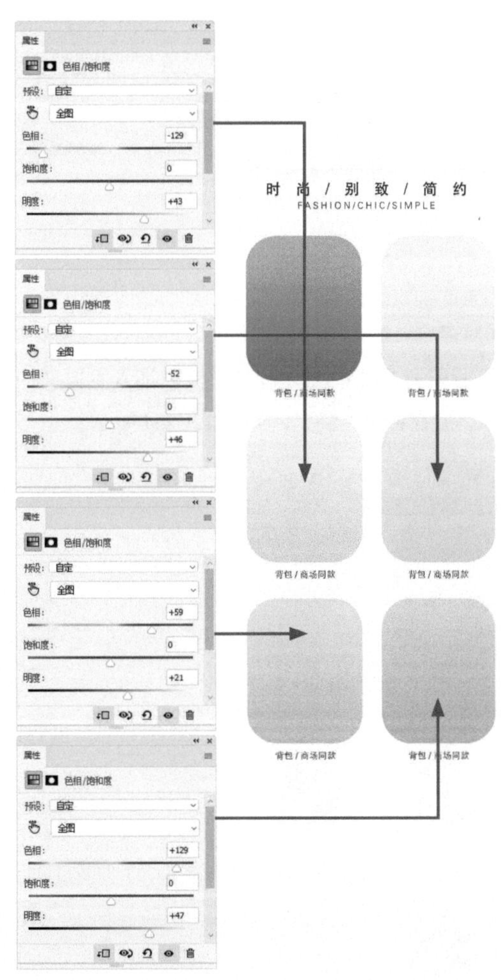

图 12-250

09 使用横排文字工具 **T** 在图 12-251 所示的文字上拖曳鼠标将其选取，修改文字内容，如图

12-252 所示。将右下角的文字也修改一下，如图 12-253 所示。

图 12-251　　图 12-252

图 12-253

10 将素材文件中的背包和手提包拖入主页文件中，放在各个色块上，如图 12-254 所示。

图 12-254

12.9.3 添加促销信息

01 单击“图层”面板中的 □ 按钮，新建一个图层组，修改名称为“促销信息”。使用矩形工具 □ 创建矩形，填充渐变并设置为圆角，如图 12-255 ~ 图 12-257 所示。

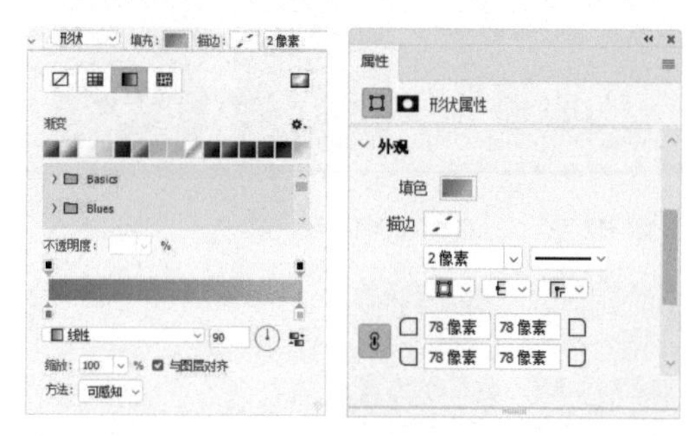

图 12-255　　图 12-256

图 12-257

02 使用横排文字工具 T 和直排文字工具 ↓T 输入文字，如图 12-258 所示。

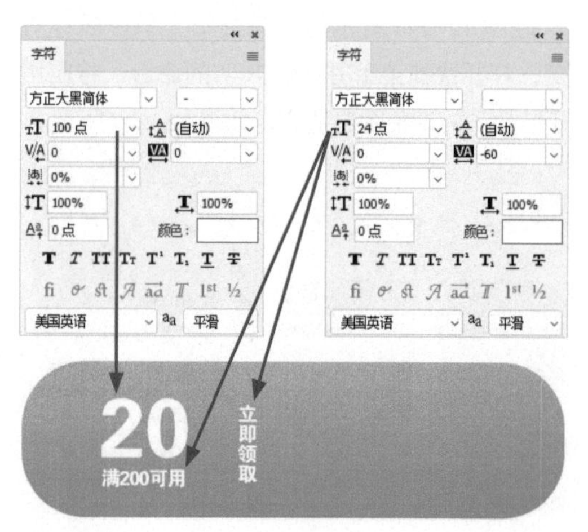

图 12-258

03 使用直线工具 ⁄ 按住 Shift 键拖曳鼠标，绘制一条竖线，如图 12-259 所示。

图 12-259

04 通过按住 Ctrl 键单击的方法将当前图层组中除圆角矩形之外的图层选取，如图 12-260 所示。使用移动工具 ✥ 同时按住 Alt 键和 Shift 键拖曳所选对象进行复制，如图 12-261 所示。

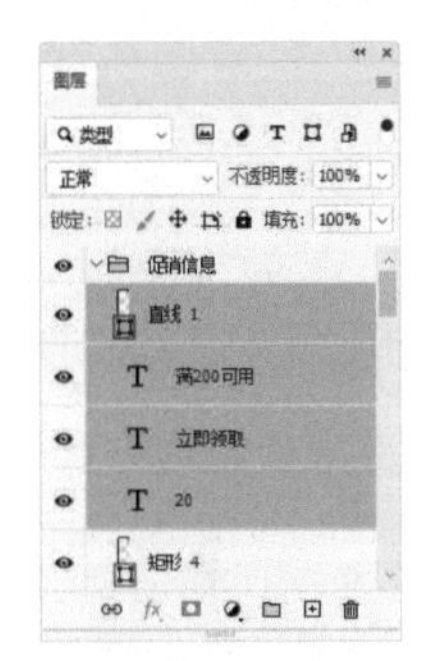

图 12-260

图 12-261

05 使用横排文字工具 T 选取并修改文字，如图 12-262 所示。

图 12-262

12.9.4 制作折扣区

01 新建一个图层组，设置名称为“折扣区”。在促销信息下方输入文字，如图 12-263 所示。

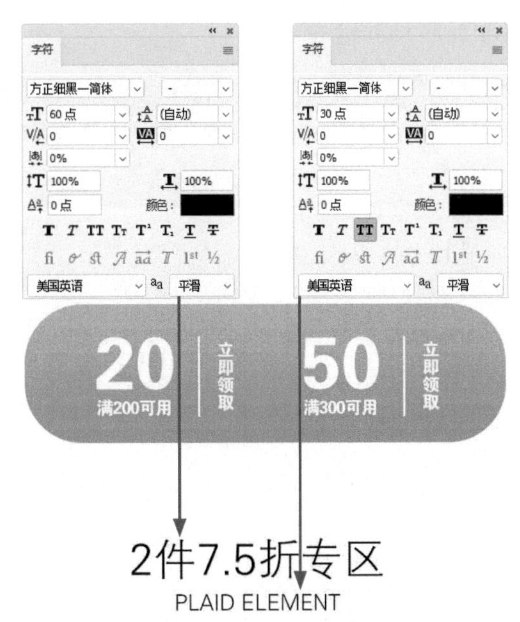

图 12-263

02 创建一个矩形并设置为圆角，如图 12-264 和图 12-265 所示。

图 12-264 图 12-265

03 将手提包素材拖入详情页文件中，放在矩形上，如图 12-266 所示。按 Alt+Ctrl+G 快捷键创建剪贴蒙版，如图 12-267 所示。

图 12-266 图 12-267

04 通过按住 Ctrl 键单击的方法将剪贴蒙版组中的两个图层选取，使用移动工具 ✥ 同时按住

Alt 键和 Shift 键向下拖曳，进行复制，如图 12-268 所示。

05 将另一个手提包素材拖入详情页文件中，如图 12-269 所示。按 Alt+Ctrl+G 快捷键，加入剪贴蒙版组，效果如图 12-270 所示，整个详情页就完成了，如图 12-271 所示。

图 12-268

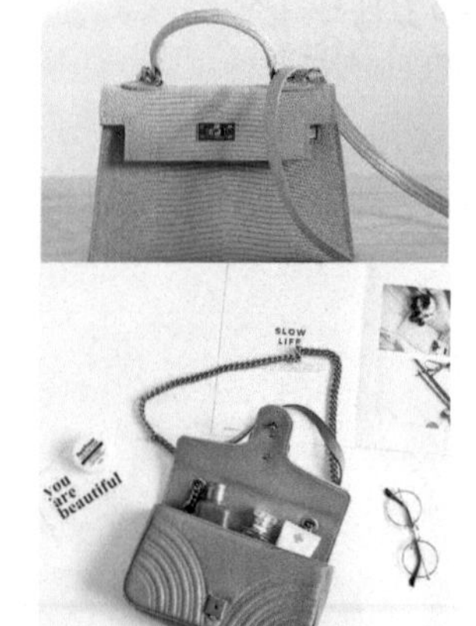

图 12-269

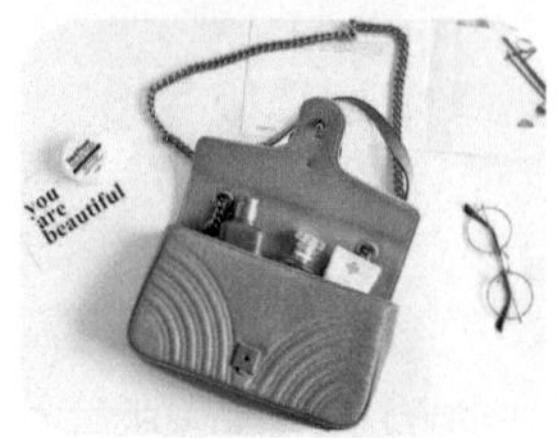

图 12-270

时 尚 / 别 致 / 简 约
FASHION/CHIC/SIMPLE

背包 / 商场同款

手提包 / 商场同款

背包 / 商场同款

背包 / 商场同款

背包 / 商场同款

手提包 / 商场同款

2件7.5折专区
PLAID ELEMENT

图 12-271

12.10 电商首页设计

素材位置	素材 >12.10-1.jpg~12.10-5.jpg、12.10-6.psd
效果位置	效果 >12.10.psd
视频位置	教学视频 >12.10 电商首页设计 .mp4
技术掌握	制作毛衣选区，用填充图层及混合模式调色

首页是电商展示品牌形象，促进销售的窗口，如图 12-272 所示。其中包含品牌形象、活动促销信息、产品展示等模块。

NEW · 新款特惠

XX市XX区XXX 客服热线：XXXXXXXX 商务合作：王先生

图 12-272

12.10.1 制作毛衣选区

01 打开素材，如图 12-273 所示。按 Ctrl+J 快捷键复制“背景”图层，得到“图层 1”图层，按 Ctrl+G 快捷键，将其编入图层组中，如图 12-274 所示。单击“图层 1”图层，如图 12-275 所示。

图 12-273

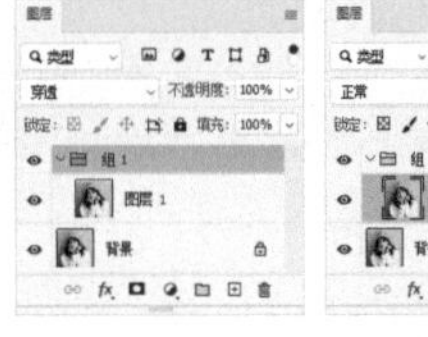

图 12-274 图 12-275

02 选择对象选择工具，在图像上拖曳出选框，如图 12-276 所示，释放鼠标，将毛衣选取，如图 12-277 所示。

图 12-276

图 12-277

03 单击工具选项栏中的“选择并遮住”按钮，在“视图”下拉列表中选择“叠加”选项，如图 12-278 所示。使用调整边缘画笔工具在毛衣与头发的衔接处拖曳鼠标，使选区更加精确，如图 12-279 和图 12-280 所示。

04 在“输出设置”下拉列表中选择“选区”选项，按 Enter 键，得到精确的毛衣选区，如图 12-281 所示。

图 12-278

图 12-279

图 12-280

图 12-281

12.10.2 毛衣调色

01 单击“图层”面板底部的 按钮打开下拉列表，执行“纯色”命令，打开“拾色器（纯色）”对话框，颜色设置如图 12-282 所示，创建颜色填充图层。选区会转换到其蒙版中，如图 12-283 所示，从而使调整只对毛衣有效。

图 12-282

图 12-283

02 设置填充图层的混合模式为“线性加深”，如图 12-284 和图 12-285 所示。

图 12-284

图 12-285

03 执行“图像 > 画布大小”命令，打开“画布大小”对话框，设置“高度”为 2400 像素，在图 12-286 所示的位置单击，然后单击“确定”按钮，向下扩展画布，如图 12-287 所示。

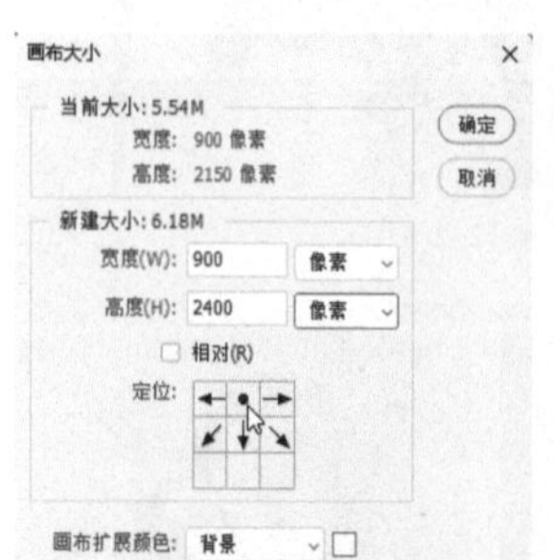

图 12-286

图 12-287

04 单击“组 1”，如图 12-288 所示，按 Ctrl+T 快捷键显示定界框，拖曳控制点，将图像缩小。将鼠标指针移动到定界框内，进行拖曳，移动图像位置，如图 12-289 所示。按 Enter 键确认。

图 12-288

图 12-289

05 按 Ctrl+J 快捷键复制图层组。使用移动工具 并按住 Shift 键拖曳鼠标，将图像移动到右侧，如图 12-290 所示。双击填充图层的缩览图，打开“拾色器（纯色）”对话框，修改颜色，如图 12-291 和图 12-292 所示。

图 12-290

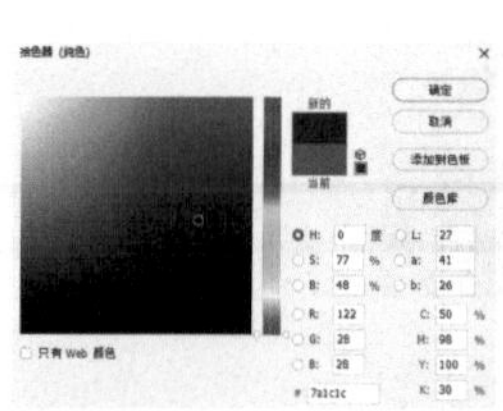

图 12-291

图 12-292

06 采用同样的方法复制图层组，并移动到左下方。通过双击填充图层，打开“拾色器（纯色）”对话框，将毛衣颜色修改为黄色，如图 12-293 和图 12-294 所示。

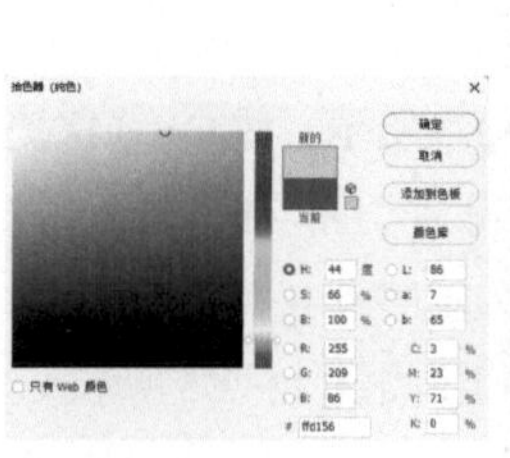

图 12-293

图 12-294

12.10.3 将白毛衣调成黑色

01 复制一个图层组，放在画面右下方。单击该图层组中的填充图层前的 图标，将填充图层隐藏，如图 12-295 所示。现在毛衣恢复为白色，如图 12-296 所示。单击“图层”面板底部的 按钮，打开下拉菜单，执行“色阶”命令，创建“色阶”调整图层，如图 12-297 所示。

图 12-295

图 12-296

图 12-297

02 拖动“属性”面板中的滑块，调整色阶，如图 12-298 所示。将填充图层的蒙版拖曳给调整图层，如图 12-299 所示，释放鼠标后，弹出一个对话框，如图 12-300 所示，单击“是”按钮，对蒙版进行替换，如图 12-301 所示。此蒙版将调整范围限定在毛衣上，使毛衣变为黑色，如图 12-302 所示。

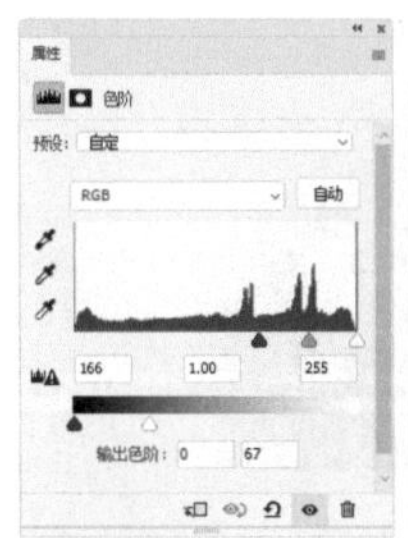

图 12-298

图 12-299

图 12-300

图 12-301

图 12-302

12.10.4 在图框中置入图像

01 单击图层组，如图 12-303 所示，然后单击 图标，将组折叠起来，如图 12-304 所示。

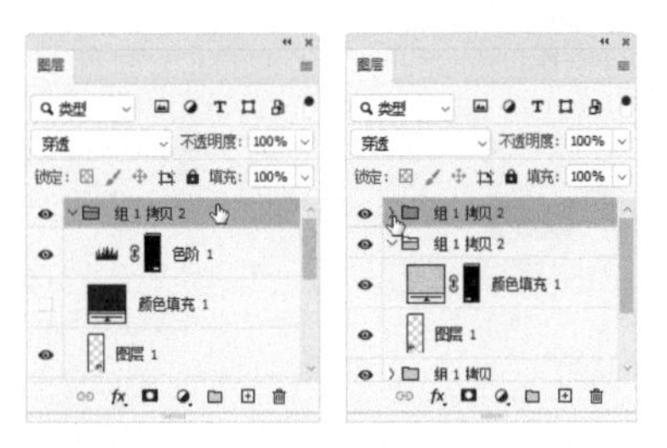

图 12-303　图 12-304

02 执行“文件 > 置入嵌入对象”命令，置入图像，如图 12-305 所示。选择图框工具 ，单击工具选项栏中的 按钮，将鼠标指针移动到图像上方，按住 Shift 键拖曳鼠标，创建圆形图框，如图 12-306 所示。

图 12-305

图 12-306

03 选择移动工具 ，按住 Shift+Alt 键拖曳鼠标复制图框。执行“文件 > 置入嵌入对象”命令，重新置入图像，如图 12-307 所示。单击其他图框所在的图层，也重新置入图像，效果如图 12-308 所示。

图 12-307

图 12-308

04 使用横排文字工具 T 输入文字，如图 12-309 和图 12-310 所示。

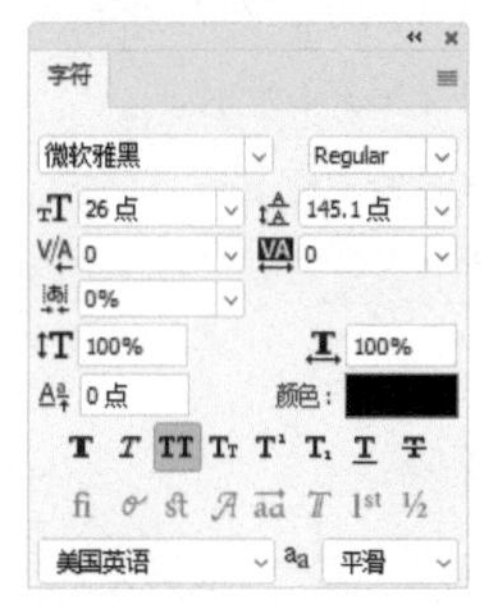

图 12-309

图 12-310

05 选择矩形工具 □，在工具选项栏中选择“形状”选项，创建一个矩形，填充颜色为黄色，如图 12-311 所示。按 Ctrl+J 快捷键复制该形状图层。使用路径选择工具 ▶ 将其拖曳到“上装专区”下方，如图 12-312 所示。

图 12-311　　图 12-312

06 按住 Shift+Alt 键向右拖曳鼠标，继续复制图形，如图 12-313 所示。

图 12-313

07 使用横排文字工具 T 输入文字，如图 12-314 所示。

NEW · 新款特惠

图 12-314

08 打开素材，将标签等内容添加到画面中，效果如图 12-315 所示。

NEW · 新款特惠

XX市XX区XXX　客服热线：XXXXXXXX　商务合作：王先生

图 12-315

课后习题参考答案

第 1 章

1. 手机、电视机和计算机中显示的图像使用的是 RGB 颜色模式。用于印刷的图像需转换为 CMYK 颜色模式。

2. 存储文件时，Photoshop 默认的文件格式为 PSD 格式。该格式能保存 Photoshop 文件中的所有内容，并受其他 Adobe 软件的支持。

第 2 章

1. 分辨率是指 1 英寸的长度里有多少个像素。图像和显示器的分辨率用像素 / 英寸（ppi）来表示，打印机分辨率的单位是墨点 / 英寸（dpi）。

2. 执行“图像 > 图像大小”命令，打开“图像大小”对话框，将水平和垂直方向上的像素数相乘，可得到像素总数。

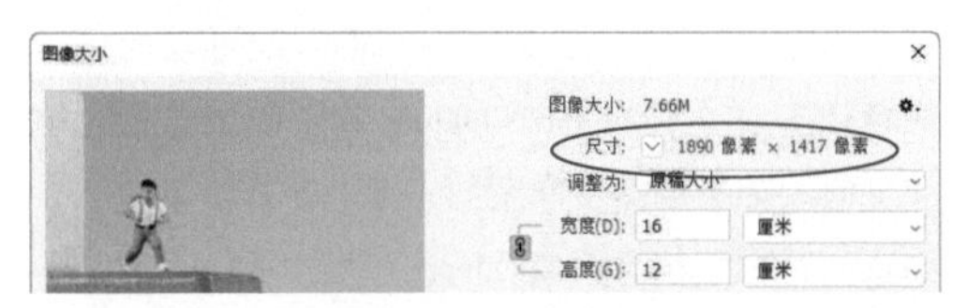

3. 图层、图层蒙版、选区、路径、矢量形状、矢量蒙版和 Alpha 通道都可进行变换和变形操作。

第 3 章

1. 图层承载了对象，如果没有图层，所有的对象将位于同一平面上，在这种状态下处理任何局部内容，都必须先将其准确选取，操作难度会变大。Photoshop 中的图像、图层样式、混合模式、蒙版、滤镜、文字等都依托于图层而存在。

2. “背景”图层就是文件中的背景图像，位于“图层”面板的底层，其用途主要体现在：当文件用于其他软件和输出设备时，如果对方不支持分层的图像，那么需要将所有图层合并到“背景”图层中。如果没有“背景”图层，那么可以选择一个图层，执行“图层 > 新建 > 图层背景”命令，将其转换为“背景”图层。此外，也可存储为 JPEG 格式，在保存时会自动合并图层。

3. 可以使用“图层 > 排列”子菜单中的“最顶层”和“最底层”命令来调整。

第 4 章

1. 选区分为两种：普通选区和羽化的选区。普通选区的边界明确，会将编辑操作完全限定在选区内部，选区外部的图像不会受到影响；羽化的选区能够部分地选取图像，编辑操作所影响的范围会在选区边界处衰减，并在选区外部逐渐消失。

2. 创建选区后，单击“通道”面板中的按钮，或执行“选择 > 存储选区”命令，可将选区保存到 Alpha 通道中。

第 5 章

1. 打开“画笔”面板菜单，执行“追加默认画笔”命令，可加载 Photoshop 默认的画笔；执行“旧版画笔”命令，则可加载 Photoshop 早期版本中的默认画笔；执行“导入画笔”命令，可以加载外部画笔库。

2. 将图层蒙版用于普通图层时，可隐藏对象，制作图像合成效果；用于填充图层时，可控制颜色的填充范围；用于调整图层时，可控制调整范围和调整强度；用于智能滤镜时，可控制滤镜的有效范围和滤镜效果的强度。

3. 图层蒙版通过蒙版中的灰度图像控制对象的显示范围和透明度，只对一个图层有效。剪贴蒙版则用基底图层中包含像素的区域限制其上层对象的显示范围。

第 6 章

1. 使用修复画笔工具、污点修复画笔工具和修补工具时，所绘制的图像会与原图像中的纹理、亮度和颜色进行匹配，因而能更好地融合在一起。修复画笔工具需要从图像中取样。污点修复画笔工具不用取样，可直接修复。修补工具则要用选区来定义编辑范围，其修复区域及影响范围的可控性要好一些。

2. 修改范围较大时，如果背景图像无太多变化，使用内容感知移动工具处理效果最佳。

第 7 章

1. 首先，调整图层具有非破坏性特点，不会真正修改对象；调整命令则具有破坏性，会修改对象。其次，调整图层可编辑性强，如单击调整图层，即可在“属性”面板中修改调整参数。再次，调整图层可控性好，如调整效果过强时，可降低调整图层的不透明度，或者修改混合模式来恢复细节，也可编辑调整图层的蒙版，控制调整强度和范围。

2. “山峰”整体向右偏移，说明照片曝光过度；“山峰”紧贴直方图右端，说明高光溢出。

3. 将“输入色阶”选项组中的阴影滑块和高光滑块向中间移动，可提高对比度。将“输出色阶”选项组中的两个滑块向中间移动，可降低对比度。

第 8 章

1. 图像的基本组成元素是像素，滤镜是通过改变像素的位置和颜色生成特效的。

2. 可以先执行“图像 > 模式 >RGB 颜色”命令，将图像转换为 RGB 颜色模式，应用滤镜之后再转换为 CMYK 颜色模式（执行“图像 > 模式 >CMYK 颜色”命令）。

3. 将滤镜应用于智能对象后，可以随时修改参数、设置不透明度和混合模式。此外，智能滤镜包含可编辑的图层蒙版，删除智能滤镜时不会破坏原始图像。

第 9 章

1. 从来源方面看，位图可以用数码相机、摄像机、手机、扫描仪等设备获取，也可用软件生成；矢量图只能通过软件生成。从编辑方面看，由于原始像素无法重新采集，因而位图在旋转和缩放时画质会变差；矢量图形则可以无损编辑。从效果方面看，位图能完整地呈现真实世界中的所有色彩和景物；矢量图的细节没有位图丰富。从存储方面看，位图在保存时要记录每一个像素的位置和颜色信息，占用的存储空间较大；矢量图在存储时保存的是计算机指令，只占用很小的存储空间。

2. 取决于绘图模式。选择矢量工具后，可以在工具选项栏中选择绘图模式，之后绘制形状（形状图层）、路径或图像。

3. 拖曳曲线上的方向点可以拖动方向线，进而改变路径的形状。

第 10 章

1. 字距微调用来调整两个字符之间的间距，字距调整用来调整当前选取的所有字符的间距。

2. 选取文字后，按 Alt+Delete 键可以使用前景色填充文字；按 Ctrl+Delete 键则使用背景色填充文字。如果单击文字图层，而非选择个别文字，则这两种方法都可以填充所选图层中的所有文字。

3. 先用所需的字体输入文字，之后执行“文字 > 转换为形状”命令，将文字转换为形状图层，或执行“文字 > 创建工作路径”命令，从文字中生成路径，再用矢量编辑工具对形状和路径进行修改，制作出需要的文字外观。

第 11 章

1. 编辑颜色通道会修改图像内容和色彩。Alpha 通道是后添加的，不会改变图像的外观，编辑时只影响其中存储的选区。

2. 对于 RGB 颜色模式的图像，提高通道亮度会增加通道中保存的颜色，降低亮度则会减少相应的颜色；CMYK 颜色模式与之相反。二者的相同点在于，增加一种颜色的同时会减少其补色，减少一种颜色的同时会增加其补色。